水利工程建设监理员
继续教育教程

中国水利工程协会　组织编写

黄 河 水 利 出 版 社
·郑州·

内容提要

本书是水利工程建设监理员继续教育培训教材，全书共5章，主要结合国家有关工程建设法律法规和水利部有关规章，重点讲解了水利工程建设监理管理制度、水利工程施工监理合同、水利工程施工阶段目标控制、水利工程质量与安全生产管理及水利工程质量评定和验收管理等内容。

本书既可作为水利工程建设监理员继续教育培训教材，也可作为监理人员和有关部门技术人员的参考用书。

图书在版编目(CIP)数据

水利工程建设监理员继续教育教程/中国水利工程协会组织编写. —郑州：黄河水利出版社，2008.9
ISBN 978-7-80734-496-4

Ⅰ.水… Ⅱ.中…Ⅲ.水利工程-监督管理-终生教育-教材 Ⅳ.TV523

中国版本图书馆CIP数据核字(2008)第135651号

组稿编辑：马广州　电话：0371-66023343　E-mail：magz@yahoo.cn

出 版 社：黄河水利出版社

地址：河南省郑州市金水路11号　　邮政编码：450003

发行单位：黄河水利出版社

发行部电话：0371-66026940、66020550、66028024、66022620(传真)

E-mail：hhslcbs@126.com

承印单位：河南第二新华印刷厂

开本：787 mm×1 092 mm　1/16

印张：19

字数：439千字　　印数：1—10 000

版次：2008年9月第1版　　印次：2008年9月第1次印刷

定价：35.00元

前　言

人力资源即凝聚在劳动者身上的知识、技能及所表现出来的能力，是生产力增长的主要因素，是促使社会发展的强大力量。在当今知识经济时代，知识更新突飞猛进，继续教育是现代人力资源开发与管理、提升人力资源价值的重要举措之一。继续教育的主旨是提高受教育者的思想道德水准，改善智能结构，增强受教育者的专业能力，开发受教育者潜在的创造力，全面提高受教育者的整体素质，以适应并促进科技、经济、社会的协调发展。

随着我国改革开放的深入发展，继续教育得到了快速发展。1980 年 8 月，中国科学技术协会通过了《关于积极开展在职科技人员专业培训工作的意见》；1981 年 4 月，中共中央办公厅和国务院办公厅下发了《科学技术干部管理工作试行条例》，对科技干部的培训教育问题作出了一系列规定；1991 年 12 月，人事部印发了《全国专业技术人员继续教育"八五"规划纲要》；1993 年，中共中央、国务院发布的《中国教育改革和发展纲要》成为我国教育政策文件中第一个使用终身教育概念的文件，规定继续教育是我国教育结构四大组成部分之一；1995 年，全国人大通过的《中华人民共和国教育法》第一次从法律上确立了终身教育的法律地位，明确规定："国家适应社会主义市场经济发展和社会进步的需要，推进教育改革，促进各级各类教育协调发展，建立和完善终身教育体系。"

水利工程建设监理是我国水利工程建设管理体制"三项制度"改革的重要举措之一。我国的水利工程建设监理经过近 20 年来的实践，已基本形成了完善的制度体系，锻炼并培养了一批高水平的监理工程师和监理单位队伍。为了进一步保持和提高水利工程建设监理工程师的知识与业务水平，现行水利工程建设监理规章规定了水利工程建设监理人员继续教育制度。

为了满足水利工程建设监理员继续教育培训工作的要求，中国水利工程协会组织编写了本教材。根据水利工程建设监理人员继续教育的特点和实际需要，本教材主要结合我国现行有关工程建设的法律、法规和水利部颁发的有关规章以及《水利工程施工监理招标和水利工程施工监理合同示范文本》，全面阐述了建设监理人员必备的基本知识。

(1)结合《水利工程建设监理规定》(水利部[2006]令第 28 号)、《水利工程建设监理单位资质管理办法》(水利部[2006]令第 29 号)、《水利工程建设监理工程师注册管理办法》(水利部水建[2006]600 号)和《水利工程建设监理人员资格管理办法》(中水协[2007]3 号)等规章，讲解了现行的水利工程建设监理规定、资格、资质及注册管理制度。

(2)结合《水利工程建设项目监理招标投标管理办法》(水利部水建管[2002]587 号)和水利部颁发的《水利工程施工监理招标和水利工程施工监理合同示范文本》等文件，讲解了水利工程施工监理招标投标应遵守的规定、程序、方法以及监理合同的主要内容、监理服务取费标准等基本知识。

(3)结合《水利水电工程施工合同示范文本》，主要讲解了施工合同的质量、进度、计量与支付目标控制等内容。

(4)结合《建设工程质量管理条例》、《建设工程安全生产管理条例》和《水利工程质量管理规定》等法规,讲解了在工程建设中参建各方应承担的质量和安全生产责任与义务,以及违反法规规定应承担的法律责任等。

(5)结合《水利水电工程施工质量检验与评定规程》和《水利工程建设项目验收管理规定》(水利部令第30号)等文件,讲解了水利工程项目划分、质量评定以及水利工程建设项目法人验收、政府验收和验收主持单位等主要内容。

本教材由李文义、聂相田主编。李文义编写了第一章,王鹏编写了第二章,李亚伟编写了第三章,刘英杰编写了第四章,聂相田编写了第五章。

本书编写中参考和引用了参考文献中的一些内容,谨向这些文献的作者致以衷心的感谢。

由于编者水平有限,书中难免有不妥之处,恳请读者批评指正。

编　者

2008年8月8日

目 录

第一章　水利工程建设监理管理制度

第一节　水利工程建设监理制度概述

一、水利工程建设监理制度建设

1984 年，鲁布革水电站引水工程建设中，首次引进了世界银行贷款项目的建设监理模式——“工程师机构”。在总结鲁布革经验的基础上，1988 年，建设部印发了《关于开展建设监理的通知》，在我国建设领域推行建设监理制。

水利部于 1990 年开始在水利工程建设中试行建设监理，采取“加强领导、扩大宣传、法规先导、先行试点、逐步推广”的原则，积极稳妥地在水利工程建设中试行建设监理，引大入秦、观音阁水库、内蒙古河套灌区改造工程等一批重点水利工程实行了建设监理。1993 年 7 月，水利部在辽宁省观音阁水库召开了第一次全国水利工程建设监理工作会议，总结了试点阶段的工作，对下一步开展建设监理工作提出了要求。之后，一大批重点水利工程如小浪底水利枢纽工程、万家寨水电站、山西万家寨引黄工程等相继实行了建设监理。1996 年 5 月，水利部在湖北宜昌市召开了第二次全国水利工程建设监理工作会议，进一步总结了全国推广水利工程建设监理工作的经验，对在水利工程中全面推广建设监理工作进行了部署，并于同年 8 月发布了《水利工程建设监理规定》，明确规定了“在我国境内的大中型水利工程建设项目，必须实施建设监理，小型水利工程建设项目也应逐步试行实施建设监理”，大力促进了全国水利工程建设监理的全面开展。1999 年 11 月，水利部又进一步修订印发了《水利工程建设监理规定》。

我国水利工程建设监理制推行近 20 年来，依据国家的法律法规逐步建立了一套比较完整的监理法规和标准体系，培育了 500 多家监理单位和 27 000 多名监理工程师，为提高水利工程建设管理水平、控制水利工程建设质量和提高投资效益发挥了重要作用。但是，随着我国社会主义市场经济的发展，建设管理法律法规进一步得到完善，政府职能发生了转变，水利工程建设管理体制改革得到了新的发展，促进了水利工程建设监理制的进一步发展。

（一）建设监理管理方式的重大变化

根据《国务院关于取消第二批行政审批项目和改变一批行政审批项目管理方式的决定》（国发［2003］5 号）、《国务院关于第三批取消和调整行政审批项目的决定》（国发［2004］16 号）和《国务院对确保需保留的行政审批项目设定行政许可的决定》（国务院令第 412 号），行政许可保留了水利工程建设监理单位资质审批，要求水利工程建设监理人员资格审批等原行政审批转变管理方式，由行业自律组织或中介机构管理。

2005 年 6 月，水利部以《关于将一批改变管理方式的行政审批项目移交有关行业自律组织（或中介机构）的通知》（水建管［2005］244 号），正式将水利工程建设监理人员审批移交到中国水利工程协会。

(二)质量、安全、环境保护等新的管理法规赋予建设监理新的使命

近年来,国务院颁布施行的《建设工程质量管理条例》,对监理单位的资质条件、业务范围、质量责任等提出了新的要求。

《中华人民共和国安全生产法》(简称《安全生产法》)《建设工程安全生产管理条例》和《水利工程建设安全生产管理规定》的实施,对监理单位提出了新的安全管理要求。《建设工程安全生产管理条例》第十四条规定:“工程监理单位应当审查施工组织设计中的安全技术措施或者专项施工方案是否符合工程建设强制性标准。工程监理单位在实施监理过程中,发现存在安全事故隐患的,应当要求施工单位整改;情况严重的,应当要求施工单位暂时停止施工,并及时报告建设单位。施工单位拒不整改或者不停止施工的,工程监理单位应当及时向有关主管部门报告。工程监理单位和监理工程师应当按照法律、法规和工程建设强制性标准实施监理,并对建设工程安全生产承担监理责任。”

随着我国环境保护法律法规的健全和环境保护工作的深入,施工期的环境保护引起了广泛的重视并在实践中取得了成绩。2002 年 10 月,国家环境保护总局等六部委以环发[2002]141 号联合发布了《关于在重点建设项目中开展工程环境监理试点的通知》,通知指出:“为贯彻《建设项目环境保护管理条例》,落实国务院第五次全国环境保护会议的精神,严格执行环境保护‘三同时’制度,进一步加强建设项目设计和施工阶段的环境管理,控制施工阶段的环境污染和生态破坏,逐步推行施工期工程环境监理制度,决定在生态环境影响突出的国家十三个重点建设项目中开展工程环境监理试点。”

因此,工程建设发展新的需要,赋予建设监理新的使命,应重新界定监理单位和监理人员在工程建设监理中的责任、权利和义务。

(三)水利工程建设监理法规得到进一步完善

监理法规是规范工程建设监理行为的依据,只有制定了科学、合理、完善且可操作的监理法规,才能做到有法可依,依法惩戒监理违规行为,规范监理市场秩序。原有监理法规设定的法则条款粗放,缺乏可操作性,不利于惩处监理违规行为。

因此修订并以部长令发布《水利工程建设监理规定》(水利部[2006]第 28 号令)、《水利工程建设监理单位资质管理办法》(水利部[2006]第 29 号令),将有利于推进依法行政、转变政府职能,有利于加强政府监督,有利于规范水利工程建设监理市场秩序,严格市场准入制度,有利于促进提高监理单位水平和能力,强化监理单位的作用和地位,确保监理单位在项目的质量、资金、进度、安全生产、环境保护等方面发挥重要作用,进而确保工程建设质量和工程投资效益得到充分发挥。

依据《水利工程建设监理规定》规定的对水利工程建设监理人员的管理方式,水利部建设与管理司印发了《水利工程建设监理工程师注册管理办法》(水建管[2006]600 号),中国水利工程协会印发了《水利工程建设监理人员资格管理办法》(中水协[2007]3 号)。

二、水利工程建设监理的含义

众所周知,建设监理是指具有相应资质的监理单位受工程项目建设单位的委托,依据国家有关工程建设的法律、法规,经建设主管部门批准的工程项目建设文件、建设工程监

理合同及其建设工程合同,对工程建设实施的专业化管理。《水利工程建设监理规定》(水利部[2006]第28号令)第二条指出:“水利工程建设监理是指具有相应资质的水利工程建设监理单位,受项目法人委托,按照监理合同对水利工程建设项目实施中的质量、进度、资金、安全生产、环境保护等进行的管理活动,包括水利工程施工监理、水土保持工程施工监理、机电及金属结构设备制造监理、水利工程建设环境保护监理。”这一规定赋予了水利工程建设监理更为明确和新的含义。

(一)进一步明确了水利工程建设监理的行为主体

水利工程建设监理的行为主体是具有相应资质的水利工程建设监理单位。水利工程建设监理单位是具有独立法人资格,并依法取得水利工程建设监理单位资质等级证书专门从事水利工程建设监理的社会组织。只有监理单位才能按照独立自主的原则,以“公正的第三方”的身份开展建设监理活动。非监理单位所进行的监督管理活动一律不能称为建设监理。例如,政府有关部门所实施的监督管理活动就不属于建设监理范畴;项目法人进行的所谓“自行监理”,以及不具备监理单位资格的其他单位所进行的所谓“监理”都不能纳入建设监理范畴。在市场经济条件下,项目法人作为建设项目管理的主体,应当拥有监督管理权,但项目法人实施的项目管理不能称为建设监理。

(二)进一步明确了水利工程建设监理必须由项目法人委托

建设监理的实施需要项目法人委托和授权。建设监理的产生源于市场经济条件下社会的需求,始于项目法人的委托和授权,而建设监理发展成为一项制度,是根据这样的客观实际建立的。通过项目法人委托和授权方式来实施建设监理是建设监理与政府对工程建设所进行的行政性监督管理的重要区别。这种方式也决定了在实施工程建设监理的项目中,项目法人与监理单位的关系是委托与被委托的关系,授权与被授权的关系;决定了它们之间是合同关系,是需求与供给关系,是一种委托与服务的关系。这种委托和授权方式说明,在实施建设监理的过程中,监理单位的权力主要是由作为建设项目管理主体的项目法人通过授权而转移过来的。在工程项目建设过程中,项目法人始终是以建设项目管理主体身份掌握着工程项目建设的决策权,并承担项目建设风险。

(三)赋予了水利工程建设监理新的任务

《水利工程建设监理规定》除了进一步明确水利工程建设监理单位应当按照监理合同对水利工程建设项目实施中的质量、进度、资金等进行管理,增加了安全生产、环境保护管理等监理任务。

我国《安全生产法》、《建设工程安全生产管理条例》和《水利工程建设安全生产管理规定》等法律法规的相继出台,对水利工程建设监理单位提出了加强安全生产管理新的要求。《水利工程建设监理规定》第十八条规定:“监理单位应当审查被监理单位提出的安全技术措施、专项施工方案和环境保护措施是否符合工程建设强制性标准和环境保护要求,并监督实施。监理单位在实施监理过程中,发现存在安全事故隐患的,应当要求被监理单位整改;情况严重的,应当要求被监理单位暂时停止施工,并及时报告项目法人。被监理单位拒不整改或者不停止施工的,监理单位应当及时向有关水行政主管部门或者流域管理机构报告。”

水利工程建设规模大,周期长,投入机械设备、人员数量大且范围集中,露天施工作业规模很大。因此,在施工中产生大量的废水、废气、粉尘、噪声和固体垃圾等污染物,对环境造成的影响大。实行水利工程建设环境保护监理,对水利工程建设项目实施中产生的废(污)水、垃圾、废渣、废气、粉尘、噪声等采取的控制措施所进行的管理,是适应我国环境保护新形势的要求、深入贯彻《中华人民共和国环境保护法》和《建设工程环境保护条例》的重要举措。

(四)明确了水利工程建设监理专业划分

结合水利工程建设特点,整合并合理划分了水利工程建设监理专业,即水利工程施工监理、水土保持工程施工监理、机电及金属结构设备制造监理、水利工程建设环境保护监理。其中,机电及金属结构设备制造监理是指对安装于水利工程的发电机组、水轮机组及其附属设施,以及闸门、压力钢管、拦污设备、起重设备等机电及金属结构设备生产制造过程中的质量、进度等进行的管理活动。

三、水利工程建设监理的范围

《水利工程建设监理规定》以水利工程社会功能、投资来源、投资规模等指标明确了水利工程强制监理范围。《水利工程建设监理规定》第三条规定,水利工程建设项目依法实行建设监理。总投资 200 万元以上且符合下列条件之一的水利工程建设项目,必须实行建设监理:

(1)关系社会公共利益或者公共安全的。

(2)使用国有资金投资或者国家融资的。

(3)使用外国政府或者国际组织贷款、援助资金的。

水利工程是指防洪、排涝、灌溉、水力发电、引(供)水、滩涂治理、水土保持、水资源保护等各类工程(包括新建、扩建、改建、加固、修复、拆除等项目)及其配套和附属工程。水利工程建设监理活动是围绕工程项目建设来进行的,其对象应为新建、扩建、改建、加固、修复、拆除等各种水利工程建设工程项目。

四、水利工程建设监理的监督管理

《水利工程建设监理规定》规范并强化了各级水行政主管部门和流域管理机构在监理管理中的职责。规定明确指出:

(1)水利部对全国水利工程建设监理实施统一监督管理。

(2)水利部所属流域管理机构(以下简称流域管理机构)对其所管辖的水利工程建设监理实施监督管理。

(3)县级以上地方人民政府水行政主管部门对其所管辖的水利工程建设监理实施监督管理。

县级以上人民政府水行政主管部门和流域管理机构应当加强对水利工程建设监理活动的监督管理,对项目法人和监理单位执行国家法律法规、工程建设强制性标准以及履行监理合同的情况进行监督检查。县级以上人民政府水行政主管部门和流域管理机构在履行监督检查职责时,有关单位和人员应当客观、如实反映情况,提供相关材料。县级以上人民政府水行政主管部门和流域管理机构实施监督检查时,不得妨碍监理单位和监理人员正常的监理活动，不得索取或者收受被监督检查单位和人员的财物，不得谋取其他不正当利益。县级以上人民政府水行政主管部门和流域管理机构在监督检查中，发现监理单位和监理人员有违规行为的，应当责令纠正，并依法查处。

任何单位和个人有权对水利工程建设监理活动中的违法违规行为进行检举和控告。有关水行政主管部门和流域管理机构以及有关单位应当及时核实、处理。

五、监理业务委托与承接

《水利工程建设监理规定》规范了项目法人、监理单位在委托、承揽和实施监理业务中的行为和义务，明确了监理单位的职责，确立了监理单位在工程建设中的法定地位。

按照《水利工程建设监理规定》必须实施建设监理的水利工程建设项目，项目法人应当按照水利工程建设项目招标投标管理的规定，确定具有相应资质的监理单位，并报项目主管部门备案。项目法人和监理单位应当依法签订监理合同。项目法人委托监理业务，应当执行国家规定的工程监理收费标准。项目法人及其工作人员不得索取、收受监理单位的财物或者其他不正当利益。

监理单位应当按照水利部的规定，取得“水利工程建设监理单位资质等级证书”，并在其资质等级许可的范围内承揽水利工程建设监理业务。两个以上具有资质的监理单位，可以组成一个联合体承接监理业务。联合体各方应当签订协议，明确各方拟承担的工作和责任，并将协议提交项目法人。联合体的资质等级，按照同一专业内资质等级较低的一方确定。联合体中标的，联合体各方应当共同与项目法人签订监理合同，就中标项目向项目法人承担连带责任。

监理单位与被监理单位以及建筑材料、建筑构配件和设备供应单位有隶属关系或者其他利害关系的，不得承担该项工程的建设监理业务。监理单位不得以串通、欺诈、胁迫、贿赂等不正当竞争手段承揽水利工程建设监理业务。监理单位不得允许其他单位或者个人以本单位名义承揽水利工程建设监理业务。监理单位不得转让监理业务。

六、水利工程建设监理单位实施监理的程序

水利工程建设监理单位应当按下列程序实施建设监理。

(1)按照监理合同，选派满足监理工作要求的总监理工程师、监理工程师和监理员组建项目监理机构，进驻现场。

(2)编制监理规划，明确项目监理机构的工作范围、内容、目标和依据，确定监理工作制度、程序、方法和措施，并报项目法人备案。

(3)按照工程建设进度计划，分专业编制监理实施细则。

(4)按照监理规划和监理实施细则开展监理工作，编制并提交监理报告。

(5)监理业务完成后，按照监理合同向项目法人提交监理工作报告、移交档案资料。

七、监理业务实施

(一)总监理工程师负责制

水利工程建设监理实行总监理工程师负责制。总监理工程师负责全面履行监理合同

约定的监理单位职责，发布有关指令，签署监理文件，协调有关各方之间的关系。

监理工程师在总监理工程师授权范围内开展监理工作，具体负责所承担的监理工作，并对总监理工程师负责。监理员在监理工程师或者总监理工程师授权范围内从事监理辅助工作。

（二）水利工程建设监理单位聘用的人员要求

（1）水利工程建设监理单位应当聘用具有相应资格的监理人员从事水利工程建设监理业务。监理人员包括总监理工程师、监理工程师和监理员。水利工程建设监理人员资格应当按照行业自律管理的规定取得，即严格按中国水利工程协会颁发的《水利工程建设监理人员资格管理办法》（中水协［2007］3 号）文件规定取得相应的监理人员资格证书。

（2）水利工程建设监理工程师应当由其聘用监理单位（以下简称注册监理单位）报水利部注册备案，并在其注册监理单位从事监理业务；需要临时到其他监理单位从事监理业务的，应当由该监理单位与注册监理单位签订协议，明确监理责任等有关事宜。

（3）监理人员应当保守执业秘密，并不得同时在两个以上水利工程项目从事监理业务，不得与被监理单位以及建筑材料、建筑构配件和设备供应单位发生经济利益关系。《水利工程建设监理规定》所称被监理单位是指承担水利工程施工任务的单位，以及从事水利工程的机电及金属结构设备制造的单位。

（三）水利工程建设监理单位实施监理的方法

水利工程建设监理单位应当按照监理规范的要求，采取旁站、巡视、跟踪检测和平行检测等方式实施监理，发现问题应当及时纠正、报告。《水利工程建设项目施工监理规范》（SL 288—2003）规定的实施建设监理的方法有如下几种。

1. 现场记录

监理机构认真、完整记录每日施工现场的人员、设备和材料、天气、施工环境以及施工中出现的各种情况。

2. 发布文件

监理机构采用通知、指示、批复、签认等文件形式进行施工全过程的控制和管理。它是施工现场监督管理的重要手段，也是处理合同问题的重要依据，如开工通知、质量不合格通知、变更通知、暂停施工通知、复工通知和整改通知等。

3. 旁站监理

监理机构按照监理合同约定，在施工现场对工程项目的重要部位和关键工序的施工，实施连续性的全过程检查、监督与管理。需要旁站监理的重要部位和关键工序一般应在监理合同中明确规定。

4. 巡视检验

巡视检验是指监理机构对所监理的工程项目进行定期或不定期的检查、监督和管理。监理机构在实施监理过程中，为了全面掌握工程的进度、质量等情况，应当采取定期和不定期的巡视监察和检验。

5. 跟踪检测

跟踪检测是指在承包人进行试样检测前，监理机构对其检测人员、仪器设备以及拟订的检测程序和方法进行审核;在承包人对试样进行检测时,实施全过程的监督,确认其程序、方法的有效性以及检测结果的可信性,并对该结果确认。

6. 平行检测

平行检测是指监理机构在承包人对试样自行检测的同时,独立抽样进行的检测,核验承包人的检测结果。

7. 协调解决

监理机构对参加工程建设各方之间的关系以及工程施工过程中出现的问题和争议进行的调解。

(四)水利工程建设监理单位的禁止行为

(1)监理单位不得与项目法人或者被监理单位串通,弄虚作假、降低工程或者设备质量。

(2)监理人员不得将质量检测或者检验不合格的建设工程、建筑材料、建筑构配件和设备按照合格签字。

(3)未经监理工程师签字,建筑材料、建筑构配件和设备不得在工程上使用或者安装,不得进行下一道工序的施工。

(五)水利工程建设监理单位实施监理的行为规定

1. 实施监理的行为

《水利工程建设监理规定》明确指出:

(1)监理单位应当协助项目法人编制控制性总进度计划,审查被监理单位编制的施工组织设计和进度计划,并督促被监理单位实施。

(2)监理单位应当协助项目法人编制付款计划,审查被监理单位提交的资金流计划,按照合同约定核定工程量,签发付款凭证。未经总监理工程师签字,项目法人不得支付工程款。

(3)监理单位应当审查被监理单位提出的安全技术措施、专项施工方案和环境保护措施是否符合工程建设强制性标准和环境保护要求,并监督实施。

(4)监理单位在实施监理过程中,发现存在安全事故隐患的,应当要求被监理单位整改;情况严重的,应当要求被监理单位暂时停止施工,并及时报告项目法人。被监理单位拒不整改或者不停止施工的,监理单位应当及时向有关水行政主管部门或者流域管理机构报告。

(5)监理单位应当将项目监理机构及其人员名单、监理工程师和监理员的授权范围书面通知被监理单位。监理实施期间监理人员有变化的,应当及时通知被监理单位。

(6)监理单位更换总监理工程师和其他主要监理人员的,应当符合监理合同的约定。

(7)监理单位应当按照监理合同,组织设计单位等进行现场设计交底,核查并签发施工图。未经总监理工程师签字的施工图不得用于施工。

(8)监理单位不得修改工程设计文件。

2. 建设监理的主要工作制度

水利工程建设监理单位应当按照《水利工程建设项目施工监理规范》(SL 288—2003)规定,建立建设监理的工作制度。主要包括:

1)技术文件审核、审批制度

根据施工合同约定由双方提交的施工图纸、施工组织设计、施工措施计划、施工进度计划、开工申请等文件均应通过监理机构核查、审核或审批方可实施。

2)原材料、构配件和工程设备检验制度

进场的原材料、构配件和工程设备应有出厂合格证明和技术说明书,经承包人自检合格后,方可报监理机构检验。不合格的材料、构配件和工程设备应按监理指示在规定时限内运离工地或进行相应处理。

3)工程质量检验制度

承包人每完成一道工序或一个单元工程,都应经过自检。合格后方可报监理机构进行复核检验。上道工序或上一单元工程未经复核检验或复核检验不合格,不得进行下道工序或下一单元工程施工。

4)工程计量付款签证制度

所有申请付款的工程量均应进行计量并经监理机构确认。未经监理机构签证的付款申请,委托人不应支付。

5)会议制度

监理机构应建立会议制度,包括第一次工地会议、监理例会和监理专题会议。会议由总监理工程师或由其授权监理工程师主持。工程建设有关各方应派员参加。各次会议应符合下列要求。

(1)第一次工地会议。第一次工地会议应在合同项目开工令下达前举行,会议内容应包括工程开工准备检查情况;介绍各方负责人及其授权代理人和授权内容;沟通相关信息;进行监理工作交底。会议的具体内容可由有关各方会前约定。会议由总监理工程师或总监理工程师与委托人的负责人联合主持召开。

(2)监理例会。监理机构应定期主持召开由参建各方负责人参加的会议,会上应通报工程进展情况,检查上次监理例会中有关决定的执行情况,分析当前存在的问题,提出问题的解决方案或建议,明确会后应完成的任务。会议应形成会议纪要。

(3)监理专题会议。监理机构应根据需要,主持召开监理专题会议,研究解决施工中出现的涉及施工质量、施工方案、施工进度、工程变更、索赔、争议等方面的专门问题。

(4)总监理工程师应组织编写由监理机构主持召开的会议纪要,并分发与会各方。

6)施工现场紧急情况报告制度

监理机构应针对施工现场可能出现的紧急情况编制处理程序、处理措施等文件。当发生紧急情况时,应立即向委托人报告,并指示承包人立即采取有效紧急措施进行处理。

7)工作报告制度

监理机构应及时向委托人提交监理月报或监理专题报告;在工程验收时,提交监理工作报告;在监理工作结束后,提交监理工作总结报告。

8)工程验收制度

在承包人提交验收申请后,监理机构应对其是否具备验收条件进行审核,并根据有关水利工程验收规程或合同约定,参与、组织或协助委托人组织工程验收。

八、对监理单位违规行为处罚的有关规定

《水利工程建设监理规定》对水利工程建设监理单位违规处罚作出了明确的规定，分述如下。

(1)水利工程建设监理单位超越本单位资质等级许可的业务范围承揽监理业务的，依照《建设工程质量管理条例》(以下简称《质量管理条例》)第六十条第一款规定给予处罚：即工程监理单位超越本单位资质等级承揽工程的，责令停止违法行为，对工程监理单位处合同约定的监理酬金1倍以上2倍以下的罚款。

(2)水利工程建设监理单位未取得相应资质等级证书承揽监理业务的，依照《质量管理条例》第六十条第二款规定给予处罚：即未取得资质证书承揽工程的，予以取缔，对工程监理单位处合同约定的监理酬金1倍以上2倍以下的罚款；有违法所得的，予以没收。

(3)水利工程建设监理单位以欺骗手段取得的资质等级证书承揽监理业务的，依照《质量管理条例》第六十条第三款规定给予处罚：即以欺骗手段取得资质证书承揽工程的，吊销资质证书，对工程监理单位处合同约定的监理酬金1倍以上2倍以下的罚款；有违法所得的，予以没收。

(4)水利工程建设监理单位允许其他单位或者个人以本单位名义承揽监理业务的，依照《质量管理条例》第六十一条规定给予处罚：即工程监理单位允许其他单位或者个人以本单位名义承揽工程的，责令改正，没收违法所得，对工程监理单位处合同约定的监理酬金1倍以上2倍以下的罚款。

(5)水利工程建设监理单位转让监理业务的，依照《质量管理条例》第六十二条规定给予处罚：即工程监理单位转让工程监理业务的，责令改正，没收违法所得，处合同约定的监理酬金25%以上50%以下的罚款；可以责令停业整顿，降低资质等级；情节严重的，吊销资质证书。

(6)水利工程建设监理单位与项目法人或者被监理单位串通，弄虚作假、降低工程质量，依照《质量管理条例》第六十七条规定给予处罚：即责令改正，处50万元以上100万元以下的罚款，降低资质等级或者吊销资质证书；有违法所得的，予以没收；造成损失的，承担连带赔偿责任。

(7)水利工程建设监理单位将不合格的建设工程、建筑材料、建筑构配件和设备按照合格签字的，依照《质量管理条例》第六十七条规定给予处罚：即责令改正，处50万元以上100万元以下的罚款，降低资质等级或者吊销资质证书；有违法所得的，予以没收；造成损失的，承担连带赔偿责任。

(8)水利工程建设监理单位与被监理单位以及建筑材料、建筑构配件和设备供应单位有隶属关系或者其他利害关系承担该项工程建设监理业务的，依照《质量管理条例》第六十八条规定给予处罚：即责令改正，处5万元以上10万元以下的罚款，降低资质等级或者吊销资质证书；有违法所得的，予以没收。

(9)水利工程建设监理单位以串通、欺诈、胁迫、贿赂等不正当竞争手段承揽监理业务或者利用工作便利与项目法人、被监理单位以及建筑材料、建筑构配件和设备供应单位串通，谋取不正当利益的，依照《水利工程建设监理规定》第二十八条规定给予处罚：即责

令改正，给予警告；无违法所得的，处1万元以下罚款，有违法所得的，予以追缴，处违法所得3倍以下且不超过3万元罚款；情节严重的，降低资质等级；构成犯罪的，依法追究有关责任人员的刑事责任。

(10)水利工程建设监理单位有下列行为之一的，依照《建设工程安全生产管理条例》第五十七条给予处罚：即责令限期改正；逾期未改正的，责令停业整顿，并处10万元以上30万元以下的罚款；情节严重的，降低资质等级，直至吊销资质证书；造成重大安全事故，构成犯罪的，对直接责任人员，依照刑法有关规定追究刑事责任；造成损失的，依法承担赔偿责任。这些行为包括：①未对施工组织设计中的安全技术措施或者专项施工方案进行审查的；②发现安全事故隐患未及时要求施工单位整改或者暂时停止施工的；③施工单位拒不整改或者不停止施工，未及时向有关水行政主管部门或者流域管理机构报告的；④未依照法律、法规和工程建设强制性标准实施监理的。

(11)水利工程建设监理单位聘用无相应监理人员资格的人员从事监理业务的或隐瞒有关情况、拒绝提供材料或者提供虚假材料的，依照《水工程建设监理规定》第三十条规定给予处罚：即责令改正，给予警告；情节严重的，降低资质等级。

(12)《质量管理条例》第七十四条规定：监理单位违反国家规定，降低工程质量标准，造成重大安全事故，构成犯罪的，对直接责任人员依法追究刑事责任。

(13)监理单位有下列行为之一的，责令改正；无违法所得的，处1万元以下罚款；有违法所得的，予以没收，并处1万元以上3万元以下罚款；可以责令停业整顿，降低资质等级；情节严重的，吊销资质等级证书；构成犯罪的，依法追究直接责任人的刑事责任。这些行为包括：①与建设单位或者施工单位(被监理单位)串通，弄虚作假、降低环境保护标准的；②未对施工组织设计中的施工区环境保护措施进行审查的；③发现环境保护措施不符合要求或存在生态破坏、环境污染隐患，未及时要求施工单位(被监理单位)整改或者暂时停止施工的。

九、对监理人员的处罚规定

(1)监理人员从事水利工程建设监理活动，有下列行为之一的，责令改正，给予警告；其中，监理工程师违规情节严重的，注销注册证书，2年内不予注册；有违法所得的，予以追缴，并处1万元以下罚款；造成损失的，依法承担赔偿责任；构成犯罪的，依法追究刑事责任。这些行为包括：①利用执(从)业上的便利，索取或者收受项目法人、被监理单位以及建筑材料、建筑构配件和设备供应单位财物的；②与被监理单位以及建筑材料、建筑构配件和设备供应单位串通，谋取不正当利益的；③非法泄露执(从)业中应当保守的秘密的。

(2)监理人员因过错造成质量事故的，责令停止执(从)业1年，其中，监理工程师因过错造成重大质量事故的，注销注册证书，5年内不予注册；情节特别严重的，终身不予注册。

(3)监理人员未执行法律、法规和工程建设强制性标准的，责令停止执(从)业3个月以上1年以下，其中，监理工程师违规情节严重的，注销注册证书，5年内不予注册；造成重大安全事故的，终身不予注册；构成犯罪的，依法追究刑事责任。

(4)监理单位的工作人员因调动工作、退休等原因离开该单位后,被发现在该单位工作期间违反国家有关工程建设质量管理规定,造成重大工程质量事故的,仍应当依法追究法律责任。

十、关于项目法人的有关规定

(1)项目法人应当向监理单位提供必要的工作条件,支持监理单位独立开展监理业务,不得明示或者暗示监理单位违反法律法规和工程建设强制性标准,不得更改总监理工程师指令。

(2)项目法人应当按照监理合同,及时、足额支付监理单位报酬,不得无故削减或者拖延支付。

(3)项目法人可以对监理单位提出并落实的合理化建议给予奖励。奖励标准由项目法人与监理单位协商确定。

(4)项目法人将水利工程建设监理业务委托给不具有相应资质的监理单位,或者必须实行建设监理而未实行的,依照《质量管理条例》第五十四条、第五十六条处罚。

(5)项目法人对监理单位提出不符合安全生产法律、法规和工程建设强制性标准要求的,依照《建设工程安全生产管理条例》第五十五条处罚。

(6)项目法人及其工作人员收受监理单位贿赂、索取回扣或者其他不正当利益的,予以追缴,并处违法所得3倍以下且不超过3万元的罚款;构成犯罪的,依法追究有关责任人员的刑事责任。

十一、行政处罚主体

(1)降低监理单位资质等级、吊销监理单位资质等级证书的处罚以及注销监理工程师注册证书,由水利部决定。

(2)其他行政处罚,由有关水行政主管部门依照法定职权决定。

第二节　水利工程建设监理单位资质管理

建设监理单位是我国推行建设监理制度之后兴起的一种企业。它的主要责任是向工程项目法人提供高质量、高智能的监理服务,受项目法人委托对建设项目的投资、工期和质量依据合同进行监督管理。本节主要结合《水利工程建设监理单位资质管理办法》(水利部[2006]第29号令)等规章,从监理单位的概念、资质管理、经营准则以及监理人员素质和资格管理等方面进行阐述。

一、监理单位的概念

监理单位是指取得监理资质等级证书、具有法人资格、从事工程建设监理的单位。监理单位必须具有自己的名称、组织机构和场所,有与承担监理业务相适应的经济、法律、技术及管理人员,完善的组织章程和管理制度,并应具有一定数量的资金和设施。符合条件的单位经申请取得监理资质等级证书,并经工商注册取得营业执照后,才可承担监理业务。

水利工程建设监理单位是指依法取得"水利工程建设监理单位资格等级证书",并经工商注册取得营业执照,且从事水利工程建设监理业务的单位。监理单位应当依法取得相应等级的资质证书,并在其资质等级许可的范围内承担工程监理业务。按照水利部《水利工程建设监理单位资质管理办法》的规定,设立水利工程建设监理单位,必须由水利部进行资质审查,符合条件者由水利部颁发水利工程建设监理单位资质等级证书。监理单位的资质等级反映了该监理单位从事某项监理业务的资格和能力,国家资质管理部门依法颁发监理单位资质等级证书是对工程监理市场准入管理的重要手段。

二、监理单位的经营活动准则

水利工程建设监理单位从事水利工程建设监理活动,应当遵循"守法、诚信、公正、科学"的准则。

(一)守法

守法,这是任何一个具有民事行为能力的单位或个人最起码的行为准则,对于监理单位企业法人来说,守法,就是要依法经营。

(1)监理单位只能在核定的业务范围内开展经营活动。这里所说的核定的业务范围,是指监理单位资质证书中填写的、经建设监理资质管理部门审查确认的经营业务范围。核定的业务范围有两层内容,一是监理业务的性质,二是监理业务的等级。监理业务的性质是指可以监理什么专业的工程。如以水工建筑、测量、地质等专业人员为主组成的水利工程建设监理单位,则只能监理水利工程施工监理,而不能监理水土保持工程施工监理。第二层意思是指要按照核定的监理资质等级承接监理业务。如取得水利工程施工监理甲级资质的监理单位可以承担各等级水利工程的施工监理业务;而取得水利工程施工监理丙级资质的监理单位,只可以承担 Ⅲ 等(堤防 3 级)以下各等级水利工程的施工监理业务。

(2)监理单位不得伪造、涂改、出租、出借、转让、出卖"水利工程建设监理单位资质等级证书"。

(3)建设监理合同一经双方当事人依法签订,即具有法律约束力,监理单位应按照合同的规定认真履行,不得无故或故意违背自己的承诺。

(4)监理单位离开原住所承接监理业务,要自觉遵守当地人民政府颁发的监理法规和有关规定,并要主动向监理工程所在地的省、自治区、直辖市建设行政主管部门备案登记,接受其指导和监督管理。

(5)遵守国家关于企业法人的其他法律法规的规定,包括行政的、经济的和技术的。

(二)诚信

所谓诚信,简单地讲,就是忠诚老实、讲信用。为人处事都要讲诚信,这是做人的基本品德,也是考核企业信誉的核心内容。监理单位向项目法人提供的是技术咨询服务,按照市场经济的观念,监理单位主要是依靠自己的智力。

每个监理单位,甚至每一个监理人员能否做到诚信,都会对这一事业造成一定的影响,尤其对监理单位、对监理人员自己的声誉带来很大影响。所以说,诚信是监理单位经营活动基本准则的重要内容之一。

(三)公正

所谓"公正",主要是指监理单位在处理项目法人与承包人之间的矛盾和纠纷时,要做到"一碗水端平",是谁的责任,就由谁承担;该维护谁的权益,就维护谁的权益。决不能因为监理单位受项目法人的委托,就偏袒项目法人。一般来说,监理单位维护项目法人的合法权益容易做到,而维护承包人的利益比较难。要真正做到公正地处理问题也不容易。监理单位要做到公正,必须要做到以下几点。

(1)要培养良好的职业道德,不为私利而违心地处理问题。

(2)要坚持实事求是的原则,不唯上级或项目法人的意见是从。

(3)要提高综合分析问题的能力,不为局部问题或表面现象而模糊自己的"视听"。

(4)要不断提高自己的专业技术能力,尤其是要尽快提高综合理解、熟练运用工程建设有关合同条款的能力,以便以合同条款为依据,恰当地协调、处理问题。

(四)科学

所谓科学,是指监理单位的监理活动要依据科学的方案,要运用科学的手段,要采取科学的方法。工程项目监理结束后,还要进行科学的总结。总之,监理工作的核心问题是"预控",必须要有科学的思想、科学的方法。凡是处理业务要有可靠依据和凭证;判断问题,要用数据说话。监理机构实施监理要制订科学的计划,要采用科学的手段和科学的方法。只有这样,才能提供高智能的、科学的服务,才能符合建设监理事业发展的规律。

三、监理单位资质等级和标准

(一)监理单位的资质的概念

监理单位的资质主要体现在监理能力和监理效果上。所谓监理能力,是指所能监理的建设项目的类别和等级。所谓监理效果,是指对建设项目实施监理后,在工程投资控制、工程进度控制、工程质量控制等方面所取得的成果。监理单位的监理能力和监理效果主要取决于监埋人员素质、专业配套能力、监理经历以及管理水平等。

1. 监理人员素质

监理单位的产品是高智能、高质量的技术服务,是智能型企业。监理单位的工作性质决定了监理单位的人员素质要求。一个监理人员如果没有较高的专业技术水平,就难以胜任监理工作,就不可能提供高质量的监理服务。因此,监理单位的人员具有较好的素质是非常重要的,也是监理单位在监理市场上立于不败之地的根本保证。

建设监理是一项管理与技术有机结合的活动,在科学发达的今天,监理人员必须能够应用先进技术和科学管理方法开展监理工作。

2. 专业配套能力

在水利水电工程建设中,其生产工艺十分复杂,涉及的学科知识很广,需要水工建筑、机电设备安装、金属结构设备安装、地质勘察、工程测量等多个专业的人员共同努力才能完成。因此,承担监理业务的监理单位也必须配备相应专业的监理人员才能顺利完成监理任务。一个监理单位,按照其从事的监理业务范围的要求,配备的专业监理人员是否齐全,在很大程度上决定了它的监理能力的大小强弱。专业监理人员配备齐全,每个监理人员的素质又好,那么,这个监理单位的整体素质就高。如果一个监理单位在某一方面缺少专业监理人员，或者某一方面的专业监理人员素质很低，那么，这个监理单位就不能从事相应的监理业务。

3. 监理经历

监理经历是指监理单位成立之后，从事监理工作的历程。一般情况下，监理单位从事监理业务的年限越长，监理的项目就可能越多，监理成效会越大，监理的经验越丰富。因此，监理经历是确定监理单位资质的重要因素之一。

4. 管理水平

管理是一门科学。对于监理企业来说，管理包括组织管理、人事管理、财务管理、设备管理、生产经营管理、合同管理、档案文书管理等诸多方面的内容。一个管理水平高的监理企业，既要有一个好的领导班子，还要有严格的管理制度，才能达到人尽其才，物尽其用，成效突出，监理企业才具有蓬勃发展的巨大动力。

（二）水利工程建设监理单位资质专业和等级

监理单位的资质等级按水利部第[2006]29号令《水利工程建设监理单位资质管理办法》第六条规定：水利工程建设监理单位分为四个专业资质，不同的专业分为不同的等级。

水利工程建设监理单位专业资质分为：

(1)水利工程施工监理专业；

(2)水土保持工程施工监理专业；

(3)机电及金属结构设备制造监理专业；

(4)水利工程建设环境保护监理专业。

水利工程建设监理单位资质等级分为：

(1)水利工程施工监理专业资质甲级、乙级和丙级；

(2)水土保持工程施工监理专业资质分为甲级、乙级和丙级；

(3)机电及金属结构设备制造监理专业资质分为甲级和乙级；

(4)水利工程建设环境保护监理专业资质暂不分级。

（三）水利工程建设监理单位资质等级标准

申请水利工程建设监理单位专业资质须具备《水利工程建设监理单位资质管理办法》规定的资质条件。

(1)水利工程施工监理专业各等级监理单位资质条件如表1-1、表1-2、表1-3所示。

表1-1 甲级监理单位资质条件

序号	资质条件
1	具有健全的组织机构、完善的组织章程和管理制度。技术负责人具有高级专业技术职称，并取得总监理工程师岗位证书
2	监理工程师50人(其中具有高级专业技术职称的人员不少于10人、总监理工程师不少于8人)。水利工程造价工程师(或者从事水利工程造价工作5年以上并具有中级专业技术职称的人员)不少于3人

续表 1-1

序号	资质条件
3	具有5年以上水利工程建设监理经历,且近3年监理业绩分别为:应当承担过(含正在承担,下同)2项Ⅱ等水利枢纽工程,或者1项Ⅱ等水利枢纽工程、2项Ⅱ等(堤防2级)其他水利工程的施工监理业务;该专业资质许可的监理范围内的近3年累计合同额不少于600万元。 承担过水利枢纽工程中的挡、泄、导流、发电工程之一的,可视为承担过水利枢纽工程
4	能运用先进技术和科学管理方法完成建设监理任务
5	注册资金不少于200万元

表 1-2　乙级监理单位资质条件

序号	资质条件
1	具有健全的组织机构、完善的组织章程和管理制度。技术负责人具有高级专业技术职称,并取得总监理工程师岗位证书
2	监理工程师不少于30人(其中具有高级专业技术职称的人员不少于6人、总监理工程师不少于3人)。水利工程造价工程师(或者从事水利工程造价工作5年以上并具有中级专业技术职称的人员)不少于2人
3	具有3年以上水利工程建设监理经历,且近3年监理业绩分别为:应当承担过3项Ⅲ等水利枢纽工程,或者2项Ⅲ等水利枢纽工程、2项Ⅲ等(堤防3级)其他水利工程的施工监理业务;该专业资质许可的监理范围内的近3年累计合同额不少于400万元
4	能运用先进技术和科学管理方法完成建设监理任务
5	注册资金不少于100万元

表 1-3　丙级监理单位资质条件

序号	资质条件
1	具有健全的组织机构、完善的组织章程和管理制度。技术负责人具有高级专业技术职称,并取得总监理工程师岗位证书
2	监理工程师不少于10人(其中具有高级专业技术职称的人员不少于3人、总监理工程师不少于1人)。水利工程造价工程师(或者从事水利工程造价工作5年以上并具有中级专业技术职称的人员)不少于1人
3	能运用先进技术和科学管理方法完成建设监理任务
4	注册资金不少于50万元

申请重新认定、延续或者核定丙级(或者不定级)监理单位资质,还须专业资质许可的监理范围内的近3年年均监理合同额不少于30万元。

(2)水土保持工程施工监理专业各等级监理单位资质条件如表1-4、表1-5、表1-6所示。

表1-4 甲级监理单位资质条件

序号	资质条件
1	具有健全的组织机构、完善的组织章程和管理制度。技术负责人具有高级专业技术职称,并取得总监理工程师岗位证书
2	监理工程师30人(其中具有高级专业技术职称的人员不少于6人、总监理工程师不少于5人)。水利工程造价工程师(或者从事水利工程造价工作5年以上并具有中级专业技术职称的人员)不少于3人
3	具有5年以上水利工程建设监理经历,且近3年监理业绩分别为:应当承担过2项Ⅱ等水土保持工程的施工监理业务;该专业资质许可的监理范围内的近3年累计合同额不少于350万元
4	能运用先进技术和科学管理方法完成建设监理任务
5	注册资金不少于200万元

表1-5 乙级监理单位资质条件

序号	资质条件
1	具有健全的组织机构、完善的组织章程和管理制度。技术负责人具有高级专业技术职称,并取得总监理工程师岗位证书
2	监理工程师不少于20人(其中具有高级专业技术职称的人员不少于4人、总监理工程师不少于3人)。水利工程造价工程师(或者从事水利工程造价工作5年以上并具有中级专业技术职称的人员)不少于2人
3	具有3年以上水利工程建设监理经历,且近3年监理业绩分别为:应当承担过4项Ⅲ等水土保持工程的施工监理业务;该专业资质许可的监理范围内的近3年累计合同额不少于200万元
4	能运用先进技术和科学管理方法完成建设监理任务
5	注册资金不少于100万元

表1-6 丙级监理单位资质条件

序号	资质条件
1	具有健全的组织机构、完善的组织章程和管理制度。技术负责人具有高级专业技术职称,并取得总监理工程师岗位证书
2	监理工程师不少于10人(其中具有高级专业技术职称的人员不少于10人、总监理工程师不少于1人)。水利工程造价工程师(或者从事水利工程造价工作5年以上并具有中级专业技术职称的人员)不少于1人
3	能运用先进技术和科学管理方法完成建设监理任务
4	注册资金不少于50万元

申请重新认定、延续或者核定丙级(或者不定级)监理单位资质,还须专业资质许可的监理范围内的近3年年均监理合同额不少于30万元。

(3)机电及金属结构设备制造监理专业各等级监理单位资质条件如表1-7、表1-8所示。

表1-7　甲级监理单位资质条件

序号	资质条件
1	具有健全的组织机构、完善的组织章程和管理制度。技术负责人具有高级专业技术职称,并取得总监理工程师岗位证书
2	监理工程师30人(其中具有高级专业技术职称的人员不少于6人、总监理工程师不少于5人)。水利工程造价工程师(或者从事水利工程造价工作5年以上并具有中级专业技术职称的人员)不少于3人
3	具有5年以上水利工程建设监理经历,且近3年监理业绩分别为:应当承担过4项中型机电及金属结构设备制造监理业务;该专业资质许可的监理范围内的近3年累计合同额不少于300万元
4	能运用先进技术和科学管理方法完成建设监理任务
5	注册资金不少于100万元

表1-8　乙级监理单位资质条件

序号	资质条件
1	具有健全的组织机构、完善的组织章程和管理制度。技术负责人具有高级专业技术职称,并取得总监理工程师岗位证书
2	监理工程师不少于12人(其中具有高级专业技术职称的人员不少于3人、总监理工程师不少于2人)。水利工程造价工程师(或者从事水利工程造价工作5年以上并具有中级专业技术职称的人员)不少于2人
3	能运用先进技术和科学管理方法完成建设监理任务
4	注册资金不少于100万元

申请重新认定、延续或者核定机电及金属结构设备制造监理专业乙级资质,还须该专业资质许可的监理范围内的近3年年均监理合同额不少于30万元。

四、监理单位业务范围

监理单位的资质等级按水利部[2006]第29号令《水利工程建设监理单位资质管理办法》第七条规定,各专业资质等级可以承担的业务范围如下。

(一)水利工程施工监理专业资质

(1)甲级可以承担各等级水利工程的施工监理业务。

（2）乙级可以承担Ⅱ等（堤防2级）以下各等级水利工程的施工监理业务。

（3）丙级可以承担Ⅲ等（堤防3级）以下各等级水利工程的施工监理业务。

适用《水利工程建设监理单位资质管理办法》的水利工程等级划分标准按照《水利水电工程等级划分及洪水标准》（SL 252—2000）执行。如表1-9、表1-10、表1-11、表1-12、表1-13、表1-14所示。

表1-9 水利水电工程分等指标

工程等别	工程规模	水库总库容（亿 m^3）	防洪		治涝	灌溉	供水	发电
			保护城镇及工矿企业的重要性	保护农田（万亩）	治涝面积（万亩）	灌溉面积（万亩）	供水对象重要性	装机容量（万kW）
Ⅰ	大(1)型	≥10	特别重要	≥500	≥200	≥150	特别重要	≥120
Ⅱ	大(2)型	10～1.0	重要	500～100	200～60	150～50	重要	120～30
Ⅲ	中型	1.0～0.10	中等	100～30	60～15	50～5	中等	30～5
Ⅳ	小(1)型	0.10～0.01	一般	30～5	15～3	5～0.5	一般	5～1
Ⅴ	小(2)型	0.01～0.001		<5	<3	<0.5		<1

注：（1）水库总库容指水库最高水位以下的静库容。

（2）治涝面积和灌溉面积均指设计面积，1亩=1/15 hm^2。

表1-10 拦河水闸工程分等指标

工程等别	工程规模	过闸流量（m^3/s）
Ⅰ	大(1)型	≥5 000
Ⅱ	大(2)型	5 000～1 000
Ⅲ	中型	1 000～100
Ⅳ	小(1)型	100～20
Ⅴ	小(2)型	<20

表1-11 灌溉、排水泵站分等指标

工程等别	工程规模	分等指标	
		装机流量（m^3/s）	装机功率（10^4kW）
Ⅰ	大(1)型	≥5 000	≥3
Ⅱ	大(2)型	5 000～1 000	3～1
Ⅲ	中型	1 000～100	1～0.1
Ⅳ	小(1)型	100～20	0.1～0.01
Ⅴ	小(2)型	<20	<0.01

表 1-12 拦河水闸工程分等指标

工程等别	主要建筑物	次要建筑物
Ⅰ	1	3
Ⅱ	2	3
Ⅲ	3	4
Ⅳ	4	5
Ⅴ	5	5

表 1-13 水库大坝堤级指标

级别	坝型	坝高(m)
2	土石坝	90
	混凝土坝、浆砌石坝	130
3	土石坝	70
	混凝土坝、浆砌石坝	100

表 1-14 临时性水工建筑物级别

级别	保护对象	失事后果	使用年限(年)	临时性水工建筑物规模	
				高度(m)	库容(亿 m^3)
3	有特殊要求的1级永久性水工建筑物	淹没重要城镇、工矿企业、交通干线或推迟总工期及第一台(批)机组发电,造成重大灾害和损失	>3	>50	>1.0
4	1、2级永久性水工建筑物	淹没一般城镇、工矿企业或影响工程总工期及第一台(批)机组发电,造成较大经济损失	3~1.5	50~15	1.0~0.1
5	3、4级永久性水工建筑物	淹没基坑,但对总工期及第一台(批)机组发电影响不大,经济损失较小	<1.5	<15	<0.1

(二)水土保持工程施工监理专业资质

(1)甲级可以承担各等级水土保持工程的施工监理业务。

(2)乙级可以承担Ⅱ等以下各等级水土保持工程的施工监理业务。

(3)丙级可以承担Ⅲ等水土保持工程的施工监理业务。

同时具备水利工程施工监理专业资质和乙级以上水土保持工程施工监理专业资质的,方可承担淤地坝中的骨干坝施工监理业务。

适用《水利工程建设监理资质管理办法》的水土保持工程等级划分标准如表1-15所示。

表1-15　水土保持工程等级划分标准

等别	水土保持综合治理项目	沟道治理工程	开发建设项目的水土保持工程
Ⅰ等	500km² 以上	总库容100万 m³ 以上、小于500万 m³	征占地面积500hm² 以上
Ⅱ等	150km² 以上、小于500km²	总库容50万 m³ 以上、小于100万 m³	征占地面积50hm² 以上、小于500hm²
Ⅲ等	小于150km²	总库容小于50万 m³	征占地面积小于50hm²

(三)机电及金属结构设备制造监理专业资质

(1)甲级可以承担水利工程中的各类型机电及金属结构设备制造监理业务。

(2)乙级可以承担水利工程中的中、小型机电及金属结构设备制造监理业务。

适用《水利工程建设监理资质管理办法》的机电及金属结构设备等级划分标准如表1-16、表1-17、表1-18所示。

表1-16　发电机组、水轮机组等级划分标准

工程规模	划分标准(装机容量万kW)
大型	≥30
中型	5~30
小型	<5

表1-17　水工金属结构设备(闸门、压力钢管、拦污设备)等级划分标准

	规格分档	参数标准　FH = 门叶面积(m^2)×设计水头(m)
闸门	大型	$FH \geq 1\ 000$
	中型	$200 \leq FH < 1\ 000$
	小型	$FH < 200$
压力钢管	规格分档	参数标准　DH = 直径(m)×设计水头(m)
	大型	$DH \geq 300$
	中型	$50 \leq DH < 300$
	小型	$DH < 50$

续表 1-17

	规格分档	参数标准	
		耙斗式	回转式
拦污设备	大型	耙斗容积≥$3m^3$	齿耙宽度(m)×清污深度(m)≥100
	中型	$1m^3$≤耙斗容积<$3m^3$	30≤齿耙宽度(m)×清污深度(m)<100
	小型	耙斗容积<$1m^3$	齿耙宽度(m)×清污深度(m)<30

表 1-18　起重设备等级划分标准

规格分档	划分标准(起重量 G)
大型	G≥100t
中型	30t≤G<100t
小型	G<30t

(四)水利工程建设环境保护监理专业资质

水利工程建设环境保护监理专业资质,可以承担各类各等级水利工程建设环境保护监理业务。

五、监理单位资质管理

水利工程建设监理单位资质等级由水利部负责认定与管理。水利部所属流域管理机构和省、自治区、直辖市人民政府水行政主管部门依照管理权限,负责有关的水利工程建设监理单位资质申请材料的接收、转报以及相关管理工作。

申请水利工程监理资质的单位应当按照拥有的技术负责人、专业技术人员、注册资金和工程监理业绩等条件申请相应的资质等级。申请水利工程建设监理单位资质,应当具备《水利工程建设监理单位资质管理办法》规定的资质条件。水利工程建设监理单位资质一般按照专业逐级申请,不得越级申请。申请水利工程监理资质的单位可以申请一个或者两个以上专业资质。

按《水利工程建设监理单位资质管理办法》第九条规定:“监理单位资质每年集中认定一次,受理时间由水利部提前三个月向社会公告。”

监理单位分立后申请重新认定监理单位资质以及监理单位申请资质证书变更或者资质延续的,不适用前款规定。

(一)申请

1.提交申请材料

申请水利工程监理资质的单位应当向其注册地的省、自治区、直辖市人民政府水行政主管部门提交申请材料。但是,水利部直属单位独资或者控股成立的企业申请监理单位资质的,应当向水利部提交申请材料;流域管理机构直属单位独资或者控股成立的企业申请监理单位资质的,应当向该流域管理机构提交申请材料。

首次申请水利工程建设监理资质的单位,应当提交以下材料:

(1)水利工程建设监理单位资质等级申请表;

(2)"企业法人营业执照"或者工商行政管理部门核发的企业名称预登记证明;

(3)验资报告;

(4)企业章程;

(5)法定代表人身份证明;

(6)"水利工程建设监理单位资质等级申请表"中所列监理工程师的资格证书和申请人同意注册证明文件(已在其他单位注册的,还需提供原注册单位同意变更注册的证明),总监理工程师岗位证书,造价工作人员资格或者职称证书,以及上述监理人员、造价人员的聘用合同。

申请晋升、重新认定、延续监理单位资质等级的,除提交上述所列材料,还应当提交以下材料:

(1)原"水利工程建设监理单位资质等级证书"(副本);

(2)"水利工程建设监理单位资质等级申请表"中所列监理工程师的注册证书;

(3)近3年承担的水利工程建设监理合同书,以及已完工程的建设单位评价意见。

申请人应当如实提交有关材料和反映真实情况,并对申请材料的真实性负责。

2. 申请材料的接收和转报

省、自治区、直辖市人民政府水行政主管部门和流域管理机构应当自收到申请材料之日起20个工作日内提出意见,并连同申请材料转报水利部。

(二)受理

水利部按照《中华人民共和国行政许可法》第三十二条的规定办理受理手续。

《中华人民共和国行政许可法》第三十二条规定:行政机关对申请人提出的行政许可申请,应当根据下列情况分别作出处理:

(1)申请事项依法不需要取得行政许可的,应当即时告知申请人不受理;

(2)申请事项依法不属于本行政机关职权范围的,应当即时作出不予受理的决定,并告知申请人向有关行政机关申请;

(3)申请材料存在可以当场更正的错误的,应当允许申请人当场更正;

(4)申请材料不齐全或者不符合法定形式的,应当当场或者在5日内一次告知申请人需要补正的全部内容,逾期不告知的,自收到申请材料之日起即为受理;

(5)申请事项属于本行政机关职权范围,申请材料齐全、符合法定形式,或者申请人按照本行政机关的要求提交全部补正申请材料的,应当受理行政许可申请。行政机关受理或者不予受理行政许可申请,应当出具加盖本行政机关专用印章和注明日期的书面凭证。

(三)认定

1. 认定时间

水利部应当自受理申请之日起20个工作日内作出认定或者不予认定的决定;20个工作日内不能作出决定的,经本机关负责人批准,可以延长10个工作日。

2. 公示

水利部在作出决定前,组织对申请材料进行评审,将评审结果在水利部网站公示,公示时间不少于7日。水利部制作《水行政许可除外时间告知书》,将评审和公示时间告知申请人。

3. 证书颁发

水利部决定予以认定的,在10个工作日内颁发"水利工程建设监理单位资质等级证书";不予认定的,书面通知申请人并说明理由。

4. 证书有效期

"水利工程建设监理单位资质等级证书"包括正本一份、副本四份,正本和副本具有同等法律效力,有效期为5年。

5. 变更管理

水利工程建设监理单位资质等级证书有效期内,监理单位的名称、地址、法定代表人等工商注册事项发生变更的,应当在变更后30个工作日内向水利部提交水利工程监理单位资质等级证书变更申请并附工商注册事项变更的证明材料,办理资质等级证书变更手续。水利部自收到变更申请材料之日起3个工作日内办理变更手续。

6. 分立管理

监理单位分立的,应当自分立后30个工作日内,按照《水利工程建设监理单位资质管理办法》第十条、第十一条的规定,提交有关申请材料以及分立决议和监理业绩分割协议,申请重新认定监理单位资质等级。

7. 资质延续

水利工程建设监理单位资质等级证书有效期届满,需要延续的,监理单位应当在有效期届满30个工作日前,按照《水利工程建设监理单位资质管理办法》第十条、第十一条的规定,向水利部提出延续资质等级的申请。水利部在资质等级证书有效期届满前,作出是否准予延续的决定。

8. 公告

水利部将资质等级证书的发放、变更、延续等情况及时通知有关省、自治区、直辖市人民政府水行政主管部门或者流域管理机构,并定期在水利部网站公告。

第三节　水利工程建设监理人员资格管理

一、监理人员的概念

水利工程建设监理人员包括监理员、监理工程师、总监理工程师。

监理员是指经过建设监理培训合格,经中国水利工程协会审核批准取得"水利工程建设监理员资格证书"且从事建设监理业务的人员。

水利工程建设监理工程师是指经全国水利工程建设监理工程师资格统一考试合格,经批准获得"水利工程建设监理工程师资格证书",并经注册机关注册取得"水利工程建设监理工程师岗位证书"且从事建设监理业务的人员。监理工程师系岗位职务,并非国家现有专业技术职称的一个类别,而是指工程建设监理的执业资格。监理工程师的这一特点,决定了监理工程师并非终身职务。只有具备资格并经注册上岗,从事监理业务的人员,才能成为监理工程师。

水利工程建设总监理工程师是指具有"水利工程建设监理工程师岗位证书"并经总监理工程师培训班培训合格,取得"水利工程建设监理总监理工程师岗位证书"且在总监理工程师岗位上从事建设监理业务的人员。水利工程建设监理实行总监理工程师负责制。总监理工程师是项目监理机构履行监理合同的总负责人,行使合同赋予监理单位的全部职责,全面负责项目监理工作。项目总监理工程师对监理单位负责;副总监理工程师对总监理工程师负责;部门监理工程师或专业监理工程师对副总监理工程师或总监理工程师负责。监理员对监理工程师负责,协助监理工程师开展监理工作。

监理员、监理工程师的监理专业分为水利工程施工、水土保持工程施工、机电及金属结构设备制造、水利工程建设环境保护 4 类。其中,水利工程施工类设水工建筑、机电设备安装、金属结构设备安装、地质勘察、工程测量 5 个专业,水土保持工程施工类设水土保持 1 个专业,机电及金属结构设备制造类设机电设备制造、金属结构设备制造 2 个专业,水利工程建设环境保护类设环境保护 1 个专业。总监理工程师不分类别、专业。

二、水利工程建设监理人员的资格管理

(一)资格管理制度

水利工程建设监理人员资格管理实行行业自律管理制度。按《水利工程建设监理规定》由中国水利工程协会负责全国水利工程建设监理人员的行业自律管理工作。

水利工程建设监理人员分为总监理工程师、监理工程师、监理员。总监理工程师实行岗位资格管理制度,监理工程师实行执业资格管理制度,监理员实行从业资格管理制度。

从事水利工程建设监理活动的人员,应当按照《水利工程建设监理人员资格管理办法》的规定,取得相应的资格(岗位)证书。

监理人员资格管理工作内容包括监理人员资格考试、考核、审批、培训和监督检查等。

(1)中国水利工程协会负责全国水利工程建设监理人员资格管理工作。负责全国总监理工程师资格审批;负责全国监理工程师资格审批;归口管理全国监理员资格审批,负责水利部直属单位的监理员资格审批工作。

(2)流域管理机构指定的行业自律组织或中介机构受中国水利工程协会委托,负责本流域管理机构所属单位的监理员资格审批工作。

(3)省级水行政主管部门指定的行业自律组织或中介机构受中国水利工程协会委托,负责本行政区域内的监理员资格审批工作。

(二)监理人员资格取得

1. 监理员资格取得

取得监理员从业资格,须由中国水利工程协会审批,或者由具有审批管辖权的行业自律组织或中介机构审批并报中国水利工程协会备案后,颁发"全国水利工程建设监理员资格证书"。申请监理员资格应同时具备以下条件:

(1)取得工程类初级专业技术职务任职资格,或者具有工程类相关专业学习和工作经历(中专毕业且工作 5 年以上、大专毕业且工作 3 年以上、本科及以上学历毕业且工作 1 年以上);

(2)经培训合格；

(3)年龄不超过60周岁。

申请监理员资格，由监理单位签署意见后向具有审批管辖权的单位申报，并提交以下有关材料：

(1)水利工程建设监理员资格申请表；

(2)身份证、学历证书或专业技术职务任职资格证书、监理员培训合格证书。

审批单位自收到监理员资格申请材料后，应当在20个工作日内完成审批，审批结果报中国水利工程协会备案后，颁发"全国水利工程建设监理员资格证书"。

监理员资格证书由中国水利工程协会统一印制、统一编号，由审批单位加盖中国水利工程协会统一规格的资格管理专用章。监理员资格证书有效期一般为3年。

中国水利工程协会定期向社会公布取得监理员资格的人员名单，接受社会监督。

2. 监理工程师资格取得

取得监理工程师资格，须参加中国水利工程协会组织的全国水利工程建设监理工程师资格考试(监理工程师资格考试，一般每年举行一次)且成绩合格，由中国水利工程协会颁发"全国水利工程建设监理工程师资格证书"。

申请监理工程师资格考试者，应同时具备以下条件：

(1)取得工程类中级专业技术职务任职资格，或者具有工程类相关专业学习和工作经历(大专毕业且工作8年以上、本科毕业且工作5年以上、硕士研究生毕业且工作3年以上)；

(2)年龄不超过60周岁；

(3)有一定的专业技术水平、组织协调能力和管理能力。

申请监理工程师资格考试，应当向中国水利工程协会申报，并提交以下材料：

(1)水利工程建设监理工程师资格考试申请表；

(2)身份证、学历证书或专业技术职务任职资格证书。

中国水利工程协会对申请材料组织审查，对审查合格者准予参加考试。中国水利工程协会向考生公布考试结果，公示合格者名单，向考试合格者颁发"全国水利工程建设监理工程师资格证书"。对监理工程师考试结果公示有异议的，可向中国水利工程协会申诉或举报。

3. 总监理工程师资格取得

取得总监理工程师岗位资格，须持有"水利工程建设监理工程师注册证书"并经培训合格后，由中国水利工程协会审批并颁发"全国水利工程建设总监理工程师岗位证书"。

申请总监理工程师岗位资格应同时具备以下条件：

(1)具有工程类高级专业技术职务任职资格并在监理工程师岗位从事水利工程建设监理工作的经历不少于2年；

(2)已取得《水利工程建设监理工程师注册证书》；

(3)经总监理工程师岗位培训合格；

(4)年龄不超过65周岁；

(5)具有较高的专业技术水平、组织协调能力和管理能力。

申请总监理工程师岗位资格,应由其注册的监理单位签署意见后向中国水利工程协会申报,并提交以下材料:

(1)水利工程建设总监理工程师岗位资格申请表;

(2)水利工程建设监理工程师注册证书、专业技术职务任职资格证书、总监理工程师岗位培训合格证书;

(3)由监理单位和建设单位共同出具近两年监理工作经历证明材料。

中国水利工程协会组织评审总监理工程师申请材料,并将评审结果公示,公示期满后向合格者颁发"全国水利工程建设总监理工程师岗位证书",证书有效期一般为3年。对总监理工程师岗位资格评审结果有异议的,可在公示期内向中国水利工程协会申诉或举报。

中国水利工程协会负责监理人员有关培训管理工作,统一颁发培训合格证书。

(三)监理人员资格管理

1. 监理员资格管理

"全国水利工程建设监理员资格证书"有效期满需继续从业的,应在有效期满前30个工作日内,由监理单位到有审批管辖权的单位申请办理延续手续,并报中国水利工程协会备案。监理员允许从业时间不足3年的,应当按其实际可从业期限确定资格证书有效期。监理员在证书有效期内至少参加一次由中国水利工程协会组织的教育培训。

2. 监理工程师资格管理

取得"全国水利工程建设监理工程师资格证书",未按照《水利工程建设监理工程师注册管理办法》进行注册的,在3年内至少参加一次由中国水利工程协会组织的教育培训,以保持其资格的有效性。

3. 总监理工程师资格管理

"全国水利工程建设总监理工程师岗位证书"有效期满需继续从事本岗位工作的,应当在有效期满前30个工作日内,由监理单位到中国水利工程协会申请办理延续手续。总监理工程师允许从事本岗位工作时间不足3年的,应当按其实际可从事本岗位工作的期限确定岗位证书有效期。

(四)证书的保管

监理人员资格(岗位)证书应当由本人保管。任何单位和个人不得涂改、伪造、出借、倒卖、转让监理人员资格(岗位)证书,不得非法扣压、没收监理人员资格(岗位)证书。

(五)资格的撤销与注销

1. 资格的撤销

有下列情形之一的,中国水利工程协会撤销已批准的监理人员资格。

(1)违反本办法规定程序批准的;

(2)不具备本办法规定条件批准的;

(3)有关单位超越职权范围批准的;

(4)以欺骗等不正当手段取得资格的;

(5)严重违反行业自律规定的;

(6)应当撤销的其他情形。

2. 资格的注销

取得监理人员资格后有下列情形之一的，中国水利工程协会注销其相应的资格（岗位）证书。

(1)完全丧失民事行为能力的；

(2)死亡或者依法宣告死亡的；

(3)超过本办法规定的监理人员年龄限制的；

(4)超过资格（岗位）证书有效期而未延续的；

(5)监理人员资格批准决定被依法撤销、撤回或资格（岗位）证书被依法吊销的；

(6)应当注销的其他情形。

（六）证书的补发

监理人员遗失资格（岗位）证书，应当在资格审批单位指定的媒体声明后，向资格审批单位申请补发相应的资格（岗位）证书。

（七）罚则

《水利工程建设监理人员资格管理办法》对监理人员资格处罚的有关规定如下。

(1)申请监理人员资格时，隐瞒有关情况或者提供虚假材料申请资格的，不予受理或者不予认定，并给予警告，且1年内不得重新申请。

(2)以欺骗等不正当手段取得监理人员资格（岗位）证书的，吊销相应的资格（岗位）证书，3年内不得重新申请。

(3)监理人员涂改、倒卖、出租、出借、伪造资格（岗位）证书，或者以其他形式非法转让资格（岗位）证书的，吊销相应的资格（岗位）证书。

(4)监理人员从事工程建设监理活动，有下列行为之一，情节严重的，吊销相应的资格（岗位）证书。①利用执（从）业上的便利，索取或收受项目法人、被监理单位以及建筑材料、建筑构配件和设备供应单位财物的；②与被监理单位以及建筑材料、建筑构配件和设备供应单位串通，谋取不正当利益或损害他人利益的；③将质量不合格的建设工程、建筑材料、建筑构配件和设备按照合格签字的；④泄露执（从）业中应当保守的秘密的；⑤从事工程建设监理活动中，不严格履行监理职责，造成重大损失的。

监理工程师从事工程建设监理活动，因违规被水行政主管部门处以吊销注册证书的，吊销相应的资格证书。

(5)监理人员因过错造成质量事故的，责令停止执（从）业1年；造成重大质量事故的，吊销相应的资格（岗位）证书，5年内不得重新申请；情节特别恶劣的，终身不得申请。

(6)监理人员未执行法律、法规和工程建设强制性条文且情节严重的，吊销相应的资格（岗位）证书，5年内不得重新申请；造成重大安全事故的，终身不得申请。

(7)监理人员被吊销相应的资格（岗位）证书，除已明确规定，3年内不得重新申请。

第四节　水利工程建设监理工程师注册管理

为加强水利工程建设监理工程师注册管理，提高建设监理工作水平，水利部制定了《水利工程建设监理工程师注册管理办法》（水建·600号）。本办法明确了水利部负责监理工程师注册备案与管理工作,办事机构为建设与管理司。省、自治区、直辖市人民政府水行政主管部门和流域管理机构依照管理权限,负责监理工程师注册申请材料的接收、转报以及相关管理工作。取得“水利工程建设监理工程师资格证书”的人员应当按照《水利工程建设监理工程师注册管理办法》先申请注册,取得“水利工程建设监理工程师注册证书”和执业印章后,方可从事水利工程建设监理活动。

一、监理工程师申请注册程序

(一)申请

取得“水利工程建设监理工程师资格证书”的申请人向所参加的监理企业(单位)提出申请。

(二)提交申请材料

监理企业同意后,由监理企业向其工商注册地的省、自治区、直辖市人民政府水行政主管部门提交申请材料。但是,流域管理机构直属单位独资或控股成立的监理企业,应当向流域管理机构提交申请材料;水利部直属单位独资或控股成立的监理企业,应当向水利部提交申请材料。

申请注册应提交下列材料:

(1)水利工程建设监理工程师注册申请表;

(2)与监理企业签订的聘用合同和身份证复印件;

(3)“水利工程建设监理工程师资格证书”复印件;

取得“水利工程建设监理工程师资格证书”3 年后首次申请注册执业或被注销注册证书后又重新申请注册执业的,应提交继续教育合格证书。在“水利工程建设监理工程师注册证书”有效期内,监理工程师应当至少参加一次由水利部组织的继续教育培训并合格。

这里需要强调的是监理工程师申请注册,应对其提交的申请材料内容的真实性负责,不得采取欺骗等不正当手段取得“水利工程建设监理工程师注册证书”和执业印章。

二、转报申请材料

省、自治区、直辖市人民政府水行政主管部门和流域管理机构应当自收到申请材料之日起 10 个工作日内提出意见,并连同申请材料转报水利部。

三、申请材料

水利部自收到省、自治区、直辖市人民政府水行政主管部门和流域管理机构转报的申请材料之日起 20 个工作日内完成审查工作,对符合条件者准予注册备案,并颁发“水利工程建设监理工程师注册证书”和执业印章。

水利部每半年向社会公告注册监理工程师人员名单,接受社会监督。

四、证书有效期

“水利工程建设监理工程师注册证书”有效期一般为 3 年。监理工程师允许执业时间不足3年的，按其实际可执业期限确定有效期。

五、证书保管

"水利工程建设监理工程师注册证书"和执业印章由监理工程师本人保管，任何单位和个人不得涂改、伪造、出借、转让和非法扣押、没收"水利工程建设监理工程师注册证书"和执业印章。

六、证书延续

水利工程建设监理工程师的注册证书有效期满需继续执业的，应当在有效期满30个工作日前，按《水利工程建设监理工程师注册管理办法》第五条、第六条、第七条的规定向有关主管部门申请办理延续注册备案手续。

七、注册内容变更

监理工程师在注册证书有效期内，其注册内容（包括注册监理企业、监理专业等）发生变化的，应当按《水利工程建设监理工程师注册管理办法》第五条的规定及时向有关主管部门申请办理变更注册备案手续，并提交以下材料：

（1）注册变更内容及相关证明材料；

（2）"水利工程建设监理工程师注册证书"和执业印章。

监理工程师变更注册监理企业的，需提交原注册监理企业同意变更证明文件。

监理企业与监理工程师的聘用合同期满后，监理企业不得无故限制监理工程师自由变更注册监理企业。

八、证书注销

水利工程建设监理工程师注册后有下列情形之一的，由水利部注销其注册证书，收回"水利工程建设监理工程师注册证书"和执业印章：

（1）完全丧失民事行为能力的；

（2）死亡或者依法宣告死亡的；

（3）年龄超过65周岁的；

（4）以欺骗等不正当手段取得注册证书的；

（5）超过注册证书有效期而未延续注册的；

（6）注册证书被依法吊销的；

（7）成为国家公务员或依照公务员管理的现职工作人员的；

（8）依法应当注销的其他情形。

九、证书补发

水利工程建设监理工程师遗失"水利工程建设监理工程师注册证书"或执业印章，应当在水利部指定的媒体声明后，向水利部申请补发"水利工程建设监理工程师注册证书"或执业印章。

十、不予注册

按照《水利工程建设监理工程师注册管理办法》，有下列情形之一的，不予注册：

(1)不具备完全民事行为能力的；

(2)在两个以上监理单位申请注册执业的；

(3)在申请注册过程中弄虚作假的；

(4)为国家公务员或依照公务员管理的现职工作人员的；

(5)年龄超过65周岁的；

(6)未按本办法规定取得继续教育合格证书的；

(7)依法不予注册的其他情形。

思考题

1. 水利工程建设监理单位专业资质各分几个等级？
2. 水利工程建设监理单位资质分为几个专业？各专业的资质等级标准是什么？
3. 监理单位违反法律、法规的规定从事建设监理活动应当受到哪些处罚？
4. 取得总监理工程师岗位证书应具备什么条件？
5. 取得监理工程师资格证书应具备什么条件？
6. 监理工程师注册应具备什么条件？
7. 取得监理员岗位证书应具备什么条件？
8. 水利工程建设监理工程师注册后，有哪些情形发生时，水利部注销其注册证书？

附录1-1 水利工程建设监理规定

中华人民共和国水利部令

第28号

《水利工程建设监理规定》已经2006年11月9日水利部部务会议审议通过，现予公布。自2007年2月1日起施行。

部长：汪恕诚

二〇〇六年十二月十八日

水利工程建设监理规定

第一章 总 则

第一条 为规范水利工程建设监理活动，确保工程建设质量，根据《中华人民共和国招标投标法》、《建设工程质量管理条例》、《建设工程安全生产管理条例》等法律法规，结合水利工程建设实际，制定本规定。

第二条 从事水利工程建设监理以及对水利工程建设监理实施监督管理，适用本规定。

本规定所称水利工程是指防洪、排涝、灌溉、水力发电、引（供）水、滩涂治理、水土保持、水资源保护等各类工程（包括新建、扩建、改建、加固、修复、拆除等项目）及其配套和附属工程。

本规定所称水利工程建设监理，是指具有相应资质的水利工程建设监理单位（以下简称监理单位），受项目法人（建设单位，下同）委托，按照监理合同对水利工程建设项目实施中的质量、进度、资金、安全生产、环境保护等进行的管理活动，包括水利工程施工监理、水土保持工程施工监理、机电及金属结构设备制造监理、水利工程建设环境保护监理。

第三条 水利工程建设项目依法实行建设监理。

总投资200万元以上且符合下列条件之一的水利工程建设项目，必须实行建设监理：

（一）关系社会公共利益或者公共安全的；

（二）使用国有资金投资或者国家融资的；

（三）使用外国政府或者国际组织贷款、援助资金的。

铁路、公路、城镇建设、矿山、电力、石油、天然气、建材等开发建设项目的配套水土保持工程，符合前款规定条件的，应当按照本规定开展水土保持工程施工监理。

其他水利工程建设项目可以参照本规定执行。

第四条 水利部对全国水利工程建设监理实施统一监督管理。

水利部所属流域管理机构(以下简称流域管理机构)和县级以上地方人民政府水行政主管部门对其所管辖的水利工程建设监理实施监督管理。

第二章　监理业务委托与承接

第五条　按照本规定必须实施建设监理的水利工程建设项目,项目法人应当按照水利工程建设项目招标投标管理的规定,确定具有相应资质的监理单位,并报项目主管部门备案。

项目法人和监理单位应当依法签订监理合同。

第六条　项目法人委托监理业务,应当执行国家规定的工程监理收费标准。

项目法人及其工作人员不得索取、收受监理单位的财物或者其他不正当利益。

第七条　监理单位应当按照水利部的规定,取得"水利工程建设监理单位资质等级证书",并在其资质等级许可的范围内承揽水利工程建设监理业务。

两个以上具有资质的监理单位,可以组成一个联合体承接监理业务。联合体各方应当签订协议,明确各方拟承担的工作和责任,并将协议提交项目法人。联合体的资质等级,按照同一专业内资质等级较低的一方确定。联合体中标的,联合体各方应当共同与项目法人签订监理合同,就中标项目向项目法人承担连带责任。

第八条　监理单位与被监理单位以及建筑材料、建筑构配件和设备供应单位有隶属关系或者其他利害关系的,不得承担该项工程的建设监理业务。

监理单位不得以串通、欺诈、胁迫、贿赂等不正当竞争手段承揽水利工程建设监理业务。

第九条　监理单位不得允许其他单位或者个人以本单位名义承揽水利工程建设监理业务。

监理单位不得转让监理业务。

第三章　监理业务实施

第十条　监理单位应当聘用具有相应资格的监理人员从事水利工程建设监理业务。监理人员包括总监理工程师、监理工程师和监理员。监理人员资格应当按照行业自律管理的规定取得。

监理工程师应当由其聘用监理单位(以下简称注册监理单位)报水利部注册备案,并在其注册监理单位从事监理业务;需要临时到其他监理单位从事监理业务的,应当由该监理单位与注册监理单位签订协议,明确监理责任等有关事宜。

监理人员应当保守执(从)业秘密,并不得同时在两个以上水利工程项目从事监理业务,不得与被监理单位以及建筑材料、建筑构配件和设备供应单位发生经济利益关系。

第十一条　监理单位应当按下列程序实施建设监理:

(一)按照监理合同,选派满足监理工作要求的总监理工程师、监理工程师和监理员组建项目监理机构,进驻现场;

(二)编制监理规划,明确项目监理机构的工作范围、内容、目标和依据,确定监理工作制度、程序、方法和措施,并报项目法人备案;

（三）按照工程建设进度计划，分专业编制监理实施细则；

（四）按照监理规划和监理实施细则开展监理工作，编制并提交监理报告；

（五）监理业务完成后，按照监理合同向项目法人提交监理工作报告、移交档案资料。

第十二条　水利工程建设监理实行总监理工程师负责制。

总监理工程师负责全面履行监理合同约定的监理单位职责，发布有关指令，签署监理文件，协调有关各方之间的关系。

监理工程师在总监理工程师授权范围内开展监理工作，具体负责所承担的监理工作，并对总监理工程师负责。

监理员在监理工程师或者总监理工程师授权范围内从事监理辅助工作。

第十三条　监理单位应当将项目监理机构及其人员名单、监理工程师和监理员的授权范围书面通知被监理单位。监理实施期间监理人员有变化的，应当及时通知被监理单位。

监理单位更换总监理工程师和其他主要监理人员的，应当符合监理合同的约定。

第十四条　监理单位应当按照监理合同，组织设计单位等进行现场设计交底，核查并签发施工图。未经总监理工程师签字的施工图不得用于施工。

监理单位不得修改工程设计文件。

第十五条　监理单位应当按照监理规范的要求，采取旁站、巡视、跟踪检测和平行检测等方式实施监理，发现问题应当及时纠正、报告。

监理单位不得与项目法人或者被监理单位串通，弄虚作假、降低工程或者设备质量。

监理人员不得将质量检测或者检验不合格的建设工程、建筑材料、建筑构配件和设备按照合格签字。

未经监理工程师签字，建筑材料、建筑构配件和设备不得在工程上使用或者安装，不得进行下一道工序的施工。

第十六条　监理单位应当协助项目法人编制控制性总进度计划，审查被监理单位编制的施工组织设计和进度计划，并督促被监理单位实施。

第十七条　监理单位应当协助项目法人编制付款计划，审查被监理单位提交的资金流计划，按照合同约定核定工程量，签发付款凭证。

未经总监理工程师签字，项目法人不得支付工程款。

第十八条　监理单位应当审查被监理单位提出的安全技术措施、专项施工方案和环境保护措施是否符合工程建设强制性标准和环境保护要求，并监督实施。

监理单位在实施监理过程中，发现存在安全事故隐患的，应当要求被监理单位整改；情况严重的，应当要求被监理单位暂时停止施工，并及时报告项目法人。被监理单位拒不整改或者不停止施工的，监理单位应当及时向有关水行政主管部门或者流域管理机构报告。

第十九条　项目法人应当向监理单位提供必要的工作条件，支持监理单位独立开展监理业务，不得明示或者暗示监理单位违反法律法规和工程建设强制性标准，不得更改总监理工程师指令。

第二十条　项目法人应当按照监理合同，及时、足额支付监理单位报酬，不得无故削减或者拖延支付。

项目法人可以对监理单位提出并落实的合理化建议给予奖励。奖励标准由项目法人与监理单位协商确定。

第四章　监督管理

第二十一条　县级以上人民政府水行政主管部门和流域管理机构应当加强对水利工程建设监理活动的监督管理，对项目法人和监理单位执行国家法律法规、工程建设强制性标准以及履行监理合同的情况进行监督检查。

项目法人应当依据监理合同对监理活动进行检查。

第二十二条　县级以上人民政府水行政主管部门和流域管理机构在履行监督检查职责时，有关单位和人员应当客观、如实反映情况，提供相关材料。

县级以上人民政府水行政主管部门和流域管理机构实施监督检查时，不得妨碍监理单位和监理人员正常的监理活动，不得索取或者收受被监督检查单位和人员的财物，不得谋取其他不正当利益。

第二十三条　县级以上人民政府水行政主管部门和流域管理机构在监督检查中，发现监理单位和监理人员有违规行为的，应当责令纠正，并依法查处。

第二十四条　任何单位和个人有权对水利工程建设监理活动中的违法违规行为进行检举和控告。有关水行政主管部门和流域管理机构以及有关单位应当及时核实、处理。

第五章　罚　则

第二十五条　项目法人将水利工程建设监理业务委托给不具有相应资质的监理单位，或者必须实行建设监理而未实行的，依照《建设工程质量管理条例》第五十四条、第五十六条处罚。

项目法人对监理单位提出不符合安全生产法律、法规和工程建设强制性标准要求的，依照《建设工程安全生产管理条例》第五十五条处罚。

第二十六条　项目法人及其工作人员收受监理单位贿赂、索取回扣或者其他不正当利益的，予以追缴，并处违法所得3倍以下且不超过3万元的罚款；构成犯罪的，依法追究有关责任人员的刑事责任。

第二十七条　监理单位有下列行为之一的，依照《建设工程质量管理条例》第六十条、第六十一条、第六十二条、第六十七条、第六十八条处罚：

（一）超越本单位资质等级许可的业务范围承揽监理业务的；

（二）未取得相应资质等级证书承揽监理业务的；

（三）以欺骗手段取得的资质等级证书承揽监理业务的；

（四）允许其他单位或者个人以本单位名义承揽监理业务的；

（五）转让监理业务的；

（六）与项目法人或者被监理单位串通，弄虚作假、降低工程质量的；

（七）将不合格的建设工程、建筑材料、建筑构配件和设备按照合格签字的；

（八）与被监理单位以及建筑材料、建筑构配件和设备供应单位有隶属关系或者其他利害关系承担该项工程建设监理业务的。

第二十八条　监理单位有下列行为之一的，责令改正，给予警告；无违法所得的，处1万元以下罚款，有违法所得的，予以追缴，处违法所得3倍以下且不超过3万元罚款；情节严重的，降低资质等级；构成犯罪的，依法追究有关责任人员的刑事责任：

（一）以串通、欺诈、胁迫、贿赂等不正当竞争手段承揽监理业务的；

（二）利用工作便利与项目法人、被监理单位以及建筑材料、建筑构配件和设备供应单位串通，谋取不正当利益的。

第二十九条　监理单位有下列行为之一的，依照《建设工程安全生产管理条例》第五十七条处罚：

（一）未对施工组织设计中的安全技术措施或者专项施工方案进行审查的；

（二）发现安全事故隐患未及时要求施工单位整改或者暂时停止施工的；

（三）施工单位拒不整改或者不停止施工，未及时向有关水行政主管部门或者流域管理机构报告的；

（四）未依照法律、法规和工程建设强制性标准实施监理的。

第三十条　监理单位有下列行为之一的，责令改正，给予警告；情节严重的，降低资质等级：

（一）聘用无相应监理人员资格的人员从事监理业务的；

（二）隐瞒有关情况、拒绝提供材料或者提供虚假材料的。

第三十一条　监理人员从事水利工程建设监理活动，有下列行为之一的，责令改正，给予警告；其中，监理工程师违规情节严重的，注销注册证书，2年内不予注册；有违法所得的，予以追缴，并处1万元以下罚款；造成损失的，依法承担赔偿责任；构成犯罪的，依法追究刑事责任：

（一）利用执（从）业上的便利，索取或者收受项目法人、被监理单位以及建筑材料、建筑构配件和设备供应单位财物的；

（二）与被监理单位以及建筑材料、建筑构配件和设备供应单位串通，谋取不正当利益的；

（三）非法泄露执（从）业中应当保守的秘密的。

第三十二条　监理人员因过错造成质量事故的，责令停止执（从）业1年，其中，监理工程师因过错造成重大质量事故的，注销注册证书，5年内不予注册，情节特别严重的，终身不予注册。

监理人员未执行法律、法规和工程建设强制性标准的，责令停止执（从）业3个月以上1年以下，其中，监理工程师违规情节严重的，注销注册证书，5年内不予注册，造成重大安全事故的，终身不予注册；构成犯罪的，依法追究刑事责任。

第三十三条　水行政主管部门和流域管理机构的工作人员在工程建设监理活动的监督管理中玩忽职守、滥用职权、徇私舞弊的，依法给予处分；构成犯罪的，依法追究刑事责任。

第三十四条　依法给予监理单位罚款处罚的，对单位直接负责的主管人员和其他直接责任人员处单位罚款数额5%以上、10%以下的罚款。

监理单位的工作人员因调动工作、退休等原因离开该单位后，被发现在该单位工作期间违反国家有关工程建设质量管理规定，造成重大工程质量事故的，仍应当依法追究法律责任。

第三十五条 降低监理单位资质等级、吊销监理单位资质等级证书的处罚以及注销监理工程师注册证书，由水利部决定；其他行政处罚，由有关水行政主管部门依照法定职权决定。

第六章 附 则

第三十六条 本规定所称机电及金属结构设备制造监理是指对安装于水利工程的发电机组、水轮机组及其附属设施，以及闸门、压力钢管、拦污设备、起重设备等机电及金属结构设备生产制造过程中的质量、进度等进行的管理活动。

本规定所称水利工程建设环境保护监理是指对水利工程建设项目实施中产生的废(污)水、垃圾、废渣、废气、粉尘、噪声等采取的控制措施所进行的管理活动。

本规定所称被监理单位是指承担水利工程施工任务的单位，以及从事水利工程的机电及金属结构设备制造的单位。

第三十七条 监理单位分立、合并、改制、转让的，由继承其监理业绩的单位承担相应的监理责任。

第三十八条 有关水利工程建设监理的技术规范，由水利部另行制定。

第三十九条 本规定自2007年2月1日起施行。《水利工程建设监理规定》(水建管[1999]637号)、《水土保持生态建设工程监理管理暂行办法》(水建管[2003]79号)同时废止。

《水利工程设备制造监理规定》(水建管[2001]217号)与本规定不一致的，依照本规定执行。

附录 1-2　水利工程建设监理单位资质管理办法

中华人民共和国水利部令

第 29 号

《水利工程建设监理单位资质管理办法》已经 2006 年 11 月 9 日水利部部务会议审议通过，现予公布。自 2007 年 2 月 1 日起施行。

部长：汪恕诚

二〇〇六年十二月十八日

水利工程建设监理单位资质管理办法

第一章　总　则

第一条　为加强水利工程建设监理单位的资质管理，规范水利工程建设市场秩序，保证水利工程建设质量，根据《建设工程质量管理条例》、《国务院对确需保留的行政审批项目设定行政许可的决定》等规定，制定本办法。

第二条　水利工程建设监理单位（以下简称监理单位）资质的认定与管理，适用本办法。

第三条　从事水利工程建设监理业务的单位，应当按照本办法取得资质，并在资质等级许可的范围内承揽水利工程建设监理业务。

第四条　申请监理资质的单位（以下简称申请人），应当按照其拥有的技术负责人、专业技术人员、注册资金和工程监理业绩等条件，申请相应的资质等级。

第五条　水利部负责监理单位资质的认定与管理工作。

水利部所属流域管理机构（以下简称流域管理机构）和省、自治区、直辖市人民政府水行政主管部门依照管理权限，负责有关的监理单位资质申请材料的接收、转报以及相关管理工作。

第二章　资质等级和业务范围

第六条　监理单位资质分为水利工程施工监理、水土保持工程施工监理、机电及金属结构设备制造监理和水利工程建设环境保护监理四个专业。其中，水利工程施工监理专业资质和水土保持工程施工监理专业资质分为甲级、乙级和丙级三个等级，机电及金属结构设备制造监理专业资质分为甲级、乙级两个等级，水利工程建设环境保护监理专业资质暂不分级。

第七条　各专业资质等级可以承担的业务范围如下：

(一)水利工程施工监理专业资质

甲级可以承担各等级水利工程的施工监理业务。

乙级可以承担Ⅱ等(堤防2级)以下各等级水利工程的施工监理业务。

丙级可以承担Ⅲ等(堤防3级)以下各等级水利工程的施工监理业务。

适用本办法的水利工程等级划分标准按照《水利水电工程等级划分及洪水标准》(SL 252—2000)执行。

(二)水土保持工程施工监理专业资质

甲级可以承担各等级水土保持工程的施工监理业务。

乙级可以承担Ⅱ等以下各等级水土保持工程的施工监理业务。

丙级可以承担Ⅲ等水土保持工程的施工监理业务。

同时具备水利工程施工监理专业资质和乙级以上水土保持工程施工监理专业资质的,方可承担淤地坝中的骨干坝施工监理业务。

适用本办法的水土保持工程等级划分标准见附件二。

(三)机电及金属结构设备制造监理专业资质

甲级可以承担水利工程中的各类型机电及金属结构设备制造监理业务。

乙级可以承担水利工程中的中、小型机电及金属结构设备制造监理业务。

适用本办法的机电及金属结构设备等级划分标准见附件三。

(四)水利工程建设环境保护监理专业资质

可以承担各类各等级水利工程建设环境保护监理业务。

第三章　资质的申请、受理和认定

第八条　申请监理单位资质,应当具备“水利工程建设监理单位资质等级标准”(附件一)规定的资质条件。

监理单位资质一般按照专业逐级申请。

申请人可以申请一个或者两个以上专业资质。

第九条　监理单位资质每年集中认定一次,受理时间由水利部提前三个月向社会公告。

监理单位分立后申请重新认定监理单位资质以及监理单位申请资质证书变更或者资质延续的,不适用前款规定。

第十条　申请人应当向其注册地的省、自治区、直辖市人民政府水行政主管部门提交申请材料。但是,水利部直属单位独资或者控股成立的企业申请监理单位资质的,应当向水利部提交申请材料;流域管理机构直属单位独资或者控股成立的企业申请监理单位资质的,应当向该流域管理机构提交申请材料。

省、自治区、直辖市人民政府水行政主管部门和流域管理机构应当自收到申请材料之日起20个工作日内提出意见,并连同申请材料转报水利部。水利部按照《中华人民共和国行政许可法》第三十二条的规定办理受理手续。

第十一条　首次申请监理单位资质,申请人应当提交以下材料:

(一)水利工程建设监理单位资质等级申请表;

（二）"企业法人营业执照"或者工商行政管理部门核发的企业名称预登记证明；

（三）验资报告；

（四）企业章程；

（五）法定代表人身份证明；

（六）"水利工程建设监理单位资质等级申请表"中所列监理工程师的资格证书和申请人同意注册证明文件（已在其他单位注册的，还需提供原注册单位同意变更注册的证明），总监理工程师岗位证书，造价工作人员资格或者职称证书，以及上述监理人员、造价人员的聘用合同。

申请晋升、重新认定、延续监理单位资质等级的，除提交前款规定的材料，还应当提交以下材料：

（一）原"水利工程建设监理单位资质等级证书"（副本）；

（二）"水利工程建设监理单位资质等级申请表"中所列监理工程师的注册证书；

（三）近三年承担的水利工程建设监理合同书，以及已完工程的建设单位评价意见。

申请人应当如实提交有关材料和反映真实情况，并对申请材料的真实性负责。

第十二条 水利部应当自受理申请之日起20个工作日内作出认定或者不予认定的决定；20个工作日内不能作出决定的，经本机关负责人批准，可以延长10个工作日。决定予以认定的，应当在10个工作日内颁发"水利工程建设监理单位资质等级证书"；不予认定的，应当书面通知申请人并说明理由。

第十三条 水利部在作出决定前，应当组织对申请材料进行评审，并将评审结果在水利部网站公示，公示时间不少于7日。

水利部应当制作"水行政许可除外时间告知书"，将评审和公示时间告知申请人。

第十四条 "水利工程建设监理单位资质等级证书"包括正本一份、副本四份，正本和副本具有同等法律效力，有效期为5年。

第十五条 资质等级证书有效期内，监理单位的名称、地址、法定代表人等工商注册事项发生变更的，应当在变更后30个工作日内向水利部提交水利工程监理单位资质等级证书变更申请并附工商注册事项变更的证明材料，办理资质等级证书变更手续。水利部自收到变更申请材料之日起3个工作日内办理变更手续。

第十六条 监理单位分立的，应当自分立后30个工作日内，按照本办法第十条、第十一条的规定，提交有关申请材料以及分立决议和监理业绩分割协议，申请重新认定监理单位资质等级。

第十七条 资质等级证书有效期届满，需要延续的，监理单位应当在有效期届满30个工作日前，按照本办法第十条、第十一条的规定，向水利部提出延续资质等级的申请。水利部在资质等级证书有效期届满前，作出是否准予延续的决定。

第十八条 水利部应当将资质等级证书的发放、变更、延续等情况及时通知有关省、自治区、直辖市人民政府水行政主管部门或者流域管理机构，并定期在水利部网站公告。

第四章 监督管理

第十九条 水利部建立监理单位资质监督检查制度，对监理单位资质实行动态管理。

第二十条　水利部履行监督检查职责时,有关单位和人员应当客观、如实反映情况,提供相关材料。

第二十一条　县级以上地方人民政府水行政主管部门和流域管理机构发现监理单位资质条件不符合相应资质等级标准的,应当向水利部报告,水利部按照本办法核定其资质等级。

第二十二条　违反本办法应当给予处罚的,依照《中华人民共和国行政许可法》、《建设工程质量管理条例》、《水利工程建设监理规定》的有关规定执行。

第二十三条　监理单位被吊销资质等级证书的,3 年内不得重新申请;被降低资质等级的,两年内不得申请晋升资质等级;受其他行政处罚的,1 年内不得申请晋升资质等级。法律法规另有规定的,从其规定。

第五章　附　则

第二十四条　水利工程建设监理单位资质等级申请表、受理凭证、申请材料补正通知书、不予受理告知书等文书格式由水利部统一制定,“水利工程建设监理单位资质等级证书”由水利部统一印制。

第二十五条　本办法施行前已经取得的水利工程建设监理单位资质等级证书,本办法施行后在有效期内继续有效。本办法施行后申请晋升、变更、延续和重新认定资质等级的,依照本办法执行。

第二十六条　本办法自 2007 年 2 月 1 日起施行。《水利工程建设监理单位管理办法》(水建管[1999]637 号)同时废止。

附件一：

水利工程建设监理单位资质等级标准

一、甲级监理单位资质条件

（一）具有健全的组织机构、完善的组织章程和管理制度。技术负责人具有高级专业技术职称，并取得总监理工程师岗位证书。

（二）专业技术人员。监理工程师以及其中具有高级专业技术职称的人员、总监理工程师，均不少于附表1规定的人数。水利工程造价工程师（或者从事水利工程造价工作5年以上并具有中级专业技术职称的人员）不少于3人。

（三）具有五年以上水利工程建设监理经历，且近三年监理业绩分别为：

（1）申请水利工程施工监理专业资质，应当承担过（含正在承担，下同）2项Ⅱ等水利枢纽工程，或者1项Ⅱ等水利枢纽工程、2项Ⅱ等（堤防2级）其他水利工程的施工监理业务；该专业资质许可的监理范围内的近三年累计合同额不少于600万元。

承担过水利枢纽工程中的挡、泄、导流、发电工程之一的，可视为承担过水利枢纽工程。

（2）申请水土保持工程施工监理专业资质，应当承担过2项Ⅱ等水土保持工程的施工监理业务；该专业资质许可的监理范围内的近三年累计合同额不少于350万元。

（3）申请机电及金属结构设备制造监理专业资质，应当承担过4项中型机电及金属结构设备制造监理业务；该专业资质许可的监理范围内的近三年累计合同额不少于300万元。

（四）能运用先进技术和科学管理方法完成建设监理任务。

（五）注册资金不少于200万元。

二、乙级监理单位资质条件

（一）具有健全的组织机构、完善的组织章程和管理制度。技术负责人具有高级专业技术职称，并取得总监理工程师岗位证书。

（二）专业技术人员。监理工程师以及其中具有高级专业技术职称的人员、总监理工程师，均不少于附表1规定的人数。水利工程造价工程师（或者从事水利工程造价工作5年以上并具有中级专业技术职称的人员）不少于2人。

（三）具有三年以上水利工程建设监理经历，且近三年监理业绩分别为：

（1）申请水利工程施工监理专业资质，应当承担过3项Ⅲ等水利枢纽工程，或者2项Ⅲ等水利枢纽工程、2项Ⅲ等（堤防3级）其他水利工程的施工监理业务；该专业资质许可的监理范围内的近三年累计合同额不少于400万元。

（2）申请水土保持工程施工监理专业资质，应当承担过4项Ⅲ等水土保持工程的施工监理业务；该专业资质许可的监理范围内的近三年累计合同额不少于200万元。

（四）能运用先进技术和科学管理方法完成建设监理任务。

（五）注册资金不少于100万元。

首次申请机电及金属结构设备制造监理专业乙级资质，只需满足第（一）、（二）、

(四)、(五)项;申请重新认定、延续或者核定机电及金属结构设备制造监理专业乙级资质,还须该专业资质许可的监理范围内的近三年年均监理合同额不少于 30 万元。

三、丙级和不定级监理单位资质条件

(一)具有健全的组织机构、完善的组织章程和管理制度。技术负责人具有高级专业技术职称,并取得总监理工程师岗位证书。

(二)专业技术人员。监理工程师以及其中具有高级专业技术职称的人员、总监理工程师,均不少于附表 1 规定的人数。水利工程造价工程师(或者从事水利工程造价工作 5 年以上并具有中级专业技术职称的人员)不少于 1 人。

(三)能运用先进技术和科学管理方法完成建设监理任务。

(四)注册资金不少于 50 万元。

申请重新认定、延续或者核定丙级(或者不定级)监理单位资质,还须专业资质许可的监理范围内的近三年年均监理合同额不少于 30 万元。

附表 1　各专业资质等级配备监理工程师一览表

监理单位资质等级		甲级	乙级	丙级	不定级
水利工程施工监理专业资质	监理工程师	50	30	10	—
	其中高级职称人员	10	6	3	—
	其中总监理工程师	8	3	1	—
水土保持工程施工监理专业资质	监理工程师	30	20	10	—
	其中高级职称人员	6	4	3	—
	其中总监理工程师	5	3	1	—
机电及金属结构设备制造监理专业资质	监理工程师	30	12	—	—
	其中高级职称人员	6	3	—	—
	其中总监理工程师	5	2	—	—
水利工程建设环境保护监理专业资质	监理工程师	—	—	—	10
	其中高级职称人员	—	—	—	3
	其中总监理工程师	—	—	—	1

注:(1)监理工程师的监理专业必须为各专业资质要求的相关专业。

(2)具有两个以上不同类别监理专业的监理工程师,监理单位申请不同专业资质等级时可分别计算人数。

附件二:

适用本办法的水土保持工程等级划分标准

Ⅰ等: 500km² 以上的水土保持综合治理项目;总库容 100 万 m³ 以上、小于 500 万 m³ 的沟道治理工程;征占地面积 500hm² 以上的开发建设项目的水土保持工程。

Ⅱ等: 150km² 以上、小于 500km² 的水土保持综合治理项目;总库容 50 万 m³ 以上、小于 100 万 m³ 的沟道治理工程;征占地面积 50hm² 以上、小于 500hm² 的开发建设项目的水土保持工程。

Ⅲ等：小于 $150km^2$ 的水土保持综合治理项目；总库容小于 50 万 m^3 的沟道治理工程；征占地面积小于 $50hm^2$ 的开发建设项目的水土保持工程。

附件三：

适用本办法的机电及金属结构设备等级划分标准

一、发电机组、水轮机组等级划分标准

工程规模	划分标准(装机容量万 kW)
大型	≥30
中型	5～30
小型	<5

二、水工金属结构设备(闸门、压力钢管、拦污设备)等级划分标准

	规格分档	参数标准　FH = 门叶面积(m^2)×设计水头(m)	
闸门	大型	$FH \geqslant 1\ 000$	
	中型	$200 \leqslant FH < 1\ 000$	
	小型	$FH < 200$	
压力钢管	规格分档	参数标准　DH = 直径(m)×设计水头(m)	
	大型	$DH \geqslant 300$	
	中型	$50 \leqslant DH < 300$	
	小型	$DH < 50$	
拦污设备	规格分档	参数标准	
		耙斗式	回转式
	大型	耙斗容积 $\geqslant 3m^3$	齿耙宽度(m)×清污深度(m)≥100
	中型	$1m^3 \leqslant$ 耙斗容积 $< 3m^3$	30≤齿耙宽度(m)×清污深度(m)<100
	小型	耙斗容积 $< 1m^3$	齿耙宽度(m)×清污深度(m)<30

三、起重设备等级划分标准

规格分档	划分标准(起重量 G)
大型	$G \geqslant 100t$
中型	$30t \leqslant G < 100t$
小型	$G < 30t$

附录 1-3 水利工程建设监理工程师注册管理办法

关于发布《水利工程建设监理工程师注册管理办法》的通知

部直属各单位，各省、自治区、直辖市水利（水务）厅（局），各计划单列市水利（水务）局，新疆生产建设兵团水利局：

为加强对水利工程建设监理工程师的注册管理，我部制定了《水利工程建设监理工程师注册管理办法》，现印发施行。

二〇〇六年十二月三十日

水利工程建设监理工程师注册管理办法

第一条 为加强水利工程建设监理工程师注册管理，提高建设监理工作水平，依据《水利工程建设监理规定》，制定本办法。

第二条 水利工程建设监理工程师（以下简称监理工程师）注册与管理，适用本办法。

第三条 水利部负责监理工程师注册备案与管理工作，办事机构为建设与管理司。

省、自治区、直辖市人民政府水行政主管部门和流域管理机构依照管理权限，负责监理工程师注册申请材料的接收、转报以及相关管理工作。

第四条 取得"水利工程建设监理工程师资格证书"的人员应当按照本办法先申请注册，取得"水利工程建设监理工程师注册证书"和执业印章后，方可从事水利工程建设监理活动。但是，有下列情形之一的，不予注册：

（一）不具备完全民事行为能力的；

（二）在两个以上监理单位申请注册执业的；

（三）在申请注册过程中弄虚作假的；

（四）为国家公务员或依照公务员管理的现职工作人员的；

（五）年龄超过 65 周岁的；

（六）未按本办法规定取得继续教育合格证书的；

（七）依法不予注册的其他情形。

第五条 监理工程师申请注册程序如下：

（一）监理工程师向监理企业提出申请。

（二）监理企业同意后，由监理企业向其工商注册地的省、自治区、直辖市人民政府水行政主管部门提交申请材料。但是，流域管理机构直属单位独资或控股成立的监理企业，应当向流域管理机构提交申请材料；水利部直属单位独资或控股成立的监理企业，应当向水利部提交申请材料。

省、自治区、直辖市人民政府水行政主管部门和流域管理机构应当自收到申请材料之日起10个工作日内提出意见,并连同申请材料转报水利部。

第六条　水利部自收到申请材料之日起20个工作日内完成审查工作,对符合条件者准予注册备案,并颁发“水利工程建设监理工程师注册证书”和执业印章。

水利部每半年向社会公告注册监理工程师人员名单,接受社会监督。

第七条　申请注册应提交下列材料:

(一)水利工程建设监理工程师注册申请表;

(二)与监理企业签订的聘用合同和身份证复印件;

(三)“水利工程建设监理工程师资格证书”复印件;

取得“水利工程建设监理工程师资格证书”三年后首次申请注册执业或被注销注册证书后又重新申请注册执业的,应提交继续教育合格证书。

监理工程师申请注册,应对其提交的申请材料内容的真实性负责,不得采取欺骗等不正当手段取得“水利工程建设监理工程师注册证书”和执业印章。

第八条　“水利工程建设监理工程师注册证书”有效期一般为3年。监理工程师允许执业时间不足3年的,按其实际可执业期限确定有效期。

“水利工程建设监理工程师注册证书”和执业印章由监理工程师本人保管,任何单位和个人不得涂改、伪造、出借、转让和非法扣押、没收“水利工程建设监理工程师注册证书”和执业印章。

第九条　监理工程师的注册证书有效期满需继续执业的,应当在有效期满30个工作日前,按本办法第五条、第六条、第七条的规定向有关主管部门申请办理延续注册备案手续。

第十条　监理工程师在注册证书有效期内,其注册内容(包括注册监理企业、监理专业等)发生变化的,应当按本办法第五条的规定及时向有关主管部门申请办理变更注册备案手续,并提交以下材料:

(一)注册变更内容及相关证明材料;

(二)“水利工程建设监理工程师注册证书”和执业印章。

监理工程师变更注册监理企业的,需提交原注册监理企业同意变更证明文件。

监理企业与监理工程师的聘用合同期满后,监理企业不得无故限制监理工程师自由变更注册监理企业。

第十一条　监理工程师注册后有下列情形之一的,由水利部注销其注册证书,收回“水利工程建设监理工程师注册证书”和执业印章:

(一)完全丧失民事行为能力的;

(二)死亡或者依法宣告死亡的;

(三)年龄超过65周岁的;

(四)以欺骗等不正当手段取得注册证书的;

(五)超过注册证书有效期而未延续注册的;

(六)注册证书被依法吊销的;

(七)成为国家公务员或依照公务员管理的现职工作人员的;

（八）依法应当注销的其他情形。

第十二条 在"水利工程建设监理工程师注册证书"有效期内，监理工程师应当至少参加一次由水利部组织的继续教育培训并合格。

第十三条 监理工程师遗失"水利工程建设监理工程师注册证书"或执业印章，应当在水利部指定的媒体声明后，向水利部申请补发"水利工程建设监理工程师注册证书"或执业印章。

第十四条 监理工程师注册（变更注册、延续注册）申请表格式由水利部统一规定，"水利工程建设监理工程师注册证书"和执业印章由水利部统一制作。

第十五条 本办法自2007年2月1日起实施。

附录1-4　水利工程建设监理人员资格管理办法

水利工程建设监理人员资格管理办法

中水协[2007]3号

第一章　总　则

第一条　为提高建设监理工作水平，实施水利工程建设监理人员资格管理，依据《水利工程建设监理规定》和《中国水利工程协会章程》，制定本办法。

第二条　申请水利工程建设监理人员（以下简称监理人员）资格，对监理人员实施资格管理，适用本办法。

第三条　监理人员资格管理实行行业自律管理制度。中国水利工程协会负责全国水利工程建设监理人员的行业自律管理工作。

第四条　从事水利工程建设监理活动的人员，应当按照本办法规定，取得相应的资格（岗位）证书。

监理人员分为总监理工程师、监理工程师、监理员。总监理工程师实行岗位资格管理制度，监理工程师实行执业资格管理制度，监理员实行从业资格管理制度。

第五条　监理员、监理工程师的监理专业分为水利工程施工、水土保持工程施工、机电及金属结构设备制造、水利工程建设环境保护4类。其中，水利工程施工类设水工建筑、机电设备安装、金属结构设备安装、地质勘察、工程测量5个专业，水土保持工程施工类设水土保持1个专业，机电及金属结构设备制造类设机电设备制造、金属结构设备制造2个专业，水利工程建设环境保护类设环境保护1个专业。

总监理工程师不分类别、专业。

第六条　监理人员资格管理工作内容包括监理人员资格考试、考核、审批、培训和监督检查等。

中国水利工程协会负责全国水利工程建设监理人员资格管理工作。负责全国总监理工程师资格审批；负责全国监理工程师资格审批；归口管理全国监理员资格审批，负责水利部直属单位的监理员资格审批工作。

流域管理机构指定的行业自律组织或中介机构受中国水利工程协会委托，负责本流域管理机构所属单位的监理员资格审批工作。

省级水行政主管部门指定的行业自律组织或中介机构受中国水利工程协会委托，负责本行政区域内的监理员资格审批工作。

第二章　监理人员资格取得

第七条　取得监理员从业资格，须由中国水利工程协会审批，或者由具有审批管辖权的行业自律组织或中介机构审批并报中国水利工程协会备案后，颁发“全国水利工程建设监理员资格证书”。取得监理工程师资格,须经中国水利工程协会组织的资格考试合格,并颁发“全国水利工程建设监理工程师资格证书”。取得总监理工程师岗位资格,须持有“水利工程建设监理工程师注册证书”并经培训合格后,由中国水利工程协会审批并颁发“全国水利工程建设总监理工程师岗位证书”。

第八条 申请监理员资格应同时具备以下条件:

(一)取得工程类初级专业技术职务任职资格,或者具有工程类相关专业学习和工作经历(中专毕业且工作5年以上、大专毕业且工作3年以上、本科及以上学历毕业且工作1年以上);

(二)经培训合格;

(三)年龄不超过60周岁。

第九条 申请监理员资格,由监理单位签署意见后向具有审批管辖权的单位申报,并提交以下有关材料:

(一)水利工程建设监理员资格申请表;

(二)身份证、学历证书或专业技术职务任职资格证书、监理员培训合格证书。

第十条 审批单位自收到监理员资格申请材料后,应当在20个工作日内完成审批,审批结果报中国水利工程协会备案后,颁发“全国水利工程建设监理员资格证书”。

监理员资格证书由中国水利工程协会统一印制、统一编号,由审批单位加盖中国水利工程协会统一规格的资格管理专用章。监理员资格证书有效期一般为3年。

中国水利工程协会定期向社会公布取得监理员资格的人员名单,接受社会监督。

第十一条 监理工程师资格考试,一般每年举行一次,全国统一考试。

第十二条 申请监理工程师资格考试者,应同时具备以下条件:

(一)取得工程类中级专业技术职务任职资格,或者具有工程类相关专业学习和工作经历(大专毕业且工作8年以上、本科毕业且工作5年以上、硕士研究生毕业且工作3年以上);

(二)年龄不超过60周岁;

(三)有一定的专业技术水平、组织协调能力和管理能力。

第十三条 申请监理工程师资格考试,应当向中国水利工程协会申报,并提交以下材料:

(一)水利工程建设监理工程师资格考试申请表;

(二)身份证、学历证书或专业技术职务任职资格证书。

第十四条 中国水利工程协会对申请材料组织审查,对审查合格者准予参加考试。

第十五条 中国水利工程协会向考生公布考试结果,公示合格者名单,向考试合格者颁发“全国水利工程建设监理工程师资格证书”。对监理工程师考试结果公示有异议的,可向中国水利工程协会申诉或举报。

第十六条 申请总监理工程师岗位资格应同时具备以下条件:

(一)具有工程类高级专业技术职务任职资格并在监理工程师岗位从事水利工程建设监理工作的经历不少于2年;

(二)已取得“水利工程建设监理工程师注册证书”;

（三）经总监理工程师岗位培训合格；

（四）年龄不超过65周岁；

（五）具有较高的专业技术水平、组织协调能力和管理能力。

第十七条　申请总监理工程师岗位资格，应由其注册的监理单位签署意见后向中国水利工程协会申报，并提交以下材料：

（一）水利工程建设总监理工程师岗位资格申请表；

（二）水利工程建设监理工程师注册证书、专业技术职务任职资格证书、总监理工程师岗位培训合格证书；

（三）由监理单位和建设单位共同出具近两年监理工作经历证明材料。

第十八条　中国水利工程协会组织评审总监理工程师申请材料，并将评审结果公示，公示期满后向合格者颁发"全国水利工程建设总监理工程师岗位证书"，证书有效期一般为3年。

对总监理工程师岗位资格评审结果有异议的，可在公示期内向中国水利工程协会申诉或举报。

第十九条　中国水利工程协会负责监理人员有关培训管理工作，统一颁发培训合格证书。

第三章　监理人员资格管理

第二十条　"全国水利工程建设监理员资格证书"有效期满需继续从业的，应在有效期满前30个工作日内，由监理单位到有审批管辖权的单位申请办理延续手续，并报中国水利工程协会备案。

监理员允许从业时间不足3年的，应当按其实际可从业期限确定资格证书有效期。

监理员在证书有效期内至少参加一次由中国水利工程协会组织的教育培训。

第二十一条　取得"全国水利工程建设监理工程师资格证书"，未按照《水利工程建设监理工程师注册管理办法》进行注册的，在3年内至少参加一次由中国水利工程协会组织的教育培训，以保持其资格的有效性。

第二十二条　"全国水利工程建设总监理工程师岗位证书"有效期满需继续从事本岗位工作的，应当在有效期满前30个工作日内，由监理单位到中国水利工程协会申请办理延续手续。

总监理工程师允许从事本岗位工作时间不足3年的，应当按其实际可从事本岗位工作的期限确定岗位证书有效期。

第二十三条　监理人员资格申请人应对其提交申请材料内容的真实性负责，禁止提供虚假材料或以欺骗等不正当手段取得相应的资格（岗位）证书。

第二十四条　监理人员资格（岗位）证书应当由本人保管。任何单位和个人不得涂改、伪造、出借、倒卖、转让监理人员资格（岗位）证书，不得非法扣压、没收监理人员资格（岗位）证书。

第二十五条　资格管理人员在进行监理人员资格管理过程中，应遵守下列规定：

（一）不得违反监理人员资格管理有关规定；

（二）不得滥用职权、玩忽职守、徇私舞弊；

（三）应当依法维护监理人员的知情权、申诉权和诉讼权；

（四）不得索取、接受监理单位或监理人员的财物或其他好处。

第二十六条 有下列情形之一的，中国水利工程协会撤销已批准的监理人员资格：

（一）违反本办法规定程序批准的；

（二）不具备本办法规定条件批准的；

（三）有关单位超越职权范围批准的；

（四）以欺骗等不正当手段取得资格的；

（五）严重违反行业自律规定的；

（六）应当撤销的其他情形。

第二十七条 取得监理人员资格后有下列情形之一的，中国水利工程协会注销其相应的资格（岗位）证书。

（一）完全丧失民事行为能力的；

（二）死亡或者依法宣告死亡的；

（三）超过本办法规定的监理人员年龄限制的；

（四）超过资格（岗位）证书有效期而未延续的；

（五）监理人员资格批准决定被依法撤销、撤回或资格（岗位）证书被依法吊销的；

（六）应当注销的其他情形。

第二十八条 监理人员遗失资格（岗位）证书，应当在资格审批单位指定的媒体声明后，向资格审批单位申请补发相应的资格（岗位）证书。

第二十九条 中国水利工程协会对监理人员资格实行动态管理。监理单位应当每年将本单位监理人员的从业情况，向中国水利工程协会申报备案，并对备案材料内容的真实性负责。

在监督检查中，发现监理人员不符合资格条件的，由中国水利工程协会依据行业自律有关规定予以查处。

第四章 罚 则

第三十条 隐瞒有关情况或者提供虚假材料申请监理人员资格的，不予受理或者不予认定，并给予警告，且一年内不得重新申请。

以欺骗等不正当手段取得监理人员资格（岗位）证书的，吊销相应的资格（岗位）证书，三年内不得重新申请。

第三十一条 监理人员涂改、倒卖、出租、出借、伪造资格（岗位）证书，或者以其他形式非法转让资格（岗位）证书的，吊销相应的资格（岗位）证书。

第三十二条 监理人员从事工程建设监理活动，有下列行为之一，情节严重的，吊销相应的资格（岗位）证书：

（一）利用执（从）业上的便利，索取或收受项目法人、被监理单位以及建筑材料、建筑构配件和设备供应单位财物的；

（二）与被监理单位以及建筑材料、建筑构配件和设备供应单位串通，谋取不正当利益或损害他人利益的；

（三）将质量不合格的建设工程、建筑材料、建筑构配件和设备按照合格签字的；

（四）泄露执（从）业中应当保守的秘密的；

（五）从事工程建设监理活动中，不严格履行监理职责，造成重大损失的。

监理工程师从事工程建设监理活动，因违规被水行政主管部门处以吊销注册证书的，吊销相应的资格证书。

第三十三条　监理人员因过错造成质量事故的，责令停止执（从）业一年；造成重大质量事故的，吊销相应的资格（岗位）证书，五年内不得重新申请；情节特别恶劣的，终身不得申请。

监理人员未执行法律、法规和工程建设强制性条文且情节严重的，吊销相应的资格（岗位）证书，五年内不得重新申请；造成重大安全事故的，终身不得申请。

第三十四条　资格管理工作人员在管理监理人员的资格活动中玩忽职守、滥用职权、徇私舞弊的，按行业自律有关规定给予处罚；构成犯罪的，依法追究刑事责任。

第三十五条　监理人员被吊销相应的资格（岗位）证书，除已明确规定，三年内不得重新申请。

第三十六条　当事人对处罚决定不服的，可以向中国水利工程协会申请复议或向有关主管部门申诉。

第三十七条　本规定的吊销资格（岗位）证书的处罚，由中国水利工程协会作出。

第五章　附　则

第三十八条　监理人员资格申请材料的格式由中国水利工程协会统一规定；监理人员资格（岗位）证书由中国水利工程协会统一印制。

第三十九条　本办法自2007年2月1日起施行。

第二章　水利工程施工监理合同

第一节　水利工程施工监理招标投标管理

一、水利工程建设监理业务委托和承接

《水利工程建设监理规定》(水利部令第28号)第五条规定:“按照本规定必须实施建设监理的水利工程建设项目,即总投资200万元以上且符合下列条件之一的水利工程建设项目,必须实行建设监理:①关系社会公共利益或者公共安全的;②使用国有资金投资或者国家融资的;③使用外国政府或者国际组织贷款、援助资金的建设项目。项目法人应当按照水利工程建设项目招标投标管理规定,确定具有相应资质的监理单位,并报项目主管部门备案。项目法人和监理单位应当依法签订监理合同。”

监理业务的委托形式有两种:一是通过招标方式;二是由项目法人直接与监理单位签订合同。根据《工程建设项目招标范围和规模标准规定》:监理项目单项合同价在50万元以上,或总投资额在3 000万元以上的项目,属于依法必须招标的项目。

《水利工程建设项目监理招标投标管理办法》(水建管[2002]587号)规定:项目监理招标一般不宜分标。如若分标,各监理标的监理合同估算价应当在50万元人民币以上。项目监理分标的,应当利于管理和竞争,利于保证监理工作的连续性和相对独立性,避免相互交叉和干扰,造成监理责任不清。

二、水利工程监理项目招标

项目监理招标投标活动应当遵循公开、公平、公正和诚实信用的原则。项目监理招标工作由招标人负责,任何单位和个人不得以任何方式非法干涉项目监理招标投标活动。

项目监理招标分为公开招标和邀请招标。项目监理招标的招标人是该项目的项目法人。招标人自行办理项目监理招标事宜时,应当按有关规定履行核准手续。招标人委托招标代理机构办理招标事宜时,受委托的招标代理机构应符合水利工程建设项目招标代理有关规定的要求。

(一)项目监理招标具备的条件

项目监理招标应当具备下列条件:

(1)项目可行性研究报告或者初步设计已经批复;

(2)监理所需资金已经落实;

(3)项目已列入年度计划。

项目监理招标宜在相应的工程勘察、设计、施工、设备和材料招标活动开始前完成。

(二)招标公告或者投标邀请书的内容

招标公告或者投标邀请书应当至少载明下列内容：

(1)招标人的名称和地址；

(2)监理项目的内容、规模、资金来源；

(3)监理项目的实施地点和服务期；

(4)获取招标文件或者资格预审文件的地点和时间；

(5)对招标文件或者资格预审文件收取的费用；

(6)对投标人的资质等级的要求。

(三)资格审查

招标人应当对投标人进行资格审查。资格审查分为资格预审和资格后审。资格预审,是指在投标前对潜在投标人进行的资格审查。资格后审,是指在开标后,招标人对投标人进行资格审查,提出资格审查报告,经参审人员签字由招标人存档备查,同时交评标委员会参考。进行资格预审的,一般不再进行资格后审,但招标文件另有规定的除外。

资格预审一般按照下列原则进行：

(1)招标人组建的资格预审工作组负责资格预审。

(2)资格预审工作组按照资格预审文件中规定的资格评审条件,对所有潜在投标人提交的资格预审文件进行评审。

(3)资格预审完成后,资格预审工作组应提交由资格预审工作组成员签字的资格预审报告,并由招标人存档备查。

(4)经资格预审后,招标人应当向资格预审合格的潜在投标人发出资格预审合格通知书,告知获取招标文件的时间、地点和方法,并同时向资格预审不合格的潜在投标人告知资格预审结果。

资格审查应主要审查潜在投标人或者投标人是否符合下列条件：

(1)具有独立合同签署及履行的权利；

(2)具有履行合同的能力,包括专业、技术资格和能力,资金、设备和其他物质设施能力,管理能力,类似工程经验、信誉状况等；

(3)没有处于被责令停业,投标资格被取消,财产被接管、冻结等；

(4)在最近三年内没有骗取中标和严重违约及重大质量问题。

资格审查时,招标人不得以不合理的条件限制、排斥潜在投标人或者投标人,不得对潜在投标人或者投标人实行歧视待遇。任何单位和个人不得以行政手段或者其他不合理方式限制投标人的数量。

(四)编制招标文件

监理招标文件在监理招标中起着重要的作用。一方面,它是监理单位进行监理投标的重要依据;另一方面,其主要内容将成为组成监理合同的重要文件。因此,要求监理招标文件全面、准确、具体,不得含糊不清,不得相互矛盾,不得存在歧义。招标文件应当包括下列内容。

(1)投标邀请书。

(2)投标人须知。投标人须知应当包括:招标项目概况,监理范围、内容和监理服务期,招标人提供的现场工作及生活条件(包括交通、通信、住宿等)和试验检测条件,对投标人和现场监理人员的要求,投标人应当提供的有关资格和资信证明文件,投标文件的编制要求,提交投标文件的方式、地点和截止时间,开标日程安排,投标有效期等。

(3)书面合同书格式。依法必须招标项目的监理合同书、应当使用《水利工程施工监理合同示范文本》(GF—2007—0211),其他项目可参照使用。

(4)投标报价书、投标保证金和授权委托书、协议书和履约保函的格式。

(5)必要的设计文件、图纸和有关资料。

(6)投标报价要求及其计算方式。

(7)评标标准与方法。

(8)投标文件格式。

(9)其他辅助资料。

(五)招标人注意的几个问题

(1)依法必须进行招标的项目,自招标文件开始发出之日起至投标人提交投标文件截止之日止,最短不得少于20日。

(2)招标文件一经发出,招标内容一般不得修改。如招标人对已发出的招标文件进行必要的修改和澄清的,应当于提交投标文件截止日期15日前书面通知所有潜在投标人。该修改和澄清的内容为招标文件的组成部分。

(3)投标人少于3个的,招标人应当依法重新招标。

(4)资格预审文件售价最高不得超过500元人民币。

(5)投标保证金的金额一般按照招标文件售价的10倍控制。履约保证金的金额按照监理合同价的2%~5%控制,但最低不少于1万元人民币。

三、水利工程监理项目投标

(一)投标人具备的条件

监理项目的投标人必须具有水利部颁发的"水利工程建设监理单位资质等级证书",并具备下列条件:

(1)具有招标文件要求的资质等级和类似项目的监理经验与业绩;

(2)与招标项目要求相适应的人力、物力和财力;

(3)其他条件。

招标代理机构代理项目监理招标时,该代理机构不得参加或代理该项目监理的投标。

(二)编制投标文件

监理投标文件是项目法人选择监理单位的重要依据。因此,要求投标文件既要在内容上和形式上符合监理招标文件的实质性要求和条件,又要在技术方案和投入的资源等方面极好地满足所委托的监理任务的要求,并且监理酬金报价合理。同时,应能通过监理投标文件反映出投标的监理单位在经历与业绩上、技术与管理水平上、资源与资信能力上足以胜任所委托的监理工作,并具有良好的合同信誉。

投标人应当按照招标文件的要求编制投标文件。投标文件一般包括下列内容。

(1)投标报价书。

(2)投标保证金。

(3)委托投标时,法定代表人签署的授权委托书。

(4)投标人营业执照、资质证书以及其他有效证明文件的复印件。

(5)监理大纲。监理大纲的主要内容应当包括:工程概况、监理范围、监理目标、监理措施、对工程的理解、项目监理机构组织机构、监理人员等。

(6)项目总监理工程师及主要监理人员简历、业绩、学历证书、职称证书以及监理工程师资格证书和岗位证书等证明文件。

(7)拟用于本工程的设施设备、仪器。

(8)近3~5年完成的类似工程、有关方面对投标人的评价意见以及获奖证明。

(9)投标人近3年财务状况。

(10)投标报价的计算和说明。

(11)招标文件要求的其他内容。

(三)投标人投标注意的几个问题

(1)投标人应当在招标文件要求提交投标文件的截止时间前,将投标文件密封送达招标人。投标人的投标文件正本和副本应当分别包装,包装封套上加贴封条,加盖“正本”或“副本”标记。

(2)投标人在招标文件要求提交投标文件截止时间之前,可以书面方式对投标文件进行修改、补充或者撤回,但应当符合招标文件的要求。

(3)两个以上监理单位可以组成一个联合体,以一个投标人的身份投标。联合体各方签订共同投标协议后,不得再以自己名义单独投标,也不得组成新的联合体或参加其他联合体在同一项目中投标。

(4)联合体参加资格预审并获通过的,其组成的任何变化都必须在提交投标文件截止之日前征得招标人的同意。如果变化后的联合体削弱了竞争,含有事先未经过资格预审或者资格预审不合格的法人,或者使联合体的资质降到资格预审文件中规定的最低标准下,招标人有权拒绝。

(5)联合体各方必须指定牵头人,授权其代表所有联合体成员负责投标和合同实施阶段的主办、协调工作,并应当向招标人提交由所有联合体成员法定代表人签署的授权书。

(6)联合体投标的,应当以联合体各方或者联合体中牵头人的名义提交投标保证金。

(7)投标人应当对递交的资格预审文件、投标文件中有关资料的真实性负责。

四、开标、评标和中标

(一)开标

(1)开标时间、地点应当为招标文件中确定的时间、地点。开标工作人员至少有主持人、监标人、开标人、唱标人、记录人组成。招标人收到投标文件时,应当检查其密封性,进行登记并提供回执。已收投标文件应妥善保管,开标前不得开启。在招标文件要求提交投标文件的截止时间后送达的投标文件,应当拒收。

(2)开标由招标人主持,邀请所有投标人参加。

(3)投标人的法定代表人或者授权代表人应当出席开标会议。评标委员会成员不得出席开标会议。

(4)开标人员应当在开标前检查出席开标会议的投标人法定代表人的证明文件或者授权代表人有关身份证明。法定代表人或者授权代表人应当在指定的登记表上签名报到。

(5)属于下列情况之一的投标文件,招标人可以拒绝或者按无效标处理:

①投标人的法定代表人或者授权代表人未参加开标会议;

②投标文件未按照要求密封或者逾期送达;

③投标文件未加盖投标人公章或者未经法定代表人(或者授权代表人)签字(或者印鉴);

④投标人未按照招标文件要求提交投标保证金;

⑤投标文件字迹模糊导致无法确认涉及关键技术方案、关键工期、关键工程质量保证措施、投标价格;

⑥投标文件未按照规定的格式、内容和要求编制;

⑦投标人在一份投标文件中,对同一招标项目报有两个或者多个报价且没有确定的报价说明;

⑧投标人对同一招标项目递交两份或者多份内容不同的投标文件,未书面声明哪一个有效;

⑨投标文件中含有虚假资料;

⑩投标人名称与组织机构与资格预审文件不一致;

⑪不符合招标文件中规定的其他实质性要求。

(二)评标

1. 评标委员会的组成

评标由评标委员会负责。评标委员会的组成按照《水利工程建设项目招标投标管理规定》第四十条的规定进行。评标委员会成员实行回避制度,有下列情形之一的,应当主动提出回避并不得担任评标委员会成员:

(1)投标人或者投标人、代理人主要负责人的近亲属;

(2)项目主管部门或者行政监督部门的人员;

(3)在5年内与投标人或其代理人曾有工作关系;

(4)5年内与投标人或其代理人有经济利益关系,可能影响对投标的公正评审的人员;

(5)曾因在招标、评标以及其他与招标投标有关活动中从事违法行为而受到行政处罚或者刑事处罚的人员。

招标人应当采取必要的措施,保证评标过程在严格保密的情况下进行。

2. 评标工作程序

评标工作一般按照以下程序进行:

(1)招标人宣布评标委员会成员名单并确定主任委员。

(2)招标人宣布有关评标纪律。

(3)在主任委员的主持下,根据需要,讨论通过成立有关专业组和工作组。

(4)听取招标人介绍招标文件。

(5)组织评标人员学习评标标准与方法。

(6)评标委员会对投标文件进行符合性和响应性评定。

(7)评标委员会对投标文件中的算术错误进行更正。

(8)评标委员会根据招标文件规定的评标标准与方法对有效投标文件进行评审。

(9)评标委员会听取项目总监理工程师陈述。

(10)经评标委员会讨论,并经二分之一以上成员同意,提出需投标人澄清的问题,并以书面形式送达投标人。

(11)投标人对需书面澄清的问题,经法定代表人或者授权代表人签字后,作为投标文件的组成部分,在规定的时间内送达评标委员会。

(12)评标委员会依据招标文件确定的评标标准与方法,对投标文件进行横向比较,确定中标候选人推荐顺序。

(13)在评标委员会三分之二以上成员同意并在全体成员签字的情况下,通过评标报告。评标委员会成员必须在评标报告上签字。若有不同意见,应明确记载并由其本人签字,方可作为评标报告附件。

3.评标标准与方法

项目监理评标标准和方法应当体现根据监理服务质量选择中标人的原则。评标标准和方法应当在招标文件中载明,在评标时不得另行制定或者修改、补充任何评标标准和方法。

评标标准一般包括投标人的业绩和资信、项目总监理工程师的素质和能力、资源配置、监理大纲以及投标报价等方面。

评标方法主要为综合评分法、两阶段评标法和综合评议法,可根据工程规模和技术难易程度选择采用。大、中型项目或者技术复杂的项目宜采用综合评分法或者两阶段评标法,项目规模小或者技术简单的项目可采用综合评议法。

综合评分法是根据评标标准设置详细的评价指标和评分标准,经评标委员会集体评审后,评标委员会分别对所有投标文件的各项评价指标进行评分,去掉最高分和最低分后,其余评委评分的算术和即为投标人的总得分。评标委员会根据投标人总得分的高低排序选择中标候选人1~3名。若候选人出现分值相同情况,则对分值相同的投标人改为投票法,以少数服从多数的方式,也可根据总监理工程师、监理大纲的得分高低决定次序选择中标候选人。

两阶段评标法对投标文件的评审分为两阶段进行:首先进行技术评审,然后进行商务评审。有关评审方法可采用综合评分法或综合评议法。评标委员会在技术评审结束之前,不得接触投标文件中商务部分的内容。

评标委员会根据确定的评审标准选出技术评审排序的前几名投标人,而后对其进行商务评审。根据规定的技术和商务权重,对这些投标人进行综合评价和比较,确定中标候选人1~3名。

综合评议法是根据评标标准设置详细的评价指标,评标委员会成员对各个投标人进行定性比较分析,综合评议,采用投票表决的形式,以少数服从多数的方式,排序推荐中标候选人 1 ~3 名。

4. 评标报告

评标委员会按照评标程序、标准和方法评完标后,应当向招标人提交经评标委员签字的书面评标报告。评标报告应当包括以下内容:

(1)招标项目基本情况;

(2)对投标人的业绩和资信的评价;

(3)对项目总监理工程师的素质和能力的评价;

(4)对资源配置的评价;

(5)对监理大纲的评价;

(6)对投标报价的评价;

(7)评标标准和方法;

(8)评审结果及推荐顺序;

(9)废标情况说明;

(10)问题澄清、说明、补正事项纪要;

(11)其他说明;

(12)附件。

5. 其他注意的事项

(1)评标委员会要求投标人对投标文件中含义不明确的内容作出必要的澄清或者说明,但澄清或说明不得改变投标文件提出的主要监理人员、监理大纲和投标报价等实质性内容。

(2)评标委员会经评审,认为所有投标文件都不符合招标文件要求,可以否决所有投标,招标人应当重新招标,并报水行政主管部门备案。

(3)评标委员会成员应当客观、公正地履行职责,遵守职业道德,对所提出的评审意见承担个人责任。

(4)遵循根据监理服务质量选择中标人的原则,中标人应当是能够最大限度地满足招标文件中规定的各项综合评价标准的投标人。

(三)中标

招标人可授权评标委员会直接确定中标人,也可根据评标委员会提出的书面评标报告和推荐的中标候选人顺序确定中标人。当招标人确定的中标人与评标委员会推荐的中标候选人顺序不一致时,应当有充足的理由,并按项目管理权限报水行政主管部门备案。

在确定中标人前,招标人不得与投标人就投标方案、投标价格等实质性内容进行谈判。自评标委员会提出书面评标报告之日起,招标人一般应在 15 日内确定中标人,最迟应在投标有效期结束日 30 个工作日前确定。

中标人确定后,招标人应当在招标文件规定的有效期内以书面形式向中标人发出中标通知书,并将中标结果通知所有未中标的投标人。招标人不得向中标人提出压低报价、增加工作量、延长服务期或其他违背中标人意愿的要求,以此作为发出中标通知书和签订合同的条件。中标通知书对招标人和中标人具有法律效力。中标通知书发出后,招标人改变中标结果的,或者中标人放弃中标项目的,应当依法承担法律责任。

中标人收到中标通知书后,应当在签订合同前向招标人提交履约保证金。招标人和中标人应当自中标通知书发出之日起在30日内,按照招标文件和中标人的投标文件订立书面合同。招标人和中标人不得再行订立背离合同实质性内容的其他协议。当确定的中标人拒绝签订合同时,招标人可与确定的候补中标人签订合同。中标人不得向他人转让中标项目,也不得将中标项目肢解后向他人转让。

招标人与中标人签订合同后5个工作日内,应当向中标人和未中标的投标人退还投标保证金。

在确定中标人后15日之内,招标人应当按项目管理权限向水行政主管部门提交招标投标情况的书面总结报告。

书面总结报告至少应包括下列内容:

(1)开标前招标准备情况;

(2)开标记录;

(3)评标委员会的组成和评标报告;

(4)中标结果确定;

(5)附件:招标文件。

第二节　水利工程施工监理招标文件编制

《水利工程施工监理招标文件示范文本》主要由投标邀请书、投标须知、合同文件、投标文件格式和附件共5部分组成。供项目法人(招标人)开展水利工程施工监理招标使用。《水利工程施工监理招标文件示范文本》适用于通过招标选择水利工程施工监理承担单位的水利工程建设项目,使用时可结合项目的实际情况进行修改或补充。

一、投标邀请书

投标邀请书通常应写明被邀请单位的名称、工程名称(工程名称应写明项目批准的机关和批文名称及文号)以及招标工程名称施工监理进行公开招标或邀请招标;招标人名称(如委托招标代理机构代理招标应写明招标代理人的名称);监理招标的范围;合同名称;合同编号;招标文件发售的时间、地点和售价;投标担保的要求以及接收投标文件截止时间等。投标邀请书的格式如下。

投标邀请书

(被邀请单位的名称):

1.(工程名称)已由(项目批准机关名称)以(批文名称及文号)批准兴建,现对(招标工程名称)施工监理进行(公开或邀请)招标。贵单位经资格预审合格,现邀请贵单位参加本工程施工监理投标。

2.招　标　人:____________________

3.招标代理人:____________________

4. 监理招标的范围：________________

5. 合同名称：________________

6. 合同编号：________________

7. 招标文件将于____年__月__日至____年__月__日每天上午____时至____时，下午____时至____时，在____（出售招标文件的单位名称和地点）____出售，请凭本邀请书购买。整套招标文件售价为（人民币，下同）____（大写）____元（____（小写）____元），售后不退。

8. 投标人在送交投标文件时，应同时提交符合招标文件规定的投标担保。未按规定提交投标担保的投标文件将被拒绝。

9. 接收投标文件的截止时间为____年__月__日____时，请在此时间前送达（接收投标文件的单位名称和地点），在此时间后送达的投标文件将不再被接收。

10. 本次施工监理招标定于____年__月__日____时在（开标地点）公开开标。

贵单位收到本邀请书后，请以书面形式（包括手写、打印、印刷、电报、电传、传真或电子邮件，下同）确认已收到本邀请书。

招标人：____（名称）____	招标代理人____（名称）____
（盖章）	（盖章）
通信地址：________	通信地址：________
邮政编码：________	邮政编码：________
电　话：________	电　话：________
传　真：________	传　真：________
电子信箱：________	电子信箱：________
联系人：________	联系人：________

____年__月__日

说明：(1) 本邀请书适用于实行资格预审的公开招标项目，如采用资格后审或邀请招标方式，"贵单位经资格预审合格"文字应删除。

(2) 如委托人自行组织招标，本招标文件中"招标代理人"应删除。

二、投标须知

投标须知是招标文件中非常重要的内容，投标须知主要由总则，招标文件的组成、澄清和修改，现场考察和标前会议，投标文件的编制，投标文件的递交，投标文件的拒绝和无效，开标与评标，中标，重新招标，履约担保，签订合同等 11 个部分组成。投标人投标，应认真阅读投标须知，以熟悉各方面的要求，为投标工作做好充分准备，避免投标造成失误而丧失竞标的机会。投标须知的详细内容和格式如下。

投标须知

2.1　总则

2.1.1　概述

2.1.1.1　招标工程名称：________________

2.1.1.2　合同名称：________________

2.1.1.3　合同编号：________________

2.1.1.4　招标人：________________

2.1.1.5　招标代理人：________________

2.1.1.6　设计人：________________

2.1.1.7　工程建设地点：________________

2.1.1.8　招标工程投资：________________

其中，建筑安装费：____________　设备购置费：____________

联合试运转费：____________

2.1.1.9　资金来源：（说明工程建设的资金来源及目前筹资状况）

2.1.1.10　招标范围：（招标工程名称）施工期及保修期监理

（注：是否含保修期应根据招标人需求确定）

2.1.1.11　监理服务期：总服务期______天。

自______年__月__日至______年__月__日

2.1.1.12　招标方式：________________

2.1.2　工程概况

2.1.3　投标人资格

2.1.3.1　投标人应具有独立法人资格。

2.1.3.2　投标人应具有____颁发的________专业________级以上（含____级）水利工程建设监理单位资质等级证书。

2.1.3.3　投标人应在近五年内承担过类似本工程项目的监理业务。

2.1.3.4　拟派驻本工程项目的总监理工程师应具有____级专业技术职务任职资格和水利工程建设总监理工程师岗位证书，以及类似工程监理或施工管理经验。其他主要监理人员应具备的条件：________________。

2.1.3.5　投标人应提供下列资质文件和资料，以证明其资格符合要求：

(1)营业执照副本、监理单位资质等级证书副本复印件（原件备查）；

(2)近五年已承担和正在承担类似工程监理情况和业主证明文件；

(3)近三年企业财务状况说明，并附财务资产负债表和损益表（复印件）；

(4)单位信用证明及近三年涉及诉讼情况；

(5)拟派驻本项目的主要监理人员注册（资格、岗位）证书复印件（原件备查），以及从事监理工作的业绩证明等。

2.1.3.6　联合体投标。投标人如为联合体，须遵守如下规定：

(1)联合体各方均应具有独立法人资格；

(2)联合体各方应当具备2.1.3.2规定的资质条件，其资质按照联合体成员中同一专业内资质等级最低的单位确定；

(3)联合体各方均应提供相应资质证明文件；

(4)联合体各方应当签订协议，明确各方拟承担的工作和责任；

(5)通过资格预审的联合体，其组成的任何变化，均需在提交投标文件截止之日前经招标人(或招标代理人)批准,否则,招标人(或招标代理人)有权取消其投标资格。

2.1.4　投标规则

2.1.4.1　不允许一个投标人对同一招标工程提交两份或两份以上不同的投标文件。

2.1.4.2　任一投标人或联合体的各成员均不允许以任何方式参加其他投标人或变换联合体的责任方对同一招标工程投标。

2.1.5　投标费用

投标人应承担其为准备或进行投标所发生的一切费用。除招标文件另有规定,投标文件一律不予退还。

2.1.6　保密

招投标双方应为对方在投标文件和招标文件中涉及的商业和技术等秘密保密,违者应对由此造成的后果承担责任。

2.2　招标文件的组成、澄清和修改

2.2.1　招标文件的组成

招标文件包括下列文件。

(1)投标邀请书;

(2)投标须知;

(3)合同文件;

(4)投标文件格式;

(5)附件(包括附件一:技术文件,附件二:评标细则,附件三:中标通知书(格式),附件四:履约保函(格式));

(6)招标人(或招标代理人)在招标期间按本须知第2.2.3条规定发出的所有有正式编号的补充通知和其他有效函件。

2.2.2　招标文件的澄清

2.2.2.1　投标人若对招标文件有疑问,应以书面形式通知招标人(或招标代理人)。招标人(或招标代理人)只对在投标截止时间____天以前收到的要求澄清的问题予以答复。

2.2.2.2　招标人(或招标代理人)的书面答复(有正式编号)将在投标截止时间____天前发送给所有购买招标文件的投标人,并作为招标文件的组成部分,但不指明询问的来源。投标人在收到答复后,应在____天内以书面形式向招标人(或招标代理人)确认收到。

2.2.3　招标文件的修改

2.2.3.1　招标人(或招标代理人)修改招标文件的补充通知(有正式编号),将在投标截止时间____天以前发出;该补充通知作为招标文件的组成部分。

2.2.3.2　补充通知以书面形式发送所有购买招标文件的投标人。投标人收到补充通知后,应在____天内以书面形式通知招标人(或招标代理人),确认已收到该补充通知。

2.3　现场考察和标前会议

2.3.1　招标人(或招标代理人)将于______年__月__日____时在____(地点)组织投标人考察现场。投标人除参加招标人(或招标代理人)组织的现场考察,还可根据投标工作的需要进场考察,但招标人(或招标代理人)不组织个别投标人进行考察。

2.3.2　除招标人(或招标代理人)统一免费提供的条件,其他现场考察费用由投标人自行承担。

2.3.3　除由于招标人(或招标代理人)的原因,在现场考察中所发生的意外人身伤亡和财产损失由投标人自行负责。

2.3.4　招标人(或招标代理人)在现场考察中提供的资料和数据可供投标人在编制投标文件时使用,招标人(或招标代理人)不对投标人使用上述资料和数据所作的分析判断和推论负责。

2.3.5　招标人(或招标代理人)将于______年__月__日____时在____(地点)____召开标前会议。

2.3.6　对投标人在标前会议上提出的问题,招标人(或招标代理人)可在标前会议上作出澄清和解答,会后在____天内将其答复内容以书面形式(有正式编号)发送所有购买招标文件的投标人。

2.4　投标文件的编制

2.4.1　投标文件的语言文字

投标文件、投标人与招标人(或招标代理人)之间来往的所有书面文件均使用汉语文字。

2.4.2　投标文件的组成

(1)投标报价书;

(2)投标报价计算书;

(3)投标担保;

(4)授权委托书(如需要);

(5)资格文件;

(6)联合体协议书(如联合体投标);

(7)联合体授权委托书(如联合体投标,联合体各方对责任方授权书);

(8)监理大纲;

(9)招标文件要求的其他材料。

2.4.3　投标报价

2.4.3.1　不允许任一投标人对同一招标项目提出两个或两个以上不同的投标报价。

2.4.3.2　投标报价应包括投标人提供正常监理服务所必需的监理人员费、设备和设施的购置及使用费、管理费、利润及税金。

2.4.3.3　投标报价计算书应包括报价依据、各报价项目计算过程和报价汇总等内容。

2.4.3.4　除招标人无偿提供的现场工作、生活条件,投标人为实施监理工作另需的工作、生活设施及相关费用,可在投标报价中单项列报并计入总报价。

2.4.3.5　监理工作所需的检测试验和检验费用由招标人承担,不计入投标报价。

2.4.3.6　投标人可以在投标截止时间前修改投标报价,但应同时提交修改后的投标报价计算书。

2.4.4　投标文件有效期

2.4.4.1　投标文件的有效期为自投标截止时间起____天。

2.4.4.2　招标人(或招标代理人)认为有必要延长投标文件的有效期时,将以书面形式要求投标人延长投标文件的有效期,但最长不超过____天。投标人应以书面形式答复招标人(或招标代理人)的上述要求。投标人若拒绝招标人(或招标代理人)的要求,可在原定有效期期满后收回投标担保,投标文件无效,并可退还;若接受招标人(或招标代理人)的要求,则投标文件继续有效,但仍不允许修改,并相应延长投标担保的有效期。在延长期内,本须知第2.4.5条的规定仍适用。

2.4.5 投标担保

2.4.5.1 投标人必须在提交投标文件的同时,提交金额为(大写)______的投标担保。未按要求提交投标担保的投标文件无效,招标人(或招标代理人)将视为不响应招标文件而予以拒绝。

2.4.5.2 投标担保可采用现金、支票、银行汇票或投标保函,投标保函应由投标人开户行或其他具有开具保函资格的银行出具。投标保函可按照本招标文件规定的格式开具。投标担保的有效期应比投标文件有效期延长_____天。

招标人(或招标代理人)的开户银行及账号如下:

招标人(或招标代理人):____________________

开户银行:____________________________

账　　号:____________________________

2.4.5.3 投标担保如采用支票、银行汇票形式,须在投标截止时间前____天汇入本须知第2.4.5.2款指定账户,并在投标文件(正、副本)中附相关凭证复印件;如采用投标保函形式,保函原件随投标文件单独递交,投标文件(正、副本)中均应附复印件。

2.4.5.4 联合体的投标担保由联合体责任方出具。

2.4.5.5 招标人与中标人签订合同后5个工作日内,应向中标人和未中标的投标人退还投标担保。

2.4.5.6 如有下列情况之一,投标担保将被没收:

(1)投标人在本须知第2.4.4条规定的投标文件有效期内撤回其投标文件;

(2)除不可抗力或招标人原因,中标人在收到中标通知书后未能或拒绝按本须知第2.10.1条或第2.11.1条的规定提交履约担保或签署合同书。

2.4.6 投标文件的份数和签署要求

2.4.6.1 投标人应按本须知第2.4.2条规定的内容编制投标文件。投标文件一式____份,其中正本一份,副本____份,封面上应分别标明“正本”和“副本”字样。正本与副本不一致时以正本为准。投标文件正、副本均须用A4纸装订成册(图页可除外),并逐页标注页码,不得采用活页夹。

2.4.6.2 投标文件的正本应使用打印或不易褪色的蓝黑墨水笔书写,在规定的位置必须由法定代表人签名(或印鉴),或授权代表人签名,同时加盖单位公章;每页均应盖单位公章。副本可复印,并在规定的位置加盖单位公章。

2.4.6.3 联合体投标文件可只加盖联合体责任方公章,并由联合体责任方法定代表人或其授权代表人签名。

2.4.6.4 投标文件涂改、插字或删除均须由法定代表人或其授权代表人在修改处签名确认。

2.5　投标文件的递交

2.5.1　投标文件的密封和标记

2.5.1.1　投标文件的正本和副本应分开装袋密封,封袋面上应标明“正本”或“副本”字样,封袋密封口加盖密封章。

2.5.1.2　投标文件封袋面上应写明:

(1)投标的合同名称及合同编号;

(2)招标人(或招标代理人)的名称和通信地址;

(3)投标人的名称和通信地址,并加盖单位公章(如联合体投标,须注明联合体投标,并写明联合体责任方名称、地址,加盖责任方单位公章);

(4)在______年__月__日____时(注:规定的开标日期和时间)前不得启封。

2.5.2　投标截止时间

2.5.2.1　投标截止时间为______年__月__日____时,投标人应在此时间前将投标文件送达____(地点)______。

2.5.2.2　招标人(或招标代理人)认为有必要延后投标截止时间时,将发出补充通知。在此情况下,招标文件规定的招标人(或招标代理人)和投标人与投标截止时间有关的义务和权利也将适用至延长后的投标截止时间。

2.5.3　迟到的投标文件

在本须知第2.5.2条规定的投标截止时间以后送达的投标文件,招标人(或招标代理人)将不予接收。

2.5.4　投标文件的修改与撤回

2.5.4.1　投标人若需修改或撤回投标文件,必须在本须知第2.5.2条规定的投标截止时间前,将修改或撤回的书面通知送达招标人(或招标代理人)签收。

2.5.4.2　投标人的修改或撤回通知应按本须知第2.4.6条和第2.5.1条的规定进行编制、密封和标记,并标明“修改”或“撤回”字样。

2.5.4.3　在投标文件有效期内,投标人不得修改或撤回投标文件。如投标人在投标文件有效期内撤回投标文件,招标人(或招标代理人)按本须知第2.4.5.6款的规定可没收其投标担保。

2.6　投标文件的拒绝和无效

属于下列情况之一的投标文件,招标人(或招标代理人)可以拒绝或按无效标处理:

(1)投标人的法定代表人或其授权代表人未参加开标会议;

(2)投标文件未按照招标文件要求密封或逾期送达;

(3)投标文件未按照招标文件要求加盖投标人公章;

(4)投标文件未经法定代表人签名(或印鉴),或其授权代表人签名;

(5)投标人未按照招标文件要求提交投标担保;

(6)投标文件字迹模糊导致无法确认监理大纲、投标价格等内容;

(7)投标文件未按照招标文件规定的格式、内容和要求编制;

(8)投标人未按要求对投标文件进行澄清、说明或补正;

(9)投标人在一份投标文件中,对同一招标工程有两个或两个以上报价;

(10)投标人对同一招标工程递交两份或两份以上不同的投标文件；

(11)投标文件中含有虚假资料；

(12)投标人名称或组成(为联合体时)与资格预审文件不一致；

(13)未响应招标文件中规定的其他实质性要求。

2.7 开标与评标

2.7.1 开标

2.7.1.1 招标人(或招标代理人)将于_____年__月__日___时在____(地点)____公开开标。所有投标人的法定代表人或其授权代表人均应持本人身份证(授权代表人还需持授权委托书)准时出席,并在招标人(或招标代理人)指定的登记册上签名报到。

2.7.1.2 开标会议由招标人(或招标代理人)组织并主持。开标会上将公布投标人名称、投标担保、投标报价、修正报价(如果有)和其他需宣布的内容等。

2.7.1.3 招标人(或招标代理人)负责开标会议记录并归档。若招标人(或招标代理人)宣读的内容与投标文件不符时,投标人有权在开标现场提出异议,经招标监督部门当场核查确认后,招标人(或招标代理人)应重新宣读其投标文件。投标人的法定代表人或其授权代表人应在开标记录上签名确认。

2.7.2 评标

2.7.2.1 由招标人(或招标代理人)依法组建的评标委员会,依据招标文件规定的评标细则对所有有效投标文件进行评审,并向招标人(或招标代理人)书面提出评标报告。

2.7.2.2 本次评标采用________方法,《评标细则》见本招标文件附件二。

2.7.3 算术性修正

2.7.3.1 对实质上响应招标文件要求的投标文件,评标委员会将校核其投标报价是否存在算术错误。修正错误的原则为:

1)大写金额与小写金额不一致时,以大写金额为准;

2)总价金额与单价金额(或费率)不一致时,以单价金额(或费率)为准,但单价金额(或费率)有明显小数点错误的除外。

2.7.3.2 评标委员会将按上述算术性修正原则修正投标人的投标报价,并书面通知投标人确认。如投标人确认,修正后的报价对投标人起约束作用。如投标人不接受修正后的报价,则其投标将被否决。

2.7.4 投标文件的澄清

2.7.4.1 评标过程中,评标委员会可以要求投标人对其投标文件中含义不明确的内容或与招标文件的偏差作必要的澄清或说明。

2.7.4.2 投标人对澄清的问题需书面答复的,应由投标人法定代表人或其授权代表人签名确认,并作为投标文件的组成部分。

2.7.4.3 除按照本招标文件2.7.3.1条规定的算术性修正,投标人的澄清不得修改投标报价或投标文件中的其他实质性内容。

2.8 中标

2.8.1 中标人的确定

2.8.1.1 招标人根据评标委员会提出的评标报告确定中标人(或招标人授权评标委员

会确定中标人)。

2.8.1.2　招标人不保证投标报价最低的投标人中标,也无义务对未中标的投标人作任何解释和说明。

2.8.2　中标通知

在本须知第2.4.4条规定的投标文件有效期内,招标人(或招标代理人)应向中标人发出中标通知书(如中标人为联合体,中标通知将同时发送联合体各方),并同时将中标结果通知所有未中标的投标人。中标通知书格式详见附件三。

2.9　重新招标

有下列情形之一的,招标人应重新招标:

(1)投标人少于3个的;

(2)所有投标人的投标文件都不符合招标文件要求或全部被否决的。

2.10　履约担保

2.10.1　中标人应在收到中标通知书后、签订合同前向招标人提交履约担保,履约担保金额为______元。履约担保期限为监理服务期。

2.10.2　采用履约保函的,应由中标人开户行或其他具有开具保函资格的银行出具。履约保函格式应采用招标文件规定的格式。履约保函格式详见附件四。

2.11　签订合同

2.11.1　招标人与中标人自中标通知书发出之日起______天内,订立书面合同。

2.11.2　中标人在规定时间内不与招标人签订合同,又无正当理由,或未按本须知第2.10.1条的规定提交履约担保,招标人可取消其中标资格,并没收投标担保。在此情况下,招标人可依序与确定的其他中标候选人签订合同。

2.11.3　招标人与中标人签订合同后5个工作日内,向未中标的投标人退还投标担保。

三、合同文件

合同文件包括水利工程施工监理合同书、通用合同条件、专用合同条件、附件等4部分,合同文件的具体内容在第三节阐述。

四、投标文件格式

在水利工程施工监理招标文件中,一般要给出投标文件的基本格式,投标人要严格按照招标文件规定的格式编写,否则会作为废标处理。《水利工程施工监理招标文件示范文本》给出了投标文件的基本格式。投标文件基本格式依次为:投标文件封皮格式、投标报价书格式、授权委托书格式、联合体授权委托书格式、投标保函格式、资格文件各种表格格式、监理大纲的基本要求、投标报价计算书的基本要求和正常监理服务酬金投标报价汇总表格式、监理人员费计算表格式、设施设备购置和使用费计算表格式等。

(一)投标报价书格式

投 标 报 价 书

致____(招标人全称)____:

我方已仔细研究了 (招标工程名称) 监理招标文件(含补充通知)的全部内容,愿意以人民币(大写)______元的投标报价,按上述招标文件规定的条件和要求,承担本工程的监理工作,并严格履行合同约定的责任和义务。

投标人:______(全称)______
法定代表人:______
(或授权代表人):______(签名)______
通信地址:______
邮政编码:______
电子信箱:______
电　　话:______
传　　真:______

年　月　日

(二)授权委托书格式

授权委托书

致(招标人或招标代理人全称):

委托 (被授权人姓名、职务) (居民身份证编号:______)为我单位授权代表人,就 (招标工程名称) (合同编号:______)签署投标文件、进行谈判、签署合同和处理与之有关的一切事务,其签名真迹如本授权委托书签名所示。

授权委托单位:______(全称)______
(盖章)
法定代表人:______(签名)______
授权代表人:______(签名)______
______年____月____日

说明:如联合体投标,授权委托单位为联合体责任方。

(三)联合体共同投标协议

如联合体投标,联合体各方必须签订共同投标协议,明确约定联合体责任单位、各方拟承担的工作和责任,以及联合体各方共同为投标活动和履行合同(如中标)承担的连带责任。

(四)联合体授权委托书格式

联合体授权委托书(格式)

致(招标人或招标代理人全称):

兹授权 (被授权委托单位全称) 作为我单位就 (招标工程名称) 工程联合投标及履行合同的责任单位,其授权代表人同时作为我单位的授权代表人。

我单位对上述授权责任单位就本工程监理投标及履行合同的任何行为承担连带责任,授权责任单位的授权代表人在授权期内签署的任何与本工程监理投标及合同签订有关的文件均为有效。

授权委托单位：＿＿＿＿（全称）＿＿＿＿＿＿＿

（盖章）

法定代表人：＿＿＿＿＿（签名）＿＿＿＿＿＿＿

被授权委托单位：＿＿＿（全称）＿＿＿＿＿＿＿

（盖章）

法定代表人：＿＿＿＿＿（签名）＿＿＿＿＿＿＿

＿＿＿＿年＿＿＿月＿＿＿日

(五)投标担保格式

投标保函

致＿＿（招标人全称）＿＿＿＿：

鉴于＿＿（投标人全称）＿＿＿（以下称“被保证人”）参加你方＿＿（招标工程名称）＿＿＿（合同编号：＿＿＿＿）的监理投标，我方已接受被保证人的请求，愿向你方提供如下保证：

1. 本保函担保金额为人民币（大写）＿＿＿＿＿＿元。

2. 本保函的有效期自＿＿＿年＿＿＿月＿＿＿日至＿＿＿年＿＿＿月＿＿＿日。若你方要求延长投标文件的有效期，经被保证人同意并通知我方后，本保函的有效期相应延长。

3. 在本保函有效期内，如被保证人有下列任何一种违反招标文件规定的事实，你方可向我方发出提款通知：

(1)在招标文件规定的投标文件有效期内撤回其投标文件；

(2)收到中标通知书后，无正当理由而不能或拒绝按招标文件的规定提交履约担保；

(3)收到中标通知书后，无正当理由而不能或拒绝按招标文件的规定签署合同书。

4. 我方在收到你方的提款通知后＿＿＿天内凭本保函向你方支付本保函担保范围内你方要求提款的金额，但提款通知应符合下列条件：

(1)必须在本保函有效期内以书面形式提出，并应由你方法定代表人或授权代表人签名并加盖单位公章。

(2)应说明被保证人违反招标文件规定的事实，并附有关材料。

保　证　人：＿＿＿（银行名称）＿＿＿＿＿

（盖章）

法定代表人

或授权代表人：＿＿＿（签名）＿＿＿＿＿

通信地址：＿＿＿＿＿＿＿＿＿＿＿

邮政编码：＿＿＿＿＿＿＿＿＿＿＿

电　　话：＿＿＿＿＿＿＿＿＿＿＿

传　　真：＿＿＿＿＿＿＿＿＿＿＿

＿＿＿＿年＿＿＿月＿＿＿日

说明：(1)投标人应将投标保函复印件装订在投标文件（正、副本）内，原件随投标文件另行单独递交；

(2)如投标担保采用现金、支票、银行汇票形式，可参考本投标保函格式出具“投标担保说明”，包括投标担保的形式、担保金额，并对投标担保的有效期及其延长、招标人有权没收投标担保的情况作出承诺，“说明”须加盖投标人公章，并由法定代表人或其授权代表人签名。

(六)资格文件格式

1. 投标人基本情况表

投标人基本情况表

<table>
<tr><td colspan="2">单位名称</td><td colspan="9"></td></tr>
<tr><td colspan="2">通信地址</td><td colspan="9"></td></tr>
<tr><td colspan="2">电 话</td><td colspan="3"></td><td colspan="2">传 真</td><td></td><td colspan="2">邮政编码</td><td></td></tr>
<tr><td colspan="2">电子信箱</td><td colspan="9"></td></tr>
<tr><td colspan="2">成立时间</td><td colspan="9"></td></tr>
<tr><td colspan="2">法定代表人</td><td colspan="2">姓 名</td><td></td><td colspan="2">职 务</td><td colspan="2"></td><td>职 称</td><td></td></tr>
<tr><td colspan="2">技术负责人</td><td colspan="2">姓 名</td><td></td><td colspan="2">职 务</td><td colspan="2"></td><td>职 称</td><td></td></tr>
<tr><td colspan="2">专业资质等级</td><td colspan="4"></td><td colspan="3">资质等级证书编号</td><td colspan="2"></td></tr>
<tr><td colspan="2">法人营业
执照证号</td><td colspan="4"></td><td colspan="3">注册资金</td><td colspan="2"></td></tr>
<tr><td colspan="2">开户行名称</td><td colspan="4"></td><td colspan="3">银行账号</td><td colspan="2"></td></tr>
<tr><td rowspan="3">单位
总人数
(人)</td><td rowspan="3"></td><td rowspan="3">其中</td><td colspan="3">总监理工程师(人)</td><td colspan="2"></td><td colspan="2">高级职称人员(人)</td><td></td></tr>
<tr><td colspan="3">监理工程师(人)</td><td colspan="2"></td><td colspan="2">中级职称人员(人)</td><td></td></tr>
<tr><td colspan="3">其　他(人)</td><td colspan="2"></td><td colspan="2">初级职称人员(人)</td><td></td></tr>
<tr><td colspan="8">近三年监理合同总价(万元)</td><td colspan="3"></td></tr>
</table>

投标人：＿＿＿(全称)＿＿＿＿＿

(盖章)

法定代表人(或授权代表人)：＿＿＿(签字)＿＿＿＿

＿＿＿年＿＿月＿＿日

说明：本表后应附有单位简介、营业执照副本复印件、监理单位资质等级证书副本复印件，并加盖公章。联合体各成员单位均应填写本表，并注明联合体责任单位或成员单位。

2. 业绩证明材料

1)已完成或正在承担的类似工程监理情况

投标单位应填写“已完成或正在承担的类似工程监理情况表”，在表中应填写近五年内已完成或正在承担的类似工程监理情况，并附有相应的工程项目监理合同书(复印件)、委托人评价意见(复印件)等证明材料，并加盖投标人公章。投标人如是联合体，联合体各方均应按要求填写“已完成或正在承担的类似工程监理情况表”。

已完成或正在承担的类似工程监理情况表

序号	工程名称	工程等别（级）	监理项目投资（万元）	委托人	监理范围	总监理工程师	监理人员数量	监理服务起止时间
1								
2								
3								
4								
5								

2)投标人获奖情况

资格证明材料除了提供上述资料和填写“已完成或正在承担的类似工程监理情况表”,还应负有包括国家级、省部级、司局、厅级、地市级等获奖证书(复印件),并填写“投标人获奖情况表”。“投标人获奖情况表”如下:

投标人获奖情况表

序号	获奖名称	获奖日期	获奖级别	颁证单位

3. 财务状况

投标人应提供近三年财务报表中的资产负债表和损益表(复印件),或其他证明材料。财务会计报表复印件须加盖投标人公章。

若投标人为联合体,联合体各成员单位应分别提供各自财务状况证明材料。

4. 单位信用及诉讼情况说明

投标人应提供银行资信或其他信用证明材料并加盖投标人公章。

投标人应对其近三年涉及的诉讼情况专题说明并加盖投标人公章。如未涉及,应声明本单位近三年未涉及任何诉讼事件；如涉及，应详细说明诉讼具体情况。

若投标人为联合体，联合体各成员单位应分别提供各自的银行资信、诉讼情况或其他信用证明材料并加盖单位公章。

5. 质量管理体系认证说明

投标人如通过质量管理体系认证，可提供认证证书(复印件)，并加盖投标人公章。

6. 主要监理人员情况

投标人应填写“拟参加本工程监理工作的监理人员汇总表”和“拟任本工程主要监理人员情况表”，并加盖投标人公章。“拟任本工程主要监理人员情况表”后应附有主要监理人员总监理工程师、副总监理工程师、监理工程师等的身份证、职称证书、资格证书、岗位证书、注册证书及业绩证明材料等复印件。

拟参加本工程监理工作的监理人员汇总表

序号	姓名	性别	年龄	学历	专业	职称	从事监理工作年限	总监理工程师岗位证书编号	监理工程师注册证书编号	监理员资格证书编号	拟任职务	拟进场时间

拟任本工程主要监理人员情况表

<table>
<tr><td>姓 名</td><td></td><td>性 别</td><td></td><td>出生年月</td><td></td></tr>
<tr><td>职 称</td><td></td><td>学 历</td><td></td><td>毕业时间</td><td></td></tr>
<tr><td>毕业院校</td><td colspan="2"></td><td>所学专业</td><td colspan="2"></td></tr>
<tr><td>监理专业</td><td colspan="5"></td></tr>
<tr><td>工作年限</td><td colspan="2"></td><td>从事监理工作年限</td><td colspan="2"></td></tr>
<tr><td colspan="3">拟在本工程中承担的职务</td><td colspan="3"></td></tr>
<tr><td colspan="3">总监理工程师岗位证书编号</td><td colspan="3"></td></tr>
<tr><td colspan="3">监理工程师注册证书编号</td><td colspan="3"></td></tr>
<tr><td colspan="6">主要工作经历及业绩：</td></tr>
</table>

(七)监理大纲

监理大纲应包括(但不限于)下列内容:

(1)监理工程概况;

(2)监理范围和服务内容,监理依据;

(3)监理机构设置(框图)、组成人员名单,监理人员岗位职责;

(4)监理工作程序、方法和制度;

(5)监理人员进场工作计划表;

(6)质量、安全、资金、进度、环境控制措施;

(7)合同、信息管理方案;

(8)组织协调内容及措施;

(9)监理工作重点与难点分析及对策;

(10)拟投入的监理设施、设备及配置计划。

(八)投标报价计算书

1.报价组成

投标报价包括投标人中标后按照合同约定提供本招标工程正常监理服务所需费用,包括监理人员费、设施设备购置和使用费、管理费、利润和税金。投标人应按上述五项分项计算列报,汇总计入投标报价。

2.投标报价汇总

正常监理服务酬金投标报价汇总表　　(单位:元)

项号	项 目	合价金额
A	监理人员费	
B	设施设备购置和使用费	
C	管理费	
D	利润	
E	税金	
投标报价		

投 标 人:______(全称)______________

(盖章)

法定代表人

或授权代表人:______(签名)__________

______年____月____日

3. 报价组成计算

A 监理人员费计算表 （单位：元）

序号	岗位设置	人月数	标准(元/(人·月))	金额
1	总监理工程师			
2	副总监理工程师			
3	监理工程师			
4	监理员			
5	辅助人员			
6	合计			

投 标 人：＿＿＿＿（全称）＿＿＿＿

（盖章）

法定代表人或授权代表人：＿＿＿＿（签名）＿＿＿＿

＿＿＿＿年＿＿＿月＿＿＿日

B 设施设备购置和使用费计算表 （单位：元）

序号	设施设备名称	规格	数量	购置费(或折旧费)	运行费用	金额(小计)
一	办公生活设施					
二	通信设施					
三	交通工具					
四	其他					
	合计					

投 标 人：＿＿＿＿（全称）＿＿＿＿

（盖章）

法定代表人或授权代表人：＿＿＿＿（签名）＿＿＿＿

＿＿＿＿年＿＿＿月＿＿＿日

4. 附件

《水利工程施工监理招标文件示范文本》还给出了招标文件包括的几个附件的基本要求和格式，介绍如下。

附件一　技术文件基本要求

技术文件

技术文件由招标人提供,主要内容包括(但不限于):

(1)工程概况;

(2)工程地质资料;

(3)水文、气象条件;

(4)主要工程技术参数、工程量;

(5)施工总布置;

(6)施工总进度计划;

(7)技术要求及必要的附图。

附件二　评标细则

评标细则由招标人依据有关规定,结合本工程实际情况编制,主要包括评标程序、评标方法、评分标准。

附件三　中标通知书格式

中标通知书

致＿＿(中标人全称)＿＿:

贵单位于＿＿(投标日期)＿＿提交了＿＿(招标工程名称)＿＿(合同编号:＿＿＿＿)施工监理的投标文件。经评标委员会评审,我方确定你单位为中标人,中标价为人民币(大写)＿＿＿＿＿＿元。

请贵单位收到本通知书后,

(1)在＿＿个工作日内以书面形式予以确认;

(2)按照招标文件规定办理履约担保事宜;

(3)法定代表人(或其授权代表人)于＿＿＿年＿＿月＿＿日前持有效证件及履约担保前来订立合同。

招标人:＿＿＿＿(全称)＿＿＿＿

(盖章)

法定代表人:＿＿＿＿(签名)＿＿＿＿

通信地址:＿＿＿＿＿＿＿＿

邮政编码:＿＿＿＿＿＿＿＿

电子信箱:＿＿＿＿＿＿＿＿

电　　话:＿＿＿＿＿＿＿＿

传　　真:＿＿＿＿＿＿＿＿

＿＿＿年＿＿月＿＿日

附件四　履约保函格式

履约保函

　　　(招标人全称)　　　　　　:

鉴于　　(中标人全称)　　　　(以下称“被保证人”)与你方签订　　　(合同名称)　　　　合同(合同编号:　　　　),我方已接受被保证人的请求,愿就被保证人履行上述合同约定的义务向你方提供如下保证:

(1)本保函担保金额为人民币(大写)　　　　元。

(2)本保函的有效期与你方和被保证人所签订的合同约定的监理服务期相一致。

(3)在本保函有效期内,如被保证人违约,我方在收到你方的提款通知后　　天内凭本保函向你方支付本保函担保范围内你方要求提款的金额,但提款通知应符合下列条件:

①必须在本保函有效期内以书面形式提出,并应由你方法定代表人(或其授权代表人)签名并加盖单位公章。

② 应说明要求提款的金额,并附有被保证人违约造成你方损失情况的有关材料。

(4)我方同意,在你方与被保证人签订的上述合同发生变更时,我方承担本保函规定的责任不变。

保 证 人:　　(银行名称)　　　　
　　　　　　(盖章)

法定代表人
或授权代表人:　　(签名)　　　　
地　　址:　　　　　　　　
邮政编码:　　　　　　　　
电　　话:　　　　　　　　
传　　真:　　　　　　　　

　　　　年　　月　　日

第三节　水利工程施工监理合同

为规范水利工程建设监理市场秩序,维护建设监理合同双方的合法权益,确保水利工程建设监理健康发展,水利部和国家工商行政管理总局联合对《水利工程建设监理合同示范文本》(GF—2000—0211)进行了修订,修订后的名称为《水利工程施工监理合同示范文本》(GF—2007—0211)。水利部和国家工商行政管理总局联合发出《关于印发水利工程施工监理合同示范文本的通知》(水建管[2007]134 号),通知指出:“《水利工程建设监理规定》(水利部令第 28 号)规定,必须实行施工监理的水利工程建设项目(不包括水土保持工程),必须使用《水利工程施工监理合同示范文本》,其他可参考使用。”

《水利工程施工监理合同示范文本》包括水利工程施工监理合同书、通用合同条款、专用合同条款和附件四部分。

一、水利工程施工监理合同书

水利工程施工监理合同书是监理合同的重要组成部分，主要明确合同当事人的名称和住所、工程概况、监理范围、监理服务内容和期限、监理服务酬金、监理合同的组成文件及解释顺序、合同生效等内容。

水利工程施工监理合同书格式如下。

水利工程施工监理合同书

委 托 人：____________________

监 理 人：____________________

合同编号：____________________

合同名称：____________________

依据国家有关法律、法规，____（委托人名称）____（以下简称委托人），委托____（监理人名称）____（以下简称监理人）提供____（工程名称）____工程____（监理项目名称）____监理服务，经双方协商一致，订立本合同。

一、工程概况

1. 工程名称：______________

2. 建设地点：______________

3. 工程等别（级）：______________

4. 工程总投资（人民币，下同）：______________万元

5. 工期：____________________

二、监理范围

1. 监理项目名称：____________________

2. 监理项目内容及主要特性参数：____________________

3. 监理项目投资：____________________

4. 监理阶段：____（施工期、保修期）____

三、监理服务内容、期限

1. 监理服务内容：按专用合同条款约定。

2. 监理服务期限：自____年____月____日至____年____月____日。

四、监理服务酬金

监理正常服务酬金为（大写）__________元，由委托人按专用合同条款约定的方式、时间向监理人支付。

五、监理合同的组成文件及解释顺序

（1）监理合同书（含补充协议）；

（2）中标通知书；

（3）投标报价书；

（4）专用合同条款；

（5）通用合同条款；

(6)监理大纲;

(7)双方确认需进入合同的其他文件。

六、本合同书经双方法定代表人或其授权代表人签名并加盖本单位公章后生效。

七、本合同书正本一式两份,具有同等法律效力,由双方各执一份;副本____份,委托人执____份,监理人执____份。

委托人:______(盖章)______	监理人:______(盖章)______
法定代表人:______(签名)______	法定代表人:______(签名)______
或授权代表人:______(签名)______	或授权代表人:______(签名)______
单位地址:______	单位地址:______
邮政编码:______	邮政编码:______
电　　话:______	电　　话:______
电子信箱:______	电子信箱:______
传　　真:______	传　　真:______
开户银行:______	开户银行:______
账　　号:______	账　　号:______

签订地点:______

签订时间:______年____月____日

二、通用合同条款主要内容

通用合同条款由词语涵义及适用语言、监理依据、通知和联系、委托人的权利、监理人的权利、委托人的义务、监理人的义务、监理服务酬金、合同变更与终止、违约责任、争议的解决等12部分组成,共45条。

(一)词语涵义

词语涵义主要对下列名词作了规定,在合同履行过程中,除上下文另有约定,均具有本条所赋予的涵义:

(1)委托人指承担工程建设项目直接建设管理责任,委托监理业务的法人或其合法继承人。

(2)监理人指受委托人委托,提供监理服务的法人或其合法继承人。

(3)承包人指与委托人签订了施工合同,承担工程施工的法人或其合法继承人。

(4)监理机构指监理人派驻工程现场直接开展监理业务的组织,由总监理工程师、监理工程师和监理员以及其他人员组成。

(5)监理项目是指委托人委托监理人实施建设监理的工程建设项目。

(6)服务是指监理人根据监理合同约定所承担的各项工作,包括正常服务和附加服务。

(7)正常服务指监理人按照合同约定的监理范围、内容和期限所提供的服务。

(8)附加服务指监理人为委托人提供正常服务以外的服务。

(9)服务酬金指本合同中监理人完成"正常服务"、"额外服务"应得到的正常服务酬金和附加服务酬金。

(10)天指日历天。

(11)现场指监理项目实施的场所。

(二)适用语言

通用合同条款规定本合同适用的语言文字为汉语文字。

(三)监理依据

监理的依据是有关工程建设的法律、法规、规章和规范性文件;工程建设强制性条文、有关技术标准;经批准的工程建设项目设计文件及其相关文件;监理合同、施工合同等合同文件。具体内容在专用合同条款中约定。

(四)通知和联系

通知和联系部分主要明确以下几个方面的内容:

(1)委托人应指定一名联系人,负责与监理机构联系。当委托人更换联系人时,应提前通知监理人。

(2)在监理合同实施过程中,双方的联系均应以书面函件为准。在不作出紧急处理即可能导致安全、质量事故的情况下,可先以口头形式通知,并在48小时内补做书面通知。

(3)委托人对委托监理范围内工程项目实施的意见和决策,应通过监理机构下达,法律、法规另有规定的除外。

(五)委托人的权利

委托人享有如下权利:

(1)对监理工作进行监督、检查,并提出撤换不能胜任监理工作人员的建议或要求;

(2)对工程建设中质量、安全、投资和进度方面的重大问题的决策权;

(3)核定监理人签发的工程计量、付款凭证;

(4)要求监理人提交监理月报、监理专题报告、监理工作报告和监理工作总结报告;

(5)当监理人资质不再符合要求时,委托人有权解除本合同。

(六)监理人的权利

委托人赋予监理人如下权利:

(1)审查承包人拟选择的分包项目和分包人,报委托人批准;

(2)审查承包人提交的施工组织设计、安全技术措施及专项施工方案等各类文件;

(3)核查并签发施工图纸;

(4)签发合同项目开工令、暂停施工指示,但应事先征得委托人同意;签发进场通知、复工通知。

(5)审核和签发工程计量、付款凭证;

(6)核查承包人现场工作人员数量及相应岗位资格,要求承包人撤换不称职的现场工作人员;

(7)发现承包人使用的施工设备影响工程质量或进度时,有权要求承包人增加或更换施工设备;

(8)专用合同条款约定的其他权利。

(七)委托人的义务

(1)工程建设外部环境的协调工作。

(2)按专用合同条款约定的时间、数量、方式,免费向监理机构提供开展监理服务的有关本工程建设的资料。

(3)在专用合同条款约定的时间内,就监理机构书面提交并要求作出决定的问题作出书面决定,并及时送达监理机构。超过约定时间,监理机构未收到委托人的书面决定,监理机构可认为委托人对其提出的事宜已无不同意见,无须再作确认。

(4)与承包人签订的施工合同中明确其赋予监理人的权限,并在工程开工前将监理单位、总监理工程师通知承包人。

(5)提供监理人员在现场必要的工作和生活条件,具体内容在专用合同条款中明确。如果不能提供上述条件的,应按实际发生费用给予监理人补偿。

(6)按本合同约定及时、足额支付监理服务酬金。

(7)向监理机构指定具有检验、试验资质的机构并承担检验、试验相关费用。

(8)维护监理机构工作的独立性,不干涉监理机构正常开展监理业务,不擅自作出有悖于监理机构在合同授权范围内所作出的指示和决定;未经监理机构签字确认,不支付工程款。

(9)为监理人员投保人身意外伤害险和第三者责任险。如要求监理人自己投保,则应同意监理人将投保的费用计入报价中。

(10)将投保工程险的保险合同提供给监理人作为工程合同管理的一部分。

(11)对监理人提出并落实的合理化建议给予奖励。奖励办法在专用合同条款中约定。

(12)未经监理人同意,不将监理人用于本工程监理服务的任何文件直接或间接地用于其他工程建设之中。

(八)监理人的义务

(1)本着"守法、诚信、公正、科学"的原则,按专用合同条款约定的监理服务内容为委托人提供优质服务。

(2)在专用合同条款约定的时间内组建监理机构,并进驻现场。及时将监理规划、监理机构及其主要人员名单提交委托人,将监理机构及其人员名单、监理工程师和监理员的授权范围通知承包人;实施期间有变化的,应当及时通知承包人。更换总监理工程师和其他主要监理人员应征得委托人同意。

(3)发现设计文件不符合有关规定或合同约定时,应向委托人报告。

(4)核验建筑材料、建筑构配件和设备质量,检查、检验并确认工程的施工质量;检查施工安全生产情况。发现存在质量、安全事故隐患,或发生质量、安全事故,应按有关规定及时采取相应的监理措施。

(5)监督、检查工程施工进度。

(6)按照委托人签订的工程险合同,做好施工现场工程险合同的管理。协助委托人向保险公司及时提供一切必要的材料和证据。

(7)协调施工合同各方之间的关系。

(8)按照施工作业程序,采取旁站、巡视、跟踪检测和平行检测等方法实施监理。需要旁站的重要部位和关键工序在专用合同条款中约定。

(9)及时做好工程施工过程各种监理信息的收集、整理和归档,并保证现场记录、试验、检验、检查等资料的完整和真实。

(10)编制《监理日志》,并向委托人提交监理月报、监理专题报告、监理工作报告和监理工作总结报告。

(11)按有关规定参加工程验收,做好相关配合工作。委托人委托监理人主持的分部工程验收由专用条款约定。

(12) 妥善做好委托人所提供的工程建设文件资料的保存、回收及保密工作。在本合同期限内或专用合同条款约定的合同终止后的一定期限内,未征得委托人同意,不得公开涉及委托人的专利、专有技术或其他需保密的资料,不得泄露与本合同业务有关的技术、商务等秘密。

(九)监理服务酬金

(1)监理正常服务酬金的支付时间和支付方式在专用合同条款中约定。

(2)除不可抗力,有下列情形之一且由此引起监理工作量增加或服务期限延长,均应视为监理机构的额外服务,监理人应得到监理额外服务酬金:

①由于委托人、第三方责任、设计变更及不良地质条件等非监理人原因致使正常的监理服务受到阻碍或延误;

②在本合同履行过程中,委托人要求监理机构完成监理合同约定范围和内容以外的服务;

③由于非监理人原因暂停或终止监理业务时,其善后工作或恢复执行监理业务的工作。

监理人完成额外服务应得到的酬金,按专用合同条款约定的方法或监理补充协议计取和支付。

(3) 国家有关法律、法规、规章和监理酬金标准发生变化时,应按有关规定调整监理服务酬金。

(4)委托人对监理人申请支付的监理酬金项目及金额有异议时,应当在收到监理人支付申请书后7天内向监理人发出异议通知,由双方协商解决。7天内未发出异议通知,则按通用合同条款的约定支付。

(十)合同变更与终止

(1)因工程建设计划调整、较大的工程设计变更、不良地质条件等非监理人原因致使本合同约定的服务范围、内容和服务形式发生较大变化时,双方对监理服务酬金计取、监理服务期限等有关合同条款应当充分协商,签订监理补充协议。

(2)当发生法律或本合同约定的解除合同的情形时,若有权解除合同的一方要求解除合同,应提前56天书面通知对方;若通知送达后28天内未收到对方的答复,可在此后的14天内发出终止监理合同的通知,本合同即行终止。因解除合同遭受损失的,除依法可以免除责任的,应由责任方赔偿损失。

(3)在监理服务期内,由于国家政策致使工程建设计划重大调整,或不可抗力致使合同不能履行时,双方协商解决因合同终止所产生的遗留问题。

(4)本合同在监理期限届满并结清监理服务酬金后即终止。

(十一)违约责任

(1)委托人未履行合同条款约定的义务和责任,除按专用合同条款约定向监理人支付违约金,还应继续履行合同约定的义务和责任。

(2)委托人未按合同条款约定支付监理服务酬金,除按专用合同条款约定向监理人支付逾期付款违约金,还应继续履行合同约定的支付义务。

(3)当委托人违约时,监理人应及时向委托人发出通知。委托人在收到通知后的28天内仍未采取措施改正,则监理人可以暂停工作;监理工作暂停28天后委托人仍未采取有效措施纠正其违约行为,监理人可以通知委托人解除合同,由此增加的费用和停工责任由委托人承担。

(4)监理人未按合同条款约定行使权利,或未履行合同条款约定的义务和责任,除按专用合同条款约定向委托人支付违约金,还应继续履行合同约定的义务和责任。

(5)当监理人违约时,委托人应及时向监理人发出通知。监理人在收到通知后的28天内仍未采取措施改正,则委托人可以暂停支付监理酬金;暂停支付监理酬金28天后监理人仍未采取有效措施纠正其违约行为,委托人可以通知监理人解除合同,由此增加的费用和责任由监理人承担。

(十二)争议的解决

(1)本合同发生争议,由当事人双方协商解决;也可由工程项目主管部门或合同争议调解机构调解;协商或调解未果时,经当事人双方同意可由仲裁机构仲裁;或向人民法院起诉。争议调解机构、仲裁机构在专用合同条款中约定。

(2)在争议协商、调解、仲裁或起诉过程中,双方仍应继续履行本合同约定的责任和义务。

第四节　建设工程监理与相关服务收费

为规范建设工程监理及相关服务收费行为,维护委托双方合法权益,促进工程监理行业健康发展,国家发展和改革委员会、建设部组织国务院有关部门和有关组织,根据《价格法》及有关法律、法规,制定了《建设工程监理与相关服务收费管理规定》,自2007年5月1日起执行。2007年5月10日水利部办公厅以通知的形式(办建管函[2007]267号)转发了《国家发展改革委、建设部关于印发〈建设工程监理与相关服务收费管理规定〉的通知》(发改价格[2007]670号),要求部直属各单位、各省、自治区、直辖市水利(水务)厅(局),各计划单列市水利(水务)局,新疆生产建设兵团水利局等各单位认证贯彻执行。

《建设工程监理与相关服务收费管理规定》及所附《建设工程监理与相关服务收费标准》,由国家发展和改革委员会同建设部负责解释。

一、建设工程监理与相关服务收费管理的基本规定

《建设工程监理与相关服务收费管理规定》的基本规定如下。

(1)建设工程监理与相关服务,应当遵守公开、公平、公正、自愿和诚实信用的原则。依法须招标的建设工程,应通过招标方式确定监理人。监理服务招标应优先考虑监理单位的资信程度、监理方案的优劣等技术因素。

建设工程监理与相关服务收费,应当体现优质优价的原则。在保证工程质量的前提下,由于监理人提供的监理与相关服务节省投资,缩短工期,取得显著经济效益的,发包人可根据合同约定奖励监理人。

发包人和监理人应当遵守国家有关价格法律法规的规定,接受政府价格主管部门的监督、管理。违反本规定和国家有关价格法律、法规规定的,由政府价格主管部门依据《价格法》、《价格违法行为行政处罚规定》予以处罚。

(2)建设工程监理与相关服务收费根据建设项目性质不同情况,分别实行政府指导价或市场调节价。依法必须实行监理的建设工程施工阶段收费实行政府指导价;其他建设工程施工阶段的监理收费和其他阶段的监理与相关服务实行市场调节价。

实行政府指导价的建设工程施工阶段监理收费,其基准价根据《建设工程监理与相关服务收费标准》计算,浮动幅度为上下20%。发包人和监理人应当根据建设工程的实际情况在规定的浮动幅度内协商确定收费额。实行市场调节价的建设工程监理与相关服务收费,由发包人和监理人协商确定收费额。

(3)监理人应当按照《关于商品和服务实行明码标价的规定》,告知发包人有关服务项目、服务内容、服务质量、收费依据,以及收费标准。

建设工程监理与相关服务收费的内容、质量要求和相应的收费金额以及支付方式,由发包人和监理人在监理与相关服务合同中约定。

(4)监理人提供的监理与相关服务,应当符合国家有关法律、法规和标准规范,满足合同约定的服务内容和质量等要求。监理人不得违反标准规范规定或合同约定,通过降低服务质量、减少服务内容等手段进行恶性竞争,扰乱正常市场秩序。

由于非监理人原因造成建设工程监理与相关服务工作量增加或减少的,发包人应当按合同约定与监理人协商另行支付监理与相关服务费用。

由于监理人原因造成监理与相关服务工作量增加的,发包人不另行支付监理与相关服务费用。

监理人提供监理与相关服务不符合国家有关法律、法规和标准规范的,提供的监理服务人员、执业水平和服务时间未达到监理工作要求的,不能满足合同约定的服务内容和质量等要求的,发包人可按合同约定扣减相应的监理与相关服务费用。

由于监理人工作失误给发包人造成经济损失的,监理人应当按照合同约定依法承担相应的赔偿责任。

二、建设工程监理与相关服务收费标准

(一)建设工程监理与相关服务的主要内容

建设工程监理与相关服务是指监理人接受发包人的委托,提供建设工程施工阶段的质量、进度、费用控制管理和安全生产监督管理、合同、信息等方面协调管理服务,以及勘察、设计、保修等阶段的相关服务。各阶段的工作内容见表2-1。

表 2-1　建设工程监理与相关服务的主要工作内容

服务阶段	主要工作内容	备注
勘察阶段	协助发包人编制勘察要求、选择勘察单位、核查勘察方案并监督实施和进行相应的控制，参与验收勘察成果	建设工程勘察、设计、施工、保修等阶段监理与相关服务的具体工作内容执行国家、行业有关规范、规定
设计阶段	协助发包人编制设计要求、选择设计单位，组织评选设计方案，对各设计单位进行协调管理，监督合同履行，审查设计进度并监督实施，核查设计大纲和设计深度、使用技术规范合理性，提出设计评估报告（包括各阶段设计的核查意见和优化建议），协助审核设计概算	
施工阶段	施工过程中的质量、进度、费用控制，安全生产监督管理、合同、信息等方面的协调管理	
保修阶段	检查和记录工程质量缺陷，对缺陷原因进行调查分析并确定责任归属，审核修复方案，监督修复过程并验收，审核修复费用	

（二）建设工程监理与相关服务收费的计算方式

建设工程监理与相关服务收费包括建设工程施工阶段的工程监理（以下简称施工监理）服务收费和勘察、设计、保修等阶段的相关服务（以下简称“其他阶段的相关服务”）收费。

铁路、水运、公路、水电、水库工程的施工监理服务收费按建筑安装工程分档定额计算方式计算收费。其他工程的施工监理服务收费按建设项目工程概算投资额分档定额计算方式计算收费。

1. 施工监理服务收费计算方法

施工监理服务收费按下列公式计算：

施工监理服务收费 = 施工监理服务收费基准价 ×（1 ± 浮动幅度值）

施工监理服务收费基准价 = 施工监理服务收费基价 × 专业调整系数 × 工程复杂程度调整系数 × 高程调整系数

（1）施工监理服务收费基价是完成国家法律法规、规范规定的施工阶段监理基本服务内容的价格。施工监理服务收费基价按“施工监理服务收费基价表”（见表 2-2）确定，计费额处于两个数值区间的，采用直线内插法确定施工监理服务收费基价。

（2）施工监理服务收费计费额的确定方式如下。

施工监理服务收费以建设项目工程概算投资额分档定额计算方式收费的，其计费额为工程概算中的建筑安装工程费、设备购置费和联合试运转费之和，即工程概算投资额。对设备购置费和联合试运转费占工程概算投资额 40% 以上的工程项目，其建筑安装工程费全部计入计费额，设备购置费和联合试运转费按 40% 的比例计入计费额。但其计费额不应小于建筑安装工程费与其相同且设备购置费和联合试运转费等于工程概算投资额

40%的工程项目的计费额。

表 2-2　施工监理服务收费基价表　（单位：万元）

序号	计 费 额	收费基价	
1	500	16.5	注：计费额大于 1 000 000 万元的，以计费额乘以 1.039%的收费率计算收费基价。其他未包含的收费由双方协商议定
2	1 000	30.1	
3	3 000	78.1	
4	5 000	120.8	
5	8 000	181.0	
6	10 000	218.6	
7	20 000	393.4	
8	40 000	708.2	
9	60 000	991.4	
10	80 000	1 255.8	
11	100 000	1 507.0	
12	200 000	2 712.5	
13	400 000	4 882.6	
14	600 000	6 835.6	
15	800 000	8 658.4	
16	1 000 000	10 390.1	

工程中有利用原有设备并进行安装调试服务的，以签订工程监理合同时同类设备的当期价格作为施工监理服务收费的计费额；工程中有缓配设备的，应扣除签订工程监理合同时同类设备的当期价格作为施工监理服务收费的计费额；工程中有引进设备的，按照购进设备的离岸价格折换成人民币作为施工监理服务收费的计费额。

施工监理服务收费以建筑安装工程费分档定额计算方式收费的，其计费额为工程概算中的建筑安装工程费。

作为施工监理服务收费计费额的建设项目工程概算投资额或建筑安装工程费均指每个监理合同中约定的工程项目范围的计费额。

（3）施工监理服务收费调整系数包括专业调整系数、工程复杂程度调整系数和高程调整系数。

专业调整系数是对不同专业建设工程的施工监理工作复杂程度和工作量差异进行调整的系数，在“施工监理服务收费专业调整系数表”（见表 2-3）中查找确定。水库工程的专业调整系数为 1.2，其他水利工程的专业调整系数为 0.9。

工程复杂调整系数是对同一专业建设工程的施工监理工作复杂程度和工作量差异进行调整的系数。工程复杂系数分为一般、较复杂和复杂三个等级，其调整系数分别为：一般（Ⅰ级）0.85；较复杂（Ⅱ级）1.0；复杂（Ⅲ级）1.15。计算施工监理服务收费时，工程复杂程度在《建设工程监理与相关服务收费标准》中给出的“工程复杂程度表”中查找确定。水利工程的工程复杂程度标准如表 2-4、表 2-5 所示。

表 2-3　施工监理服务收费专业调整系数表

序号	工程类型		专业调整系数
1	矿山采选工程	黑色、有色、黄金、化学、废金属及其他矿采选工程	0.9
		选煤及其他煤炭工程	1.0
		矿井工程、铀矿采选工程	1.1
2	加工冶炼工程	冶炼工程	0.9
		船舶水工工程	1.0
		各类加工工程	1.0
		核加工工程	1.2
3	石化化工工程	石油工程	0.9
		化工、石化、化纤、医药工程	1.0
		核化工工程	1.2
4	水利电力工程	风力发电、其他水利工程	0.9
		火电工程、送变电工程	1.0
		核能、水电、水库工程	1.2
5	交通运输工程	机场场道、助航灯光工程	0.9
		铁路、公路、城市道路、轻轨及机场空管工程	1.0
		水运、地铁、桥梁、隧道、索道工程	1.1
6	建筑市政工程	园林绿化工程	0.8
		建筑、人防、市政公用工程	1.0
		邮政、电信、广播电视工程	1.0
7	农业林业工程	农业工程	0.9
		林业工程	0.9

高程调整系数规定为：

海拔高程 2 001m 以下的为 1；

海拔高程 2 001 ~ 3 000m 为 1.1；

海拔高程 3 001 ~ 3 500m 为 1.2；

海拔高程 3 501 ~ 4 000m 为 1.3；

海拔高程 4 001m 以上的，高程调整系数由发包人和监理人协商确定。

2. 其他阶段的相关服务收费计算方法

其他阶段的相关服务收费一般按相关服务工作所需工日和《建设工程监理与相关服务人员人工日费用标准》(见表 2-6)收费。

表 2-4　水利、电力、送电、变电、核电工程复杂程度表

等级	工程特征
Ⅰ级	1. 单机容量 200MW 及以下凝汽式机组发电工程，燃气轮机发电工程，50MW 及以下供热机组发电工程； 2. 电压等级 220kV 及以下的送电、变电工程； 3. 最大坝高 < 70m，边坡高度 < 50m，基础处理深度 < 20m 的水库水电工程； 4. 施工明渠导流建筑物与土石围堰； 5. 总装机容量 < 50MW 的水电工程； 6. 单洞长度 < 1km 的隧洞； 7. 无特殊环保要求
Ⅱ级	1. 单机容量 300 ~ 600MW 凝汽式机组发电工程，单机容量 50MW 以上供热机组发电工程，新能源发电工程（可再生能源、风电、潮汐等）； 2. 电压等级 330kV 的送电、变电工程； 3. 70m≤最大坝高 < 100m 或 1 000 万 m^3≤库容 < 1 亿 m^3 的水库水电工程； 4. 地下洞室的跨度 < 15m，50m≤边坡高度 < 100m，20m≤基础处理深度 < 40m 的水库水电工程； 5. 施工明渠导流建筑物（洞径 < 10m）或混凝土围堰（最大堰高 < 20m）； 6. 50MW≤总装机容量 < 1 000MW 的水电工程； 7. 1km≤单洞长度 < 4km 的隧洞； 8. 工程位于省级环境（生态）保护区内，或毗邻省级环境（生态）保护区，有较高的环保要求
Ⅲ级	1. 单机容量 600MW 以上凝汽式机组发电工程； 2. 换流站工程，电压等级≥500kV 送电、变电工程； 3. 核能工程； 4. 最大坝高≥100m 或库容≥1 亿 m^3 的水库水电工程； 5. 地下洞室的跨度≥15m，边坡高度≥100m，基础处理深度≥40m 的水库水电工程； 6. 施工隧洞导流建筑物（洞径≥10m）或混凝土围堰（最大堰高≥20m）； 7. 总装机容量≥1 000MW 的水库水电工程； 8. 单洞长度≥4km 的水工隧洞； 9. 工程位于国家重点环境（生态）保护区内，或毗邻国家级重点环境（生态）保护区，有特殊的环保要求

3. 建设工程监理与相关服务收费计算的其他规定

（1）发包人将施工监理服务中的某一部分工作单独发包给监理人，按照其占施工监理服务工作量的比例计算施工监理服务收费，其中质量控制和安全生产监督管理服务收费不宜低于施工监理服务收费额的 70%。

（2）建设工程项目施工监理服务有两个或两个以上监理人承担的，各监理人按照其占施工监理服务工作量的比例计算施工监理服务收费。发包人委托其中一个监理人对建设工程项目施工监理服务总负责的，该监理人按照各监理人合计监理服务收费额 4% ~ 6% 向发包人收取总体协调费。

表2-5 其他水利工程复杂程度系数表

等级	工程特征
Ⅰ级	1. 流量 $<15m^3/s$ 的引调水渠道管线工程; 2. 堤防等级Ⅴ级的河道治理建(构)筑物及河道堤防工程; 3. 灌区田间工程; 4. 水土保持工程
Ⅱ级	1. $15m^3/s \leq$ 流量 $<25m^3/s$ 的引调水渠道管线工程; 2. 引调水工程中的建筑物工程; 3. 丘陵、山区、沙漠地区的引调水渠道管线工程; 4. 堤防等级Ⅲ、Ⅳ级的河道治理建(构)筑物及河道堤防工程。
Ⅲ级	1. 流量 $\geq 25m^3/s$ 的引调水渠道管线工程; 2. 丘陵、山区、沙漠地区的引调水建筑物工程; 3. 堤防等级Ⅰ、Ⅱ级的河道治理建(构)筑物及河道堤防工程; 4. 护岸、防波堤、围堰、人工岛、围垦工程,城镇防洪、河口整治工程

表2-6 建设工程监理与相关服务人员人工日费用标准

建设工程监理与相关服务人员职级	工日费用标准(元)
高级专家	1 000 ~ 1 200
高级专业技术职称的监理与相关服务人员	800 ~ 1 000
中级专业技术职称的监理与相关服务人员	600 ~ 800
初级及以下专业技术职称的监理与相关服务人员	300 ~ 600

注:本表适用于提供短期服务的人工费用标准。

思考题

1. 水利工程建设项目监理招标应具备什么条件?
2. 水利工程施工监理招标文件应包括哪些内容?
3. 水利工程施工监理招标投标活动遵循的原则是什么?
4. 水利工程施工监理合同所指监理服务主要包括哪几种服务?
5. 监理人的主要权利和义务是什么?
6. 通用合同条款与专用合同条款是什么关系?
7. 通用合同条款与专用合同条款不一致时,应以哪一种条款为准?
8. 理解工程监理与相关服务的概念。
9. 理解并正确使用施工监理服务收费基本计算公式。
10. 施工监理服务收费基价确定时,如何确定计费额?

附录 2-1　水利工程建设项目招标投标管理规定

水利工程建设项目招标投标管理规定

水利部第 14 号令

第一章　总　则

第一条　为加强水利工程建设项目招标投标工作的管理，规范招标投标活动，根据《中华人民共和国招标投标法》和国家有关规定，结合水利工程建设的特点，制定本规定。

第二条　本规定适用于水利工程建设项目的勘察设计、施工、监理以及与水利工程建设有关的重要设备、材料采购等的招标投标活动。

第三条　符合下列具体范围并达到规模标准之一的水利工程建设项目必须进行招标。

(一)具体范围

1. 关系社会公共利益、公共安全的防洪、排涝、灌溉、水力发电、引(供)水、滩涂治理、水土保持、水资源保护等水利工程建设项目；

2. 使用国有资金投资或者国家融资的水利工程建设项目；

3. 使用国际组织或者外国政府贷款、援助资金的水利工程建设项目。

(二)规模标准

1. 施工单项合同估算价在 200 万元人民币以上的；

2. 重要设备、材料等货物的采购，单项合同估算价在 100 万元人民币以上的；

3. 勘察设计、监理等服务的采购，单项合同估算价在 50 万元人民币以上的；

4. 项目总投资额在 3 000 万元人民币以上，但分标单项合同估算价低于本项第 1、2、3 目规定的标准的项目原则上都必须招标。

第四条　招标投标活动应当遵循公开、公平、公正和诚实信用的原则。建设项目的招标工作由招标人负责，任何单位和个人不得以任何方式非法干涉招标投标活动。

第二章　行政监督与管理

第五条　水利部是全国水利工程建设项目招标投标活动的行政监督与管理部门，其主要职责是：

(一)负责组织、指导、监督全国水利行业贯彻执行国家有关招标投标的法律、法规、规章和政策；

(二)依据国家有关招标投标法律、法规和政策，制定水利工程建设项目招标投标的管理规定和办法；

(三)受理有关水利工程建设项目招标投标活动的投诉，依法查处招标投标活动中的违法违规行为；

（四）对水利工程建设项目招标代理活动进行监督；

（五）对水利工程建设项目评标专家资格进行监督与管理；

（六）负责国家重点水利项目和水利部所属流域管理机构（以下简称流域管理机构）主要负责人兼任项目法人代表的中央项目的招标投标活动的行政监督。

第六条 流域管理机构受水利部委托，对除第五条第六项规定以外的中央项目的招标投标活动进行行政监督。

第七条 省、自治区、直辖市人民政府水行政主管部门是本行政区域内地方水利工程建设项目招标投标活动的行政监督与管理部门，其主要职责是：

（一）贯彻执行有关招标投标的法律、法规、规章和政策；

（二）依照有关法律、法规和规章，制定地方水利工程建设项目招标投标的管理办法；

（三）受理管理权限范围内的水利工程建设项目招标投标活动的投诉，依法查处招标投标活动中的违法违规行为；

（四）对本行政区域内地方水利工程建设项目招标代理活动进行监督；

（五）组建并管理省级水利工程建设项目评标专家库；

（六）负责本行政区域内除第五条第六项规定以外的地方项目的招标投标活动的行政监督。

第八条 水行政主管部门依法对水利工程建设项目的招标投标活动进行行政监督，内容包括：

（一）接受招标人招标前提交备案的招标报告；

（二）可派员监督开标、评标、定标等活动。对发现的招标投标活动的违法违规行为，应当立即责令改正，必要时可做出包括暂停开标或评标以及宣布开标、评标结果无效的决定，对违法的中标结果予以否决；

（三）接受招标人提交备案的招标投标情况书面总结报告。

第三章 招 标

第九条 招标分为公开招标和邀请招标。

第十条 依法必须招标的项目中，国家重点水利项目、地方重点水利项目及全部使用国有资金投资或者国有资金投资占控股或者主导地位的项目应当公开招标，但有下列情况之一的，按第十一条的规定经批准后可采用邀请招标：

（一）属于第三条第二项第4目规定的项目；

（二）项目技术复杂，有特殊要求或涉及专利权保护，受自然资源或环境限制，新技术或技术规格事先难以确定的项目；

（三）应急度汛项目；

（四）其他特殊项目。

第十一条 符合第十条规定，采用邀请招标的，招标前招标人必须履行下列批准手续：

（一）国家重点水利项目经水利部初审后，报国家发展计划委员会批准；其他中央项目报水利部或其委托的流域管理机构批准；

（二）地方重点水利项目经省、自治区、直辖市人民政府水行政主管部门会同同级发展计划行政主管部门审核后，报本级人民政府批准；其他地方项目报省、自治区、直辖市人民政府水行政主管部门批准。

第十二条　下列项目可不进行招标，但须经项目主管部门批准：

（一）涉及国家安全、国家秘密的项目；

（二）应急防汛、抗旱、抢险、救灾等项目；

（三）项目中经批准使用农民投工、投劳施工的部分（不包括该部分中勘察设计、监理和重要设备、材料采购）；

（四）不具备招标条件的公益性水利工程建设项目的项目建议书和可行性研究报告；

（五）采用特定专利技术或特有技术的；

（六）其他特殊项目。

第十三条　当招标人具备以下条件时，按有关规定和管理权限经核准可自行办理招标事宜：

（一）具有项目法人资格（或法人资格）；

（二）具有与招标项目规模和复杂程度相适应的工程技术、概预算、财务和工程管理等方面专业技术力量；

（三）具有编制招标文件和组织评标的能力；

（四）具有从事同类工程建设项目招标的经验；

（五）设有专门的招标机构或者拥有 3 名以上专职招标业务人员；

（六）熟悉和掌握招标投标法律、法规、规章。

第十四条　当招标人不具备第十三条的条件时，应当委托符合相应条件的招标代理机构办理招标事宜。

第十五条　招标人申请自行办理招标事宜时，应当报送以下书面材料：

（一）项目法人营业执照、法人证书或者项目法人组建文件；

（二）与招标项目相适应的专业技术力量情况；

（三）内设的招标机构或者专职招标业务人员的基本情况；

（四）拟使用的评标专家库情况；

（五）以往编制的同类工程建设项目招标文件和评标报告，以及招标业绩的证明材料；

（六）其他材料。

第十六条　水利工程建设项目招标应当具备以下条件：

（一）勘察设计招标应当具备的条件

1. 勘察设计项目已经确定；

2. 勘察设计所需资金已落实；

3. 必需的勘察设计基础资料已收集完成。

（二）监理招标应当具备的条件

1. 初步设计已经批准；

2. 监理所需资金已落实；

3. 项目已列入年度计划。

(三)施工招标应当具备的条件

1. 初步设计已经批准;

2. 建设资金来源已落实,年度投资计划已经安排;

3. 监理单位已确定;

4. 具有能满足招标要求的设计文件,已与设计单位签订适应施工进度要求的图纸交付合同或协议;

5. 有关建设项目永久征地、临时征地和移民搬迁的实施、安置工作已经落实或已有明确安排。

(四)重要设备、材料招标应当具备的条件

1. 初步设计已经批准;

2. 重要设备、材料技术经济指标已基本确定;

3. 设备、材料所需资金已落实。

第十七条 招标工作一般按下列程序进行:

(一)招标前,按项目管理权限向水行政主管部门提交招标报告备案。报告具体内容应当包括:招标已具备的条件、招标方式、分标方案、招标计划安排、投标人资质(资格)条件、评标方法、评标委员会组建方案以及开标、评标的工作具体安排等;

(二)编制招标文件;

(三)发布招标信息(招标公告或投标邀请书);

(四)发售资格预审文件;

(五)按规定日期接受潜在投标人编制的资格预审文件;

(六)组织对潜在投标人资格预审文件进行审核;

(七)向资格预审合格的潜在投标人发售招标文件;

(八)组织购买招标文件的潜在投标人现场踏勘;

(九)接受投标人对招标文件有关问题要求澄清的函件,对问题进行澄清,并书面通知所有潜在投标人;

(十)组织成立评标委员会,并在中标结果确定前保密;

(十一)在规定时间和地点,接受符合招标文件要求的投标文件;

(十二)组织开标评标会;

(十三)在评标委员会推荐的中标候选人中,确定中标人;

(十四)向水行政主管部门提交招标投标情况的书面总结报告;

(十五)发中标通知书,并将中标结果通知所有投标人;

(十六)进行合同谈判,并与中标人订立书面合同。

第十八条 采用公开招标方式的项目,招标人应当在国家发展计划委员会指定的媒介发布招标公告,其中大型水利工程建设项目以及国家重点项目、中央项目、地方重点项目同时还应当在《中国水利报》发布招标公告,公告正式媒介发布至发售资格预审文件(或招标文件)的时间间隔一般不少于 10 日。招标人应当对招标公告的真实性负责。招标公告不得限制潜在投标人的数量。

采用邀请招标方式的，招标人应当向3个以上有投标资格的法人或其他组织发出投标邀请书。

投标人少于3个的，招标人应当依照本规定重新招标。

第十九条　招标人应当根据国家有关规定，结合项目特点和需要编制招标文件。

第二十条　招标人应当对投标人进行资格审查，并提出资格审查报告，经参审人员签字后存档备查。

第二十一条　在一个项目中，招标人应当以相同条件对所有潜在投标人的资格进行审查，不得以任何理由限制或者排斥部分潜在投标人。

第二十二条　招标人对已发出的招标文件进行必要澄清或者修改的，应当在招标文件要求提交投标文件截止日期至少15日前，以书面形式通知所有投标人。该澄清或者修改的内容为招标文件的组成部分。

第二十三条　依法必须进行招标的项目，自招标文件开始发出之日起至投标人提交投标文件截止之日止，最短不应当少于20日。

第二十四条　招标文件应当按其制作成本确定售价，一般可按1 000元至3 000元人民币标准控制。

第二十五条　招标文件中应当明确投标保证金金额，一般可按以下标准控制：

（一）合同估算价10 000万元人民币以上，投标保证金金额不超过合同估算价的千分之五；

（二）合同估算价3 000万元至10 000万元人民币之间，投标保证金金额不超过合同估算价的千分之六；

（三）合同估算价3 000万元人民币以下，投标保证金金额不超过合同估算价的千分之七，但最低不得少于1万元人民币。

第四章　投　标

第二十六条　投标人必须具备水利工程建设项目所需的资质（资格）。

第二十七条　投标人应当按照招标文件的要求编写投标文件，并在招标文件规定的投标截止时间之前密封送达招标人。在投标截止时间之前，投标人可以撤回已递交的投标文件或进行更正和补充，但应当符合招标文件的要求。

第二十八条　投标人必须按招标文件规定投标，也可附加提出“替代方案”，且应当在其封面上注明“替代方案”字样，供招标人选用，但不作为评标的主要依据。

第二十九条　两个或两个以上单位联合投标的，应当按资质等级较低的单位确定联合体资质（资格）等级。招标人不得强制投标人组成联合体共同投标。

第三十条　投标人在递交投标文件的同时，应当递交投标保证金。

招标人与中标人签订合同后5个工作日内，应当退还投标保证金。

第三十一条　投标人应当对递交的资质（资格）预审文件及投标文件中有关资料的真实性负责。

第五章　评标标准与方法

第三十二条　评标标准和方法应当在招标文件中载明，在评标时不得另行制定或修改、补充任何评标标准和方法。

第三十三条　招标人在一个项目中，对所有投标人评标标准和方法必须相同。

第三十四条　评标标准分为技术标准和商务标准，一般包含以下内容。

（一）勘察设计评标标准

1. 投标人的业绩和资信；
2. 勘察总工程师、设计总工程师的经历；
3. 人力资源配备；
4. 技术方案和技术创新；
5. 质量标准及质量管理措施；
6. 技术支持与保障；
7. 投标价格和评标价格；
8. 财务状况；
9. 组织实施方案及进度安排。

（二）监理评标标准

1. 投标人的业绩和资信；
2. 项目总监理工程师经历及主要监理人员情况；
3. 监理规划（大纲）；
4. 投标价格和评标价格；
5. 财务状况。

（三）施工评标标准

1. 施工方案（或施工组织设计）与工期；
2. 投标价格和评标价格；
3. 施工项目经理及技术负责人的经历；
4. 组织机构及主要管理人员；
5. 主要施工设备；
6. 质量标准、质量和安全管理措施；
7. 投标人的业绩、类似工程经历和资信；
8. 财务状况。

（四）设备、材料评标标准

1. 投标价格和评标价格；
2. 质量标准及质量管理措施；
3. 组织供应计划；
4. 售后服务；
5. 投标人的业绩和资信；
6. 财务状况。

第三十五条　评标方法可采用综合评分法、综合最低评标价法、合理最低投标价法、综合评议法及两阶段评标法。

第三十六条　施工招标设有标底的,评标标底可采用:

(一)招标人组织编制的标底 A;

(二)以全部或部分投标人报价的平均值作为标底 B;

(三)以标底 A 和标底 B 的加权平均值作为标底;

(四)以标底 A 值作为确定有效标的标准,以进入有效标内投标人的报价平均值作为标底。

施工招标未设标底的,按不低于成本价的有效标进行评审。

第六章　开标、评标和中标

第三十七条　开标由招标人主持,邀请所有投标人参加。

第三十八条　开标应当按招标文件中确定的时间和地点进行。开标人员至少由主持人、监标人、开标人、唱标人、记录人组成,上述人员对开标负责。

第三十九条　开标一般按以下程序进行:

(一)主持人在招标文件确定的时间停止接收投标文件,开始开标;

(二)宣布开标人员名单;

(三)确认投标人法定代表人或授权代表人是否在场;

(四)宣布投标文件开启顺序;

(五)依开标顺序,先检查投标文件密封是否完好,再启封投标文件;

(六)宣布投标要素,并作记录,同时由投标人代表签字确认;

(七)对上述工作进行记录,存档备查。

第四十条　评标工作由评标委员会负责。评标委员会由招标人的代表和有关技术、经济、合同管理等方面的专家组成,成员人数为七人以上单数,其中专家(不含招标人代表人数)不得少于成员总数的三分之二。

第四十一条　公益性水利工程建设项目中,中央项目的评标专家应当从水利部或流域管理机构组建的评标专家库中抽取;地方项目的评标专家应当从省、自治区、直辖市人民政府水行政主管部门组建的评标专家库中抽取,也可从水利部或流域管理机构组建的评标专家库中抽取。

第四十二条　评标专家的选择应当采取随机的方式抽取。根据工程特殊专业技术需要,经水行政主管部门批准,招标人可以指定部分评标专家,但不得超过专家人数的三分之一。

第四十三条　评标委员会成员不得与投标人有利害关系。所指利害关系包括:是投标人或其代理人的近亲属;在 5 年内与投标人曾有工作关系;或有其他社会关系或经济利益关系。

评标委员会成员名单在招标结果确定前应当保密。

第四十四条　评标工作一般按以下程序进行:

(一)招标人宣布评标委员会成员名单并确定主任委员;

（二）招标人宣布有关评标纪律；

（三）在主任委员主持下，根据需要，讨论通过成立有关专业组和工作组；

（四）听取招标人介绍招标文件；

（五）组织评标人员学习评标标准和方法；

（六）经评标委员会讨论，并经二分之一以上委员同意，提出需投标人澄清的问题，以书面形式送达投标人；

（七）对需要文字澄清的问题，投标人应当以书面形式送达评标委员会；

（八）评标委员会按招标文件确定的评标标准和方法，对投标文件进行评审，确定中标候选人推荐顺序；

（九）在评标委员会三分之二以上委员同意并签字的情况下，通过评标委员会工作报告，并报招标人。评标委员会工作报告附件包括有关评标的往来澄清函、有关评标资料及推荐意见等。

第四十五条 招标人对有下列情况之一的投标文件，可以拒绝或按无效标处理：

（一）投标文件密封不符合招标文件要求的；

（二）逾期送达的；

（三）投标人法定代表人或授权代表人未参加开标会议的；

（四）未按招标文件规定加盖单位公章和法定代表人（或其授权人）的签字（或印鉴）的；

（五）招标文件规定不得标明投标人名称，但投标文件上标明投标人名称或有任何可能透露投标人名称的标记的；

（六）未按招标文件要求编写或字迹模糊导致无法确认关键技术方案、关键工期、关键工程质量保证措施、投标价格的；

（七）未按规定交纳投标保证金的；

（八）超出招标文件规定，违反国家有关规定的；

（九）投标人提供虚假资料的。

第四十六条 评标委员会经过评审，认为所有投标文件都不符合招标文件要求时，可以否决所有投标，招标人应当重新组织招标。对已参加本次投标的单位，重新参加投标不应当再收取招标文件费。

第四十七条 评标委员会应当进行秘密评审，不得泄露评审过程、中标候选人的推荐情况以及与评标有关的其他情况。

第四十八条 在评标过程中，评标委员会可以要求投标人对投标文件中含义不明确的内容采取书面方式作出必要的澄清或说明，但不得超出投标文件的范围或改变投标文件的实质性内容。

第四十九条 评标委员会经过评审，从合格的投标人中排序推荐中标候选人。

第五十条 中标人的投标应当符合下列条件之一：

（一）能够最大限度地满足招标文件中规定的各项综合评价标准；

（二）能够满足招标文件的实质性要求，并且经评审的投标价格合理最低；但投标价格低于成本的除外。

第五十一条　招标人可授权评标委员会直接确定中标人，也可根据评标委员会提出的书面评标报告和推荐的中标候选人顺序确定中标人。当招标人确定的中标人与评标委员会推荐的中标候选人顺序不一致时，应当有充足的理由，并按项目管理权限报水行政主管部门备案。

第五十二条　自中标通知书发出之日起30日内，招标人和中标人应当按照招标文件和中标人的投标文件订立书面合同，中标人提交履约保函。招标人和中标人不得另行订立背离招标文件实质性内容的其他协议。

第五十三条　招标人在确定中标人后，应当在15日之内按项目管理权限向水行政主管部门提交招标投标情况的书面报告。

第五十四条　当确定的中标人拒绝签订合同时，招标人可与确定的候补中标人签订合同，并按项目管理权限向水行政主管部门备案。

第五十五条　由于招标人自身原因致使招标工作失败（包括未能如期签订合同），招标人应当按投标保证金双倍的金额赔偿投标人，同时退还投标保证金。

第七章　附　则

第五十六条　在招标投标活动中出现的违法违规行为，按照《中华人民共和国招标投标法》和国务院的有关规定进行处罚。

第五十七条　各省、自治区、直辖市可以根据本规定，结合本地区实际制定相应的实施办法。

第五十八条　本规定由水利部负责解释。

第五十九条　本规定自2002年1月1日起施行。

附录 2-2　水利工程建设项目监理招标投标管理办法

关于印发《水利工程建设项目监理招标投标管理办法》的通知

各流域机构，各省、自治区、直辖市水利（水务）厅（局），各计划单列市水利（水务）局，新疆生产建设兵团水利局：

现将《水利工程建设项目监理招标投标管理办法》印发给你们，请认真贯彻执行。

中华人民共和国水利部

二〇〇二年十二月二十五日

水利工程建设项目监理招标投标管理办法

第一章　总　则

第一条　为了规范水利工程建设项目监理招标投标活动，根据《水利工程建设项目招标投标管理规定》（水利部第 14 号令，以下简称《规定》）和国家有关规定，结合水利工程建设监理的特点，制定本办法。

第二条　本办法适用于水利工程建设项目（以下简称“项目”）监理的招标投标活动。

第三条　项目符合《规定》第三条规定的范围与标准必须进行监理招标。

国家和水利部对项目技术复杂或者有特殊要求的水利工程建设项目监理另有规定的，从其规定。

第四条　项目监理招标一般不宜分标。如若分标，各监理标的监理合同估算价应当在 50 万元人民币以上。

项目监理分标的，应当利于管理和竞争，利于保证监理工作的连续性和相对独立性，避免相互交叉和干扰，造成监理责任不清。

第五条　水行政主管部门依法对项目监理招标投标活动进行行政监督。内容包括：

（一）监督检查招标人是否按照招标前提交备案的项目招标报告进行监理招标；

（二）可派员监督项目开标、评标、定标等活动，查处监理招标投标活动中违法违规行为；

（三）接受招标人依法备案的项目监理招标投标情况报告。

第六条　项目监理招标投标活动应当遵循公开、公平、公正和诚实信用的原则。项目监理招标工作由招标人负责，任何单位和个人不得以任何方式非法干涉项目监理招标投标活动。

第二章　招　标

第七条　项目监理招标分为公开招标和邀请招标。

第八条　项目监理招标的招标人是该项目的项目法人。

第九条　招标人自行办理项目监理招标事宜时,应当按有关规定履行核准手续。

第十条　招标人委托招标代理机构办理招标事宜时,受委托的招标代理机构应符合水利工程建设项目招标代理有关规定的要求。

第十一条　项目监理招标应当具备下列条件:

(一)项目可行性研究报告或者初步设计已经批复;

(二)监理所需资金已经落实;

(三)项目已列入年度计划。

第十二条　项目监理招标宜在相应的工程勘察、设计、施工、设备和材料招标活动开始前完成。

第十三条　项目监理招标一般按照《规定》第十七条规定的程序进行。

第十四条　招标公告或者投标邀请书应当至少载明下列内容:

(一)招标人的名称和地址;

(二)监理项目的内容、规模、资金来源;

(三)监理项目的实施地点和服务期;

(四)获取招标文件或者资格预审文件的地点和时间;

(五)对招标文件或者资格预审文件收取的费用;

(六)对投标人的资质等级的要求。

第十五条　招标人应当对投标人进行资格审查。资格审查分为资格预审和资格后审。进行资格预审的,一般不再进行资格后审,但招标文件另有规定的除外。

第十六条　资格预审,是指在投标前对潜在投标人进行的资格审查。资格预审一般按照下列原则进行:

(一)招标人组建的资格预审工作组负责资格预审。

(二)资格预审工作组按照资格预审文件中规定的资格评审条件,对所有潜在投标人提交的资格预审文件进行评审。

(三)资格预审完成后,资格预审工作组应提交由资格预审工作组成员签字的资格预审报告,并由招标人存档备查。

(四)经资格预审后,招标人应当向资格预审合格的潜在投标人发出资格预审合格通知书,告知获取招标文件的时间、地点和方法,并同时向资格预审不合格的潜在投标人告知资格预审结果。

第十七条　资格后审,是指在开标后,招标人对投标人进行资格审查,提出资格审查报告,经参审人员签字由招标人存档备查,同时交评标委员会参考。

第十八条　资格审查应主要审查潜在投标人或者投标人是否符合下列条件:

(一)具有独立合同签署及履行的权利;

（二）具有履行合同的能力，包括专业、技术资格和能力，资金、设备和其他物质设施能力，管理能力，类似工程经验、信誉状况等；

（三）没有处于被责令停业，投标资格被取消，财产被接管、冻结等；

（四）在最近三年内没有骗取中标和严重违约及重大质量问题。

资格审查时，招标人不得以不合理的条件限制、排斥潜在投标人或者投标人，不得对潜在投标人或者投标人实行歧视待遇。任何单位和个人不得以行政手段或者其他不合理方式限制投标人的数量。

第十九条　招标文件应当包括下列内容：

（一）投标邀请书。

（二）投标人须知。投标人须知应当包括招标项目概况，监理范围、内容和监理服务期，招标人提供的现场工作及生活条件（包括交通、通讯、住宿等）和试验检测条件，对投标人和现场监理人员的要求，投标人应当提供的有关资格和资信证明文件，投标文件的编制要求，提交投标文件的方式、地点和截止时间，开标日程安排，投标有效期等。

（三）书面合同书格式。大、中型项目的监理合同书应当使用《水利工程建设监理合同示范文本》（GF—2000—0211），小型项目可参照使用。

（四）投标报价书、投标保证金和授权委托书、协议书和履约保函的格式。

（五）必要的设计文件、图纸和有关资料。

（六）投标报价要求及其计算方式。

（七）评标标准与方法。

（八）投标文件格式。

（九）其他辅助资料。

第二十条　依法必须进行招标的项目，自招标文件开始发出之日起至投标人提交投标文件截止之日止，最短不得少于20日。

第二十一条　招标文件一经发出，招标内容一般不得修改。招标文件的修改和澄清，应当于提交投标文件截止日期15日前书面通知所有潜在投标人。该修改和澄清的内容为招标文件的组成部分。

第二十二条　投标人少于3个的，招标人应当依法重新招标。

第二十三条　资格预审文件售价最高不得超过500元人民币。

第二十四条　招标文件售价应当按照《规定》第二十四条规定的标准控制。

第二十五条　投标保证金的金额一般按照招标文件售价的10倍控制。履约保证金的金额按照监理合同价的2%～5%控制，但最低不少于1万元人民币。

第三章　投　标

第二十六条　投标人必须具有水利部颁发的水利工程建设监理资质证书，并具备下列条件：

（一）具有招标文件要求的资质等级和类似项目的监理经验与业绩；

（二）与招标项目要求相适应的人力、物力和财力；

（三）其他条件。

第二十七条　招标代理机构代理项目监理招标时,该代理机构不得参加或代理该项目监理的投标。

第二十八条　投标人应当按照招标文件的要求编制投标文件。投标文件一般包括下列内容:

(一)投标报价书;

(二)投标保证金;

(三)委托投标时,法定代表人签署的授权委托书;

(四)投标人营业执照、资质证书以及其他有效证明文件的复印件;

(五)监理大纲;

(六)项目总监理工程师及主要监理人员简历、业绩、学历证书、职称证书以及监理工程师资格证书和岗位证书等证明文件;

(七)拟用于本工程的设施设备、仪器;

(八)近3~5年完成的类似工程、有关方面对投标人的评价意见以及获奖证明;

(九)投标人近3年财务状况;

(十)投标报价的计算和说明;

(十一)招标文件要求的其他内容。

第二十九条　监理大纲的主要内容应当包括:工程概况、监理范围、监理目标、监理措施、对工程的理解、项目监理机构组织机构、监理人员等。

第三十条　投标人应当在招标文件要求提交投标文件的截止时间前,将投标文件密封送达招标人。投标人的投标文件正本和副本应当分别包装,包装封套上加贴封条,加盖“正本”或“副本”标记。

第三十一条　投标人在招标文件要求提交投标文件截止时间之前,可以书面方式对投标文件进行修改、补充或者撤回,但应当符合招标文件的要求。

第三十二条　两个以上监理单位可以组成一个联合体,以一个投标人的身份投标。

联合体各方签订共同投标协议后,不得再以自己名义单独投标,也不得组成新的联合体或参加其他联合体在同一项目中投标。

招标人不得强制投标人组成联合体共同投标。

第三十三条　联合体参加资格预审并获通过的,其组成的任何变化都必须在提交投标文件截止之日前征得招标人的同意。如果变化后的联合体削弱了竞争,含有事先未经过资格预审或者资格预审不合格的法人,或者使联合体的资质降到资格预审文件中规定的最低标准下,招标人有权拒绝。

第三十四条　联合体各方必须指定牵头人,授权其代表所有联合体成员负责投标和合同实施阶段的主办、协调工作,并应当向招标人提交由所有联合体成员法定代表人签署的授权书。

第三十五条　联合体投标的,应当以联合体各方或者联合体中牵头人的名义提交投标保证金。

第三十六条　投标人应当对递交的资格预审文件、投标文件中有关资料的真实性负责。

第四章 评标标准与方法

第三十七条 项目监理评标标准和方法应当体现根据监理服务质量选择中标人的原则。评标标准和方法应当在招标文件中载明，在评标时不得另行制定或者修改、补充任何评标标准和方法。

项目监理招标不宜设置标底。

第三十八条 评标标准包括投标人的业绩和资信、项目总监理工程师的素质和能力、资源配置、监理大纲以及投标报价等五个方面。其重要程度宜分别赋予 20%、25%、25%、20%、10% 的权重，也可根据项目具体情况确定。

第三十九条 业绩和资信可以从以下几个方面设置评价指标：

（一）有关资质证书、营业执照等情况；

（二）人力、物力与财力资源；

（三）近 3～5 年完成或者正在实施的项目情况及监理效果；

（四）投标人以往的履约情况；

（五）近 5 年受到的表彰或者不良业绩记录情况；

（六）有关方面对投标人的评价意见等。

第四十条 项目总监理工程师的素质和能力可以从以下几个方面设置评价指标：

（一）项目总监理工程师的简历、监理资格；

（二）项目总监理工程师主持或者参与监理的类似工程项目及监理业绩；

（三）有关方面对项目总监理工程师的评价意见；

（四）项目总监理工程师月驻现场工作时间；

（五）项目总监理工程师的陈述情况等。

第四十一条 资源配置可以从以下几个方面设置评价指标：

（一）项目副总监理工程师、部门负责人的简历及监理资格；

（二）项目相关专业人员和管理人员的数量、来源、职称、监理资格、年龄结构、人员进场计划；

（三）主要监理人员的月驻现场工作时间；

（四）主要监理人员从事类似工程的相关经验；

（五）拟为工程项目配置的检测及办公设备；

（六）随时可调用的后备资源等。

第四十二条 监理大纲可以从以下几个方面设置评价指标：

（一）监理范围与目标；

（二）对影响项目工期、质量和投资的关键问题的理解程度；

（三）项目监理组织机构与管理的实效性；

（四）质量、进度、投资控制和合同、信息管理的方法与措施的针对性；

（五）拟定的监理质量体系文件等；

（六）工程安全监督措施的有效性。

第四十三条 投标报价可以从以下几个方面设置评价指标：

(一)监理服务范围、时限;

(二)监理费用结构、总价及所包含的项目;

(三)人员进场计划;

(四)监理费用报价取费原则是否合理。

第四十四条　评标方法主要为综合评分法、两阶段评标法和综合评议法,可根据工程规模和技术难易程度选择采用。大、中型项目或者技术复杂的项目宜采用综合评分法或者两阶段评标法,项目规模小或者技术简单的项目可采用综合评议法。

(一)综合评分法。根据评标标准设置详细的评价指标和评分标准,经评标委员会集体评审后,评标委员会分别对所有投标文件的各项评价指标进行评分,去掉最高分和最低分后,其余评委评分的算术和即为投标人的总得分。评标委员会根据投标人总得分的高低排序选择中标候选人1~3名。若候选人出现分值相同情况,则对分值相同的投标人改为投票法,以少数服从多数的方式,也可根据总监理工程师、监理大纲的得分高低决定次序选择中标候选人。

(二)两阶段评标法。对投标文件的评审分为两阶段进行。首先进行技术评审,然后进行商务评审。有关评审方法可采用综合评分法或综合评议法。评标委员会在技术评审结束之前,不得接触投标文件中商务部分的内容。

评标委员会根据确定的评审标准选出技术评审排序的前几名投标人,而后对其进行商务评审。根据规定的技术和商务权重,对这些投标人进行综合评价和比较,确定中标候选人1~3名。

(三)综合评议法。根据评标标准设置详细的评价指标,评标委员会成员对各个投标人进行定性比较分析,综合评议,采用投票表决的形式,以少数服从多数的方式,排序推荐中标候选人1~3名。

第五章　开标、评标和中标

第四十五条　开标时间、地点应当为招标文件中确定的时间、地点。开标工作人员至少由主持人、监标人、开标人、唱标人、记录人组成。招标人收到投标文件时,应当检查其密封性,进行登记并提供回执。已收投标文件应妥善保管,开标前不得开启。在招标文件要求提交投标文件的截止时间后送达的投标文件,应当拒收。

第四十六条　开标由招标人主持,邀请所有投标人参加。

投标人的法定代表人或者授权代表人应当出席开标会议。评标委员会成员不得出席开标会议。

第四十七条　开标人员应当在开标前检查出席开标会议的投标人法定代表人的证明文件或者授权代表人有关身份证明。法定代表人或者授权代表人应当在指定的登记表上签名报到。

第四十八条　开标一般按照《规定》第三十九条规定的程序进行。

第四十九条　属于下列情况之一的投标文件,招标人可以拒绝或者按无效标处理:

(一)投标人的法定代表人或者授权代表人未参加开标会议;

(二)投标文件未按照要求密封或者逾期送达;

（三）投标文件未加盖投标人公章或者未经法定代表人（或者授权代表人）签字（或者印鉴）；

（四）投标人未按照招标文件要求提交投标保证金；

（五）投标文件字迹模糊导致无法确认涉及关键技术方案、关键工期、关键工程质量保证措施、投标价格；

（六）投标文件未按照规定的格式、内容和要求编制；

（七）投标人在一份投标文件中，对同一招标项目报有两个或者多个报价且没有确定的报价说明；

（八）投标人对同一招标项目递交两份或者多份内容不同的投标文件，未书面声明哪一个有效；

（九）投标文件中含有虚假资料；

（十）投标人名称与组织机构与资格预审文件不一致；

（十一）不符合招标文件中规定的其他实质性要求。

第五十条 评标由评标委员会负责。评标委员会的组成按照《规定》第四十条的规定进行。

第五十一条 评标专家的选择按照《规定》第四十一条、第四十二条的规定进行。

第五十二条 评标委员会成员实行回避制度，有下列情形之一的，应当主动提出回避并不得担任评标委员会成员：

（一）投标人或者投标人、代理人主要负责人的近亲属；

（二）项目主管部门或者行政监督部门的人员；

（三）在5年内与投标人或其代理人曾有工作关系；

（四）5年内与投标人或其代理人有经济利益关系，可能影响对投标的公正评审的人员；

（五）曾因在招标、评标以及其他与招标投标有关活动中从事违法行为而受到行政处罚或者刑事处罚的人员。

第五十三条 招标人应当采取必要的措施，保证评标过程在严格保密的情况下进行。

第五十四条 评标工作一般按照以下程序进行：

（一）招标人宣布评标委员会成员名单并确定主任委员；

（二）招标人宣布有关评标纪律；

（三）在主任委员的主持下，根据需要，讨论通过成立有关专业组和工作组；

（四）听取招标人介绍招标文件；

（五）组织评标人员学习评标标准与方法；

（六）评标委员会对投标文件进行符合性和响应性评定；

（七）评标委员会对投标文件中的算术错误进行更正；

（八）评标委员会根据招标文件规定的评标标准与方法对有效投标文件进行评审；

（九）评标委员会听取项目总监理工程师陈述；

（十）经评标委员会讨论，并经二分之一以上成员同意，提出需投标人澄清的问题，并以书面形式送达投标人；

（十一）投标人对需书面澄清的问题，经法定代表人或者授权代表人签字后，作为投标文件的组成部分，在规定的时间内送达评标委员会；

（十二）评标委员会依据招标文件确定的评标标准与方法，对投标文件进行横向比较，确定中标候选人推荐顺序；

（十三）在评标委员会三分之二以上成员同意并在全体成员签字的情况下，通过评标报告。评标委员会成员必须在评标报告上签字。若有不同意见，应明确记载并由其本人签字，方可作为评标报告附件。

第五十五条 评标报告应当包括以下内容：

（一）招标项目基本情况；

（二）对投标人的业绩和资信的评价；

（三）对项目总监理工程师的素质和能力的评价；

（四）对资源配置的评价；

（五）对监理大纲的评价；

（六）对投标报价的评价；

（七）评标标准和方法；

（八）评审结果及推荐顺序；

（九）废标情况说明；

（十）问题澄清、说明、补正事项纪要；

（十一）其他说明；

（十二）附件。

第五十六条 评标委员会要求投标人对投标文件中含义不明确的内容作出必要的澄清或者说明，但澄清或说明不得改变投标文件提出的主要监理人员、监理大纲和投标报价等实质性内容。

第五十七条 评标委员会经评审，认为所有投标文件都不符合招标文件要求，可以否决所有投标，招标人应当重新招标，并报水行政主管部门备案。

第五十八条 评标委员会成员应当客观、公正地履行职责，遵守职业道德，对所提出的评审意见承担个人责任。

第五十九条 遵循根据监理服务质量选择中标人的原则，中标人应当是能够最大限度地满足招标文件中规定的各项综合评价标准的投标人。

第六十条 招标人可授权评标委员会直接确定中标人，也可根据评标委员会提出的书面评标报告和推荐的中标候选人顺序确定中标人。当招标人确定的中标人与评标委员会推荐的中标候选人顺序不一致时，应当有充足的理由，并按项目管理权限报水行政主管部门备案。

第六十一条 在确定中标人前，招标人不得与投标人就投标方案、投标价格等实质性内容进行谈判。自评标委员会提出书面评标报告之日起，招标人一般应在15日内确定中标人，最迟应在投标有效期结束日30个工作日前确定。

第六十二条 中标人确定后，招标人应当在招标文件规定的有效期内以书面形式向中标人发出中标通知书,并将中标结果通知所有未中标的投标人。招标人不得向中标人提出压低报价、增加工作量、延长服务期或其他违背中标人意愿的要求,以此作为发出中标通知书和签订合同的条件。

第六十三条　中标通知书对招标人和中标人具有法律效力。中标通知书发出后,招标人改变中标结果的,或者中标人放弃中标项目的,应当依法承担法律责任。

第六十四条　中标人收到中标通知书后,应当在签订合同前向招标人提交履约保证金。

第六十五条　招标人和中标人应当自中标通知书发出之日起在 30 日内,按照招标文件和中标人的投标文件订立书面合同。招标人和中标人不得再行订立背离合同实质性内容的其他协议。

第六十六条　当确定的中标人拒绝签订合同时,招标人可与确定的候补中标人签订合同。

第六十七条　中标人不得向他人转让中标项目,也不得将中标项目肢解后向他人转让。

第六十八条　招标人与中标人签订合同后 5 个工作日内,应当向中标人和未中标的投标人退还投标保证金。

第六十九条　在确定中标人后 15 日之内,招标人应当按项目管理权限向水行政主管部门提交招标投标情况的书面总结报告。书面总结报告至少应包括下列内容。

(一)开标前招标准备情况;

(二)开标记录;

(三)评标委员会的组成和评标报告;

(四)中标结果确定;

(五)附件:招标文件。

第七十条　由于招标人自身原因致使招标失败(包括未能如期签订合同),招标人应当按照投标保证金双倍的金额赔偿投标人,同时退还投标保证金。

第六章　附　则

第七十一条　在招标投标活动中出现的违法违规行为,按照《中华人民共和国招标投标法》和国务院的有关规定进行处罚。

第七十二条　使用国际组织或者外国政府贷款、援助资金的项目监理招标,贷款方、资金提供方对招标投标的具体条件和程序有不同规定的,可以从其规定,但违背中华人民共和国的社会公众利益的除外。

第七十三条　本办法由水利部负责解释。

第七十四条　本办法自发布之日起施行。

第三章　水利工程施工阶段目标控制

第一节　水利工程施工阶段质量控制

一、质量控制的依据

施工阶段监理人进行质量控制的依据主要有以下几类。

(一)国家颁布有关质量方面的法律、法规

为了保证工程质量,监督规范建设市场,国家颁布的法律、法规主要有:《中华人民共和国建筑法》(简称《建筑法》)、《建设工程质量管理条例》、《水利工程质量管理条例》等。

(二)已批准的设计文件、施工图纸及相应的设计变更与修改文件

"按图施工"是施工阶段质量控制的一项重要原则,已批准的设计文件无疑是监理人进行质量控制的依据。但是从严格质量管理和质量控制的角度出发,监理单位在施工前还应参加建设单位组织的设计交底工作,以达到了解设计意图和质量要求、发现图纸差错和减少质量隐患的目的。

(三)已批准的施工组织设计、施工技术措施及施工方案

施工组织设计是承包人进行施工准备和指导现场施工的规划性、指导性文件,它详细规定了承包人进行工程施工的现场布置、人员组织配备和施工机具配置,每项工程的技术要求,施工工序和工艺、施工方法及技术保证措施,质量检查方法和技术标准等。施工承包人在工程开工前,必须提出对于所承包的建设项目的施工组织设计,报请监理人审核。一旦获得批准,它就成为监理人进行质量控制的重要依据之一。

(四)合同中引用的国家和行业(或部颁)的现行施工操作技术规范、施工工艺规程及验收规范、评定规程

国家和行业(或部颁)的现行施工技术规程规范和操作规程,是建立、维护正常的生产秩序和工作秩序的准则,也是为有关人员制定的统一行动准则,它是工程施工经验的总结,与质量形成密切相关,必须严格遵守。

(五)合同中引用的有关原材料、半成品、构配件方面的质量依据

这类质量依据包括:

(1)有关产品技术标准。如水泥、水泥制品、钢材、石材、石灰、砂、防水材料、建筑五金及其他材料的产品标准。

(2)有关检验、取样方法的技术标准。如水泥细度检验方法(GB 1345—91)、水泥化学分析方法(GB/T 176—1996)、水泥胶砂强度检验方法(GB/T 17671—1999)、普通混凝土用砂质量标准及检验方法(JGJ 52—92)、建筑用砂(GB/T 14684—2001)、建筑用卵石、碎石(GB/T 14685—2001)、水工混凝土试验规程(DL/T 5150—2001)。

(3)有关材料验收、包装、标志的技术标准。如型钢验收、包装、标注质量证明书的一般规定(GB/T 2101—1989)、钢管验收、包装、标志及质量证明书的一般规定(GB 2101—1989)、钢铁产品牌号表示方法(GB/T 221—2002)等。

(六)发包人和施工承包人签订的工程承包合同中有关质量的合同条款

监理合同写有发包人和监理单位有关质量控制的权利和义务的条款,施工承包合同写有发包人和施工承包人有关质量控制的权利和义务的条款,各方都必须履行合同中的承诺,尤其是监理单位,既要履行监理合同的条款,又要监督施工承包人履行质量控制条款。因此,监理单位要熟悉这些条款,当发生纠纷时,及时采取协商调解等手段予以解决。

(七)制造厂提供的设备安装说明书和有关技术标准

制造厂提供的设备安装说明书和有关技术标准,是施工安装承包人进行设备安装必须遵循的重要的技术文件,同样是监理人对承包人的设备安装质量进行检查和控制的依据。

二、施工阶段质量控制方法

施工阶段质量检查的主要方法有以下几种。

(一)巡视检验

巡视检验是监理人对所监理的工程项目进行的定期或不定期的检查、监督和管理。通过这种检验方式,监理人可以掌握现场施工情况,控制施工现场,是监理人所采取的一种经常性、最为普遍的方法。

(二)旁站监理

监理人按照监理合同约定,在施工现场对工程项目的重要部位和关键工序的施工,实施连续性的全过程检查、监督与管理。旁站是监理人员的一种主要现场检查形式。对容易产生缺陷的部位,以及隐蔽工程,尤其应该加强旁站。

在旁站检查中,监理人员必须检查承包商在施工中所用的设备、材料及混合料是否与已批准的相符,检查是否按技术规范和批准的施工方案、施工工艺进行施工,注意及时发现问题和解决问题,制止错误的施工方法和手段,尽早避免事故的发生。

(三)平行检测

监理人在承包人对试样自行检测的同时,独立抽样进行的检测,核验承包人的检测结果。《水利工程施工监理规范》规定:平行检测的检测数量,混凝土试样不应少于承包人检测数量的3%,重要部位每种标号的混凝土最少取样1组;土方试样不应少于承包人检测数量的5%,重要部位至少取样3组。

(四)跟踪检测

在承包人进行试样检测前,监理人对其检测人员、仪器设备以及拟订的检测程序和方法进行审核;在承包人对试样进行检测时,实施全过程的监督,确认其程序、方法的有效性以及检测结果的可信性,并对该结果确认。《水利工程施工监理规范》规定:跟踪检测的检测数量,混凝土试样不应少于承包人检测数量的7%,土方试样不应少于承包人检测数量的10%。

（五）现场记录和发布文件

监理人员应认真、完整记录每日施工现场的人员、设备、材料、天气、施工环境以及施工中出现的各种情况作为处理施工过程中合同问题的依据之一，并通过发布通知、指示、批复、签认等文件形式进行施工全过程的控制和管理。

三、合同项目开工条件的检查与审核

合同项目开工条件的检查与审核，涉及发包人和承包人两方面的准备工作。

（一）发包人的准备工作

1. 首批开工项目施工图纸和文件的供应

发包人在工程开工前应向承包人提供已有的与本工程有关的水文和地质勘测资料以及应由发包人提供的图纸。

2. 测量基准点的移交

发包人（或监理人）应该按照技术条款规定的期限内，向承包人提供测量基准点、基准线和水准点以及书面资料。

3. 施工用地及必要的场内交通条件

为了使承包人能尽早进入施工现场开始主体工程的施工，发包人应按合同规定，事先做好征地、移民工作，并且解决承包人施工现场占有权及通道问题。发包人应按照施工承包人所承包的工程施工的需要，事先划定并给予承包人占有现场各部分的范围。如果现场有的区域需要由不同的承包人先后施工（例如基础部分和上部结构），就应根据整个工程总的施工进度计划，规定各承包人占用该施工区域的起讫期限和先后顺序。这种施工现场各承包人工作区域的划定和占有权，需要在施工平面布置图上表明，并对各工作区的坐标位置及占用时间，在各承包合同中有详细的说明。

4. 首次工程预付款的付款

工程预付款是在项目施工合同签订后，由发包人按照合同约定，在正式开工前预先支付给承包人的一笔款项，主要供承包人进行施工准备使用。

5. 施工合同中约定应由发包人提供的道路、供电、供水、通信等条件

监理人应协助发包人做好施工现场的"四通一平"工作，即通水、通电、通路、通信和场地平整，并在施工总体平面布置图中，应明确表明供水、供电、通信线路的位置，以及各承包人从何处接水源、电源的说明，并将水、电送到各施工区，以免在承包人进入施工工作区后因无水、电供应延误施工，引起索赔。

（二）承包人准备工作

1. 承包人组织机构和人员的审核

在合同项目开工前，承包人应向监理人呈报其实施工程承包合同的现场组织机构表及各主要岗位的人员的主要资历，监理人应认真予以审核。监理机构在总监理工程师主持下进行了认真审核，要求施工单位实质性地履行其投标承诺，要求做到组织机构完备，技术与管理人员熟悉各自的专业技术、有类似工程的长期经历和丰富经验，能够胜任所承包项目的施工、完工与工程保修；配备有能力对工程进行有效监督的工长和领班；投入顺利履行合同义务所需的技工和普工。主要审核内容如下。

1)施工单位项目经理资格审核

施工单位项目经理是施工单位驻工地的全权负责人,必须持有项目经理上岗证书,必须胜任现场履行合同的职责。

监理机构在对施工单位指派的项目经理审核的基础上报发包人同意。项目经理易人,要求事先经监理机构报发包人同意。项目经理短期离开工地,必须委派代表代行其职,并通知监理机构。

2)施工单位的职员和工人资格审核

施工单位必须保证施工现场具有技术合格和数量足够的下述人员:

(1)具有合格证明的各类专业技工和普工。

(2)具有相应理论、技术知识和施工经验的各类专业技术人员及有能力进行现场施工管理和指导施工作业的工长。

(3)具有相应岗位资格的管理人员。

技术岗位和特殊工种的工人均必须持有通过国家或有关部门统一考试或考核的资格证明,经监理机构审核合格者才准上岗,如爆破工、电工、焊工等工种均要求持证上岗。

监理机构对未经批准人员的职务不予确认,对不具备上岗资格的人员完成的技术工作不予承认。

(4)监理机构根据施工单位人员在工作中的实际表现,要求施工单位及时撤换不能胜任工作或玩忽职守或监理机构认为由于其他原因不宜留在现场的人员。未经监理机构同意,不得允许这些人员重新从事该工程的工作。

2.承包人工地实验室和试验计量设备的检查

监理机构对施工单位检测试验的质量控制,是对工程项目的材料质量、工艺参数和工程质量进行有效控制的重要途径。要求施工单位检测实验室必须具备与所承包工程相适应并满足合同文件和技术规范、规程、标准要求的检测手段和资质。监理人监督检查承包人在工地建立的实验室,包括试验设备和用品、试验人员数量和专业水平,核定其试验方法和程序等。承包人应按合同规定和现场监理人的指令进行各项材料试验,并为现场监理人进行质量检查和检验提供必要的试验资料和成果。现场监理人进行抽样试验时,所需试件应由承包人提供,也可以使用承包人的试验设备和用品,承包人应予协助。

主要审核内容如下:

(1)检测实验室的资质文件(包括资格证书、承担业务范围及计量认证文件等的复印件)。

(2)检测实验室人员配备情况(姓名、性别、岗位工龄、学历、职务、职称、专业或工种)。

(3)检测实验室仪器设备清单(仪器设备名称、规格型号、数量、完好情况及其主要性能),仪器仪表的率定及检验合格证。

(4)各类检测、试验记录表和报表的式样。

(5)检测试验人员守则及试验室工作规程。

(6)其他需要说明的情况或监理机构根据合同文件规定要求报送的有关材料。

3. 承包人进场施工设备的审核

为了保证施工的顺利进行，监理人在开工前对施工设备的审核内容主要包括以下几个方面。

(1)开工前对承包人进场施工设备的数量和规格、性能以及进场时间是否符合施工合同约定要求。

(2)监理机构应督促承包人按照施工合同约定保证施工设备按计划及时进场，并对进场的施工设备进行评定和认可。禁止不符合要求的设备投入使用并应要求承包人及时撤换。在施工过程中，监理机构应督促承包人对施工设备及时进行补充、维修、维护，满足施工需要。

(3)旧施工设备进入工地前，承包人应提供该设备的使用和检修记录，以及具有设备鉴定资格的机构出具的检修合格证。经监理机构认可，方可进场。

(4)承包人从其他人租赁设备时，应在租赁协议书中明确规定，若在协议书有效期内发生承包人违约解除合同时，发包人或发包人邀请的其他承包人可以相同条件取得其使用权。

4. 对基准点、基准线和水准点的复核和工程放线

监理人应在合同规定的期限内，向承包人提供测量基准点、基准线和水准点及其平面资料。承包人应依上述基准点、基准线以及国家测绘标准和本工程精度要求，测设自己的施工控制网，并将资料报送监理人审批，待工程完工后完好地移交给发包人。承包人应负责施工过程中的全部施工测量工作，包括地形测量、放样测量、断面测量、支付测量和验收测量等，并应由承包人自行配置合格的人员、仪器、设备和其他物品。承包人在各项目施工测量前还应将所采取措施的报告报送监理人审批。监理人可以指示承包人在监理人监督下或联合进行抽样复测，当复测中发现有错误时，必须按照监理人指示进行修正或补测。监理人可以随时使用承包人的施工控制网，承包人应及时提供必要的协助。

承包人应负责管理好施工控制网点，若有丢失或损坏，应及时修复，其所需管理和修复费用由承包人承担。工程完工后应完好地移交给发包人。

5. 检查进场原材料和构配件

检查进场原材料、构配件的质量、规格、性能是否符合有关技术标准和技术条款的要求，原材料的储存量是否满足工程开工及随后施工的需要。

6. 检查砂石料系统、混凝土拌和系统以及场内道路、供水、供电、供风等施工辅助设施的准备情况

砂石料生产系统的配置，是根据工程设计图纸的混凝土用量及各种混凝土的级配比例，计算出各种规格混凝土骨料的需用量，主要考虑日最大强度及月最大强度，确定系统设备的配置。砂石厂应设在料场附近；多料场供应时，应设在主料场附近；经论证亦可分别设厂；砂石利用率高、运距近、场地许可时，亦可设在混凝土工厂附近。主要设施的地基应稳定，有足够的承载力。

混凝土拌和系统选址，尽量选在地质条件良好的部位，拌和系统布置注意进出料高程，运输距离小，生产效率高。

对于场内交通运输，对外交通方案确保施工工地与国家或地方公路、铁路车站、水运

港口之间的交通联系,具备完成施工期间外来物质运输任务的能力。场内交通方案确保施工工地内部各工区、当地材料场地、堆渣场、各生产区、各生活区之间的交通联系,主要道路与对外交通衔接。

工地施工用水、生活用水和消防用水的水压、水质应满足相应的规定。施工供水量应满足不同时期日高峰生产用水和生活用水需要,并按消防用水量进行校核。生活和生产用水宜按水质要求、用水量、用户分布、水源、管道和取水建筑物的布置情况,通过技术经济比较后确定集中或分散供水。

各施工阶段用电最高负荷宜按需要系数法计算。通信系统组成与规模应根据工程规模的大小、施工设施布置及用户分布情况确定。

四、施工质量控制

影响工程质量的因素有五大方面,即"人、材料、机械、方法、环境"。在施工过程中,监理人采取有效措施控制人员、材料和工程设备、施工机械、施工方法和环境的质量,是工程质量控制的基本环节之一。

(一)人的质量控制

工程质量取决于工序质量和工作质量,工序质量又取决于工作质量,而工作质量直接取决于参与工程建设各方所有人员的技术水平、文化修养、心理行为、职业道德、质量意识、身体条件等因素。控制人的质量,即为了保证各项施工作业所需要的专业技术人员的专业结构、数量、水平满足要求,并充分调动人的工作积极性,增强责任心,以发挥"人是第一因素"的主导作用。

(二)材料的质量控制

1. 材料质量控制程序

(1)监理人应审核材料的采购订货申请,审核的内容主要包括所采购的材料是否符合设计的需要和要求,以及生产厂家的生产资格和质量保证能力等。

(2)材料进场后,监理人应审核施工单位提交的材料质量保证资料,并派出监理人员参与施工单位对材料的清点。

(3)材料使用前,监理人应审核施工单位提交的材料试验报告和资料,经确认签证后方可用于施工。

(4)对于工程中所使用的主要材料和重要材料,监理人应按规定进行抽样检验,验证材料的质量。

(5)施工单位对涉及结构安全的试块、试件及有关材料进行质量检验时,应在监理单位的监督下现场取样。

如果承包人使用了不合格的材料、工程设备和工艺,并造成工程损害时,监理人可以随时发出指示,要求承包人立即改正,并采取措施补救,直至彻底清除工程的不合格部位以及不合格的材料和工程设备。若承包人无故拖延或拒绝执行监理人的上述指令,则发包人可按承包人违约处理,发包人有权委托其他承包人,其违约责任应由承包人承担。

2. 材料使用的质量控制

监理人应建立材料使用检验的质量控制制度,材料在正式用于施工之前,施工单位应组织现场试验,并编写试验报告。现场试验合格,试验报告及资料经监理工程师审核确认后,这批材料才能正式用于施工。

同时,监理工程师还应充分了解材料的性能,质量标准,适用范围和对施工的要求,使用前应详细核对,以防用错或使用了不适当的材料。

对于重要部位和重要结构所使用的材料,在使用前应仔细核对和认证材料的规格、品种、型号、性能是否符合工程特点和要求。

在材料质量控制中,监理人应重视下列质量控制要点。

(1)对于混凝土、砂浆、防水材料等,应进行试配,严格控制配合比。

(2)对于钢筋混凝土构件及预应力混凝土构件,应按有关规定进行抽样检验。

(3)对预制加工厂生产的成品、半成品,应由生产厂家提供出厂合格证明,必要时还应进行抽样检验。

(4)对于高压电缆、电绝缘材料,应组织进行耐压试验后才能使用。

(5)对于新材料、新构件,要经过权威单位进行技术鉴定合格后,才能在工程中正式使用。

(6)对于进口材料,应会同商检部门按合同规定进行检验,核对凭证,如发现问题,应在规定期限内提出索赔。

(7)凡标志不清或怀疑质量有问题的材料,对质量保证资料有怀疑或与合同规定不符的材料,均应进行抽样检验。

(8)储存期超过3个月的过期水泥或受潮、结块的水泥应重新检验其标号,并不得使用在工程的重要部位。

3. 材料的质量检验方法

材料质量检验方法分为书面检验、外观检验、理化检验和无损检验等四种。

(1)书面检验,是通过对提供的材料质量保证资料、试验报告等进行审核,取得认可方能使用。

(2)外观检验,是对材料从品种、规格、标志和外形尺寸等进行直观检验,看其有无质量问题。

(3)理化检验,是指在物理、化学等方法的辅助下的量度。它借助于试验设备和仪器对材料样品的化学成分、机械性能等进行科学的鉴定。

(4)无损检验,是在不破坏材料样品的前提下,利用超声波、X射线、表面探伤仪等进行检测。如瑞波雷仪(进行土的压实试验)、探地雷达(钢筋混凝土中钢筋的探测)。

(三)施工设备的质量控制

施工设备质量控制的目的,在于为施工提供性能好、效率高、操作方便、安全可靠、经济合理且数量足够的施工设备,以保证按照合同规定的工期和质量要求,完成建设项目施工任务。

监理人应着重从承包人施工设备选择的审核、施工设备进场检查和使用与保养等方面予以控制。

1. 施工设备的选择

施工设备选择的质量控制,主要包括设备形式的选择和主要性能参数的选择两方面。

(1)施工设备的选型。应考虑设备的施工适用性、操作方便性和使用安全性。例如对于混凝土工程,在选择振捣器时,应考虑工程结构的特点、振捣器功能、适用条件和保证质量的可靠性等因素,分别选择大型插入式、小型软轴式、平板式或附着式振捣器。

(2)施工设备主要性能参数的选择。应根据工程特点、施工条件和已确定的机械设备形式,来选定具体的机械。例如,堆石坝施工所采用的振动碾,其性能参数主要是压实功能和生产能力,在已选定牵引式振动碾的情况下,应选择能够在规定的铺筑厚度下振动碾压6~8遍以后,就能使填筑坝料的密度达到设计要求的振动碾。

2.施工设备的使用管理

为了更好地发挥施工设备的使用效果和质量效果,监理人应督促施工承包人做好施工设备的使用管理工作,包括如下内容。

(1)加强施工设备操作人员的技术培训和考核,正确掌握和操作机械设备,做到定机定人,实行机械设备使用保养的岗位责任制。

(2)建立和健全机械设备使用管理的各种规章制度,如人机固定制度、操作证制度、岗位责任制度、交接班制度、技术保养制度、安全使用制度、机械设备检查维修制度及机械设备使用档案制度等。

(3)严格执行各项技术规定,如:

①技术试验规定。对于新的机械设备或经过大修、改装的机械设备,在使用前必须进行技术试验,包括无负荷试验、加负荷试验和试验后的技术鉴定等,以测定机械设备的技术性能、工作性能和安全性能,试验合格后才能使用。

②走合期规定。即新的机械设备和大修后的机械设备在初期使用时,工作负荷或行驶速度要由小到大,使设备各部分配合达到完善磨合状态,这段时间称为机械设备的走合期。如果初期使用就满负荷作业,会使机械设备过度磨损,降低设备的使用寿命。

③寒冷地区使用机械设备的规定。在寒冷地区,机械设备会产生启动困难、磨损加剧、燃料润滑油消耗增加等现象,要做好保温取暖工作。

④施工设备进场后,未经监理人批准,不得擅自退场或挪作他用。

3.施工设备性能及状况的考核

对于施工设备的性能及状况,不仅在其进场时应进行考核,在使用过程中,由于零件的磨损、变形、损坏或松动,会降低效率和性能,从而影响施工质量。因此,监理人必须督促施工承包人对施工设备特别是关键性的施工设备的性能和状况定期进行考核。例如对吊装机械等必须定期进行无负荷试验、加负荷试验及其他测试,以检查其技术性能、工作性能、安全性能和工作效率。发现问题时,应及时分析原因,采取适当措施,以保证设备性能的完好。

(四)施工方法的质量控制

施工方法的质量控制包含承包人所采取的技术方案、工艺流程、组织措施、检测手段、施工组织设计等的控制。

(五)环境因素的质量控制

影响工程项目质量的施工环境因素较多,主要有技术环境、施工管理环境及自然环境。

技术环境因素包括施工所用的规程、规范、设计图纸及质量评定标准。

施工管理环境因素包括质量保证体系、三检制、质量管理制度、质量签证制度、质量奖惩制度等。

自然环境因素包括工程地质、水文、气象、温度等。

五、水利工程常见的施工质量控制

(一)钢筋混凝土工程质量控制

1. 水泥

1)水泥质量控制

(1)水泥品种。承包人应按各建筑物部位施工图纸的要求,配置混凝土所需品种,各种水泥均应符合技术条款指定的国家和行业的现行标准。

大型水工建筑物所用的水泥,可根据具体情况对水泥的矿物成分等提出专门要求。每一工程所用水泥品种以1~2种为宜,并且固定厂家供应。有条件时,应优先采用散装水泥。

(2)运输。运输时,不得受潮和混入杂物。不同品种、标号、出厂日期和出厂编号的水泥应分别运输装卸,并做好明显标志,严防混淆。承包人应采取有效措施防止水泥受潮。

(3)储存。进厂(场)水泥的储放应符合下列规定:

散装水泥宜在专用的仓罐中储放。不同品种和标号的水泥不得混仓,并应定期清仓。散装水泥在库内储放时,水泥库的地面和外墙内侧应进行防潮处理。

袋装水泥应在库房内储放,库房地面应有防潮措施。库内应保持干燥,防止雨露侵入。袋装水泥的出厂日期不应超过3个月,散装水泥不应超过6个月,快硬水泥不应超过1个月,袋装水泥的堆放高度不得超过15袋。

2)水泥检验内容和方法

每批水泥均应有厂家的品质试验报告。承包人应按国家和行业的有关规定,对每批水泥进行取样检测,必要时还应进行化学成分分析。检测取样以200~400t同品种、同标号水泥为一个取样单位,不足200t时也应作为一个取样单位。检测的项目应包括:水泥标号、凝结时间、体积安定性、稠度、细度、比重等试验,监理人认为有必要时,可要求进行水化热试验。

2. 骨料

1)骨料质量控制

骨料应根据优质条件、就地取材的原则进行选择。可选用天然骨料、人工骨料,或两者互相补充。混凝土骨料应按监理人批准的料源进行生产,对含有活性成分的骨料必须进行专门的试验论证,并经监理人批准后,方可使用。冲洗、筛分骨料时,应控制好筛分进料量、冲洗水压和用水量、筛网的孔径与倾角等,以保证各级骨料的成品质量符合要求,尽量减少细砂流失。

(1)堆存骨料的场地应有良好的排水设施。不同粒径的骨料必须分别堆存,设置隔离设施。

(2)应尽量减少转运次数。粒径大于40mm的粗骨料的净自由落差不宜大于3m,超过时应设置缓降设备。

(3)骨料堆存时,不宜堆成斜坡或锥体,以防产生分离。骨料储仓应有足够的数量和容积,并应维持一定的堆料厚度。砂仓的容积、数量还应满足砂料脱水的要求。应避免泥土混入骨料和骨料的严重破碎。

2)骨料的检验内容和方法

(1)细骨料的质量要求规定(见表3-1)如下:

细骨料的细度模数应在2.4~3.0范围内,测试方法按《水工混凝土试验规程》中3.0.1进行。

砂料应质地坚硬、清洁、级配良好,使用山砂、特细砂应经过试验论证。其他砂的质量要求如含泥量、石粉含量、云母含量、轻物质含量、硫化物及硫酸盐含量、坚固性和密度应满足要求。

表3-1 细骨料质量检查标准

序号	项目		天然砂	人工砂
1	细度模数		2.2~3.0	2.6±0.2
2	含泥量(%)	≥C_{90}30和有抗冻要求	≤3	—
		<C_{90}30和无抗冻要求	5	5
3	石粉含量(%)		—	6~8
4	泥块含量(%)		0	0
5	硫化物及硫酸盐含量(按SO_3质量计)(%)		≤1	1
6	坚固性(%)	有抗冻要求	≤8	8
		无抗冻要求	≤10	10
7	有机物含量		浅于标准色	不允许
8	表观密度(kg/m^3)		≥2 500	2 500
9	云母含量(%)		≤2	2
10	轻物质含量(%)		≤1	—
11	表面含水率(%)		<6	6

(2)粗骨料的质量要求应符合下列规定:

粗骨料的最大粒径,不应超过钢筋最小间距的2/3及构件断面边长的1/4,素混凝土板厚的1/2,对少筋或无筋结构,应选用较大的粗骨料粒径。

施工中应将骨料粒径分成下列几种级配。

二级配:分成5~20mm和20~40mm,最大粒径40mm。

三级配:分成5~20mm、20~40mm和40~80mm,最大粒径为80mm。

四级配:分成5~20mm、20~40mm、40~80mm和80~150mm(120mm),最大粒径为150mm(120mm)。

采用连续级配或间断级配,应由试验确定并经监理人同意,如采用间断级配,应注意混凝土运输中骨料分离的问题。

其他粗骨料的质量要求如含泥量、坚固性、硫酸盐及硫化物含量、有机质含量、比重、吸水率、针片状颗粒含量等应满足要求。应严格控制各级骨料的超、逊径含量。以原孔筛检验,其控制标准:超径小于5%,逊径小于10%。当以超、逊径筛检验时,其控制标难:超径为零,逊径小于2%。

表3-2为粗骨料质量检查标准。

表3-2　粗骨料质量检查标准

序号	项目		卵石	碎石
1	含泥量(%)(粒径<0.08mm)	D20、D40粒径级	≤1.0	1.0
		D80、D150粒径级	≤0.5	0.5
2	泥块含量(%)		<不允许有	不允许有
3	坚固性(%)	有抗冻要求	≤5	5
		无抗冻要求	≤12	12
4	硫化物及硫酸盐含量(按 SO_3 质量计)(%)		≤0.5	0.5
5	有机物含量		合格	合格
6	表观密度(kg/m^3)		≥2 600	2 600
7	吸水率(%)		≤2.5	2.5
8	针片状颗粒含量(%)		≤15	15
9	压碎指标(%)		≤16	20
10	超径含量(原筛孔)(%)		<5	5
11	逊径含量(原筛孔)(%)		<10	10

3.水

1)水的质量控制

凡适宜饮用的水均可使用,未经处理的工业废水不得使用。拌和用水所含物质不应影响混凝土和易性和混凝土强度的增长,以及引起钢筋和混凝土的腐蚀。水的pH值、不溶物、可溶物、氯化物、硫化物的含量应满足规定。

2)水的检验内容和方法

拌和及养护混凝土所用的水,除按规定进行水质分析外,还应按监理人的指示进行定期检测,在水质改变或对水质有怀疑时,应采取砂浆强度试验法进行检测对比,如果水样制成的砂浆抗压强度,低于原合格水源制成的砂浆28d龄期抗压强度的90%时,该水不能继续使用。

4.粉煤灰

1)粉煤灰的质量控制

为改善混凝土的性能,合理降低水泥用量,宜在混凝土中掺入适量的活性掺合料,掺用部位及最优掺量应通过试验决定。

粉煤灰的储存应设置专门料库,不同厂家的粉煤灰一般不得混存,优质品和合格品应分类储存。粉煤灰的储存设施应防水、防尘。

2)粉煤灰的检验内容和方法

粉煤灰的接收和使用单位应分别对进场粉煤灰按批抽样检验。散装粉煤灰取样应从至少三个散装集装箱(罐)内抽取,每个集装箱(罐)内3个深度抽取6个点,各点抽取0.5~1kg。检验结果不符合粉煤灰质量检测标准(见表3-3)时,应从同一批中重新取样进行复检,复验达不到要求时,该批粉煤灰按不合格品处理。

表3-3 粉煤灰质量检验标准

序号	检测项目	优质品	合格品
1	细度(45μm方孔筛筛余%)	≤12	≤12
2	烧失量(%)	≤5.0	≤5.0
3	需水量比(%)	≤91	≤95
4	三氧化硫(%)	≤3.0	≤3.0
5	含水量(%)	≤1.0	≤1.0
6	碱含量(以Na_2O计,%)	≤1.5	≤1.7

5.外加剂

为改善混凝土的性能,提高混凝土的质量及合理降低水泥用量,必须在混凝土中掺加适量的外加剂,其掺量通过试验确定。拌制混凝土或水泥砂浆常用的外加剂有减水剂、加气剂、缓凝剂、速凝剂和早强剂等。应根据施工需要,对混凝土性能的要求及建筑物所处的环境条件,选择适当的外加剂。有抗冻要求的混凝土必须掺用加气剂,并严格限制水灰比。

使用外加剂时应注意:

(1)外加剂必须与水混合配成一定浓度的溶液,各种成分用量应准确。对含有大量固体的外加剂(如含石灰的减水剂),其溶液应通过0.6mm孔眼的筛子过滤。

(2)外加剂溶液必须搅拌均匀,并定期取有代表性的样品进行鉴定。

6.钢筋

1)钢筋合格检验

承包人应负责钢筋材料的采购、运输、验收和保管,并应按合同规定,对钢筋进行进场材质检验和验点入库,监理人认为有必要时,承包人应通知监理人参加检验和验点工作。若承包人要求采用其他种类的钢筋替代施工图纸中规定的钢筋,应将钢筋的替代报送监理人审批。钢筋混凝土结构用的钢筋应符合热轧钢筋主要性能的要求。

每批钢筋均应附有产品质量证明书及出厂检验单,承包人在使用前,应分批进行以下钢筋机械性能试验。

(1)钢筋分批试验,以同一炉(批)、同一截面尺寸的钢筋为一批,取样的重量不大于60kg。

(2)根据厂家提供的钢筋质量证明书,检查每批钢筋的外表质量,并测量每批钢筋的代表直径。

(3)在每批钢筋中,从经表面质量检查和尺寸测量合格的两根钢筋中各取一个拉力试件(含屈服点、抗拉强度和延伸率试验)和一个冷弯试验,如一组试验项目的一个试件不符合规定数值时,则另取两倍数量的试件,对不合格的项目作第二次试验,如有一个试件不合格,则该批钢筋为不合格产品。

水工结构非预应力混凝土中,不得使用冷拉钢筋,因为冷拉钢筋一般不作为受压筋。钢筋的表面应洁净无损伤,油漆污染和铁锈等应在使用前清除干净。带有颗粒状或片状老锈的钢筋不得使用。

2)钢筋在制作与安装过程中的检验

如果承建单位采用不同规格的钢筋进行代换时,必须经设计或监理机构书面批复。并应注意一下原则:

其一,应按钢筋承载力设计值相等的原则进行,钢筋替代后应满足设计规定的构造要求。

其二,钢筋等级的变换不能超过一级。以高一级钢筋替代低一级钢筋时,宜采用改变钢筋直径的方法而不应采用改变钢筋根数的方法来减少钢筋截面积。以直径大的钢筋替代直径小的钢筋时,对受力结构件应校核握裹力。

其三,用同钢号某直径钢筋代替另一种直径时,其直径变更不超过4mm,变更后钢筋总截面面积与设计规定的截面面积之比不得小于98%或103%。

其四,设计主筋采用同型号的钢筋替换时,应保持间距不变,可以用直径比设计直径钢筋直径大一级和小一级的两种型号钢筋间隔配置代换。

其五,限裂钢筋禁止用粗钢筋代替细钢筋。

3)现场质量检验

(1)钢筋的种类、钢号、直径、数量均符合施工详图及有关技术文件的规定,钢筋的性能符合合同技术规范和国家强制性标准的要求。

(2)钢筋焊接后的机械性能符合技术要求规定。焊接中无脱焊或漏焊点,焊缝表面或焊缝中无裂缝或焊渣。

(3)钢筋机械连接接头接合紧密,套筒无裂纹、不变形、不锈蚀。连接质量满足专门技术规定。

(4)结构钢筋、过流面钢筋保护层安装误差符合设计要求。

(5)拉筋等施工用的钢筋稳定、安全、牢固、符合施工技术措施要求。

(6)监理对钢筋抽验频率为承建单位抽验频率的10%,对重要部位或对钢筋质量有怀疑时,可不受此限制。

7.混凝土配合比

各种不同类型结构物的混凝土配合比必须通过试验选定。混凝土配合比试验前,承包人应将各种配合比试验的配料及其拌和、制模和养护等的配合比试验计划报送监理人。

混凝土的水灰比应以骨料在饱和面干状态下的混凝土单位用水量对单位胶凝材料用量的比值为准,单位胶凝材料用量为每立方米混凝土中水泥与混合材料重量的总和。

配合比的设计：

(1)承包人应按施工图纸的要求和监理人的指示，通过室内试验成果进行混凝土配合比设计，并报送监理人审批。

(2)水工混凝土水灰比最大允许值根据部位和地区的不同，应满足相应的规定，并不超过表3-4中的规定。

表3-4 水灰比最大允许值

混凝土所在部位	寒冷地区	温和地区
上、下游水位以上(坝体外部)	0.6	0.65
上、下游水位变化区(坝体外部)	0.5	0.55
上、下游最低水位以下(坝体外部)	0.55	0.60
基础	0.55	0.60
内部	0.70	0.70
受水流冲刷部位	0.50	0.50

注：(1)在环境水有侵蚀的情况下，外部水位变化区及水下混凝土的水灰比最大允许值应减少0.05。

(2)在采用减水剂和加气剂的情况下，经过试验论证，内部混凝土的水灰比最大允许值可增加0.05。

(3)寒冷地区是指最冷月月平均气温在-3℃以下的地区。

(4)配合比调整。在施工过程中，承包人需要改变监理人批准的混凝土配合比，必须重新得到监理人批准。

8.混凝土拌和的质量控制

承包人拌制现场浇筑混凝土时，必须严格遵照承包人现场实验室提供并经监理人批准的混凝土配料单进行配料，严禁擅自更改配料单。除合同另有规定外，承包人应采用固定拌和设备，设备生产率必须满足本工程高峰浇筑强度的要求，所有的称量、指示、记录及控制设备都应有防尘措施，设备称量应准确，其偏差量应不超过规定，承包人应按监理人的指示定期校核称量设备的精度。拌和设备安装完毕后，承包人应会同监理人进行设备运行操作检验。

对于混凝土拌和质量检查，应检查以下项目：

(1)水泥、外加剂符合国家标准；混凝土拌和时间应通过试验决定，表3-5中的拌和时间可参考使用；混凝土强度保证率大于等于80%，混凝土抗冻、抗渗标号符合设计要求。

表3-5 混凝土纯拌和时间 (单位：cm)

拌和机进料容量(m^3)	最大骨料粒径(mm)	坍落度(cm)		
		2~5	5~8	>8
1.0	80	—	2.5	2.0
1.6	150(或120)	2.5	2.0	2.0
2.4	150	2.5	2.0	2.0
5.0	150	3.5	3.0	2.5

注：(1)入机拌和量不应超过拌和机容量的10%。

(2)掺加混合材、加气剂、减水剂及加冰时，宜延长拌和时间，出机料不应有冰块。

(2)混凝土坍落度、拌和物均匀性、抗压强度最小值、混凝土离差系数满足质量标准。

(3)水泥、混合材、砂、石、水的称量在其允许偏差范围之内。不应超过表3-6的规定。

表3-6　混凝土各组分称量的允许偏差

材料名称	允许偏差
水泥、掺合料	±1%
砂、石	±2%
水、片冰、外加剂溶液	±1%

在混凝土拌和过程中,应采取措施保持砂、石、骨料含水率稳定,砂子含水率应控制在6%以内。掺有掺合料(如粉煤灰等)的混凝土进行拌和时,掺合料可以湿掺也可以干掺,但应保证掺合均匀。

混凝土拌和均匀性检测包括:

(1)承包人应按监理人指示,并会同监理人对混凝土拌和均匀性进行检测。

(2)定时在出机口对一盘混凝土按出料先后各取一个试样(每个试样不少于30kg),以测量砂浆密度,其差值不应大于30kg/m³。

坍落度的检测:按施工图纸的规定和监理人的指示,每班应进行现场混凝土坍落度的检测,出机口应检测四次,仓面应检测两次。混凝土的坍落度,根据建筑物的性质、钢筋含量、混凝土的运输、浇筑方法和气候条件决定,尽可能采用小的坍落度。混凝土在浇筑地点的坍落度可参照表3-7的规定。

表3-7　混凝土浇筑地点坍落度

建筑物性质	标准圆锥坍落度(cm)
水工素混凝土或少钢筋混凝土	1~4
配筋率不超过1%的钢筋混凝土	3~6
配筋率超过1%的钢筋混凝土	5~9

注:有温控要求或在低温季节浇混凝土时,混凝土的坍落度可根据情况酌情增减。

9. 混凝土的运输质量控制

混凝土出拌和机后,应迅速运达浇筑地点,运输中不应有分离、漏浆和严重泌水现象。混凝土入仓时,应防止离析,最大骨料粒径150mm的四级配混凝土自由下落的垂直落距不应大于1.5m,骨料粒径小于80mm的三级配混凝土其垂直落距不应大于2m。

混凝土运至浇筑地点,应符合浇筑时规定的坍落度,当有离析现象时,必须在浇筑前进行二次搅拌。混凝土在运输过程中,应尽量缩短运输时间及减少转运次数。因故停歇过久,混凝土产生初凝时,应作废料处理。在任何情况下,严禁中途加水后运入仓内。

10. 混凝土浇筑

任何部位混凝土开始浇筑前,承包人必须通知监理人对浇筑部位的准备工作进行检查。检查内容包括:地基处理、已浇筑混凝土面的清理以及模板、钢筋、插筋、冷却系统、灌浆系统、预埋件、止水和观测仪器等设施埋设和安装等,经监理人检验合格后,方可进行混凝土浇筑。任何部位混凝土开始浇筑前,承包人应将该部位的混凝土浇筑的配料单提交监理人进行审核,经监理人同意后,方可进行混凝土的浇筑。

1）基础面混凝土浇筑

（1）建筑物建基面必须验收合格后，方可进行混凝土浇筑。

（2）岩基上的杂物、泥土及松动岩石均应清除，应冲洗干净并排干积水，如遇有承压水，承包人应指定引排措施和方法报监理人批准，处理完毕，并经监理人认可后，方可浇筑混凝土。清洗后的基础岩面在混凝土浇筑前应保持洁净和湿润。

（3）易风化的岩基础及软基，在立模扎筋前应处理好地基临时保护层；在软基上进行操作时，应力求避免破坏或扰动原状土壤；当地基为湿陷性黄土时应按监理人指示采取专门的处理措施。

（4）基岩面浇筑仓，在浇筑第一层混凝土前，必须先铺一层 2 ~ 3cm 的水泥砂浆，砂浆水灰比应与混凝土浇筑强度相适应，铺设施工工艺应保证混凝土与基岩结合良好。

2）混凝土的浇筑层厚度

应根据拌和能力、运输距离、浇筑速度、气温及振捣器的性能等因素确定。一般情况下，浇筑层的允许最大厚度不应超过表 3-8 规定的数值；如采用低流态混凝土及大型强力振捣设备时，其浇筑层厚度应根据试验确定。

表 3-8　混凝土浇筑层的允许最大厚度

项次	振捣器类别		浇筑层的允许最大厚度
1	插入式振捣器	电动、风动振捣器	振捣器工作长度的 0.8 倍
		软轴振捣器	振捣器头长度的 1.25 倍
2	表面振捣器	在无筋和单层钢筋结构中	250mm
		在双层钢筋结构中	120mm

3）施工缝的处理

混凝土结构多要求整体浇筑，如因技术或组织上的问题不能连续浇筑时，且停留时间有可能超过混凝土的初凝时间，则应事先确定在适当的位置设置施工缝。由于混凝土的抗拉强度约为其抗压强度的 1/10，因而施工缝是结构中的薄弱环节，宜设置在结构剪力较小而且施工方便的部位。对于其上有巨大荷载，整体性要求高，往往不允许留施工缝，要求一次性连续浇筑完毕。

施工缝面处理包括工作缝面处理及冷缝缝面处理。工作缝面是指按正常施工计划分层间歇上升的停浇面。冷缝面指混凝土浇筑过程中因中止或延误，超过允许间歇时间的浇筑缝面。工作缝的处理方法与冷缝相同。

（1）缝面冲洗。工作缝面必须使用压力水、风砂枪或人工打毛等加工成毛面，清除缝面上的浮浆、松散物料等污染体，以露出粗砂粒或小石微露为准，不得损伤内部骨料。

（2）缝面浇筑。混凝土浇筑应保持连续性，打毛后清洗干净，保持清洁、湿润，在浇筑上一层混凝土前，将层面松散物及积水清除干净后均匀铺设一层厚 2 ~ 3cm 的水泥砂浆，或浇筑一定厚度经批准的富浆或低级配混凝土过渡层。

4）雨季施工

（1）雨季施工中，加强对砂石骨料的含水率的测定及混凝土坍落度试验，以便及时调整混凝土拌和用水量，相应的增加测定次数，稳定混凝土的拌和质量。

(2)对运输车辆做好防雨措施，搅拌车进料口盖双层彩条布的遮阳防雨篷。

(3)准备足够的防雨设施及防滑工具，振捣完毕后，在仓内覆盖塑料编织布。

(4)加强仓内排水：混凝土收面要平整，避免出现坑洼过多而积水，在仓面内便于排水的地方留一道排水沟。若仓内已形成积水，不易排除时，可人工用水桶排出。

(5)在混凝土入仓前一定要将仓内积水排除干净，严禁在积水部位直接下料。

(6)遇大雨或暴雨天气，立即停止浇筑混凝土，并用塑料编织布覆盖仓面，同时做好仓内排水。雨停后先排除仓内积水，若停浇时间未超过允许间歇时间或能重塑时，在结合面铺一层砂浆或Ⅱ级配富浆混凝土，加强振捣后继续浇筑，否则按工作缝处理。

5)大体积混凝土浇筑质量控制

(1)温控。混凝土最高浇筑温度在现浇大体积混凝土为28℃，在日平均气温5℃以下一般不浇筑混凝土。根据工程的气温和结构物尺寸的特点，为防止混凝土发生裂缝，采取如下的温控措施：一是合理安排施工进度，尽可能利用低温季节浇筑基础混凝土；二是优化混凝土配合比，掺一定数量的合格的粉煤灰，来降低水化热；三是骨料料堆高度应保持在6m以上，夏季在骨料堆附近喷水雾降低骨料温度；采用喷雾方法，降低仓面周围气温；四是在气温骤降或寒潮冲击下，致使混凝土表面温度急剧下降时，对重要部位进行早期表面防护；五是在混凝土施工过程中，每小时测量一次混凝土原材料的温度、出机口温度和入仓温度，并做好记录。

(2)分缝分块。一般分缝方式有垂直纵缝法、错缝法、斜缝法、通仓浇筑法等，如图3-1所示。

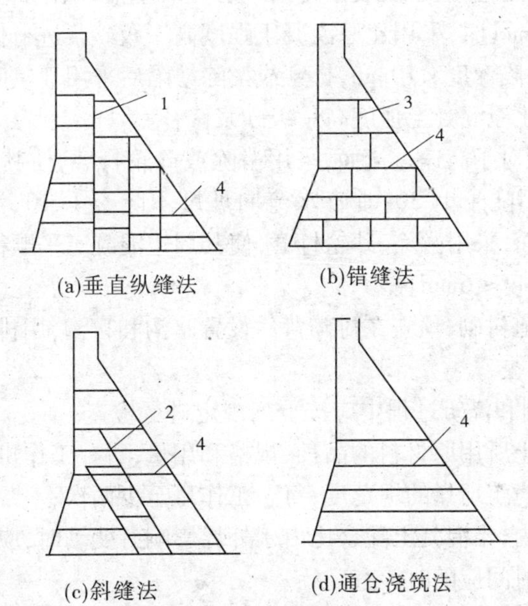

图3-1　分缝方式

1—纵缝；2—斜缝；3—错缝；4—水平缝

垂直纵缝法。用垂直纵缝把坝段分成独立的柱状体，因此又叫柱状分块。它的优点是温度控制容易，混凝土浇筑工艺较简单，各柱状块可分别上升，彼此干扰小，施工安排灵活，但为保证坝体的整体性，必须进行接缝灌浆；模板工作量大，施工复杂。纵缝间距一般为20～40m，以便降温后接缝有一定的张开度，便于接缝灌浆。

为了传递剪应力的需要，在纵缝面上设置键槽，并需要在坝体到达稳定温度后进行接缝灌浆，以增加其传递剪应力的能力，提高坝体的整体性和刚度。

斜缝法。斜缝一般沿平行于坝体第二主应力方向设置，缝面剪应力很小，只要设置缝面键槽不必进行接缝灌浆，斜缝法往往是为了便于坝内埋管的安装，或利用斜缝形成临时挡洪面采用的。但斜缝法施工干扰大，斜缝顶并缝处容易产生应力集中，斜缝前后浇筑块的高差和温差需严格控制，否则会产生很大的温度应力。

通缝法。通缝法即通仓浇筑法，它不设纵缝，混凝土浇筑按整个坝段分层进行；一般不需埋设冷却水管。同时由于浇筑仓面大，便于大规模机械化施工，简化了施工程序，特别是大量减少模板作业工作量，施工速度快，但因其浇筑块长度大，容易产生温度裂缝，所以温度控制要求比较严格。

6）混凝土表面缺陷处理

混凝土缺陷包括：蜂窝、麻面、错台、挂帘、表面缺损、裂缝等。

（1）表面缺陷检查。混凝土表面缺陷检查以目视为主，查明表面缺陷的部位等。直立面位置较高部位搭设架排进行检查。拆模24h内检查，并经监理现场确认，在监理工程师的批准下，拆模24h内及时处理。

（2）表面缺陷处理，是指表面蜂窝、麻面、孔洞等的处理。对于高速过流面，缺陷深度<5mm，采取打磨处理，磨平后表面再涂一层环氧基液；缺陷深度≥5mm以及麻面集中区，凿除深度大于5mm时，采用比原混凝土强度高一级砂浆进行修补。

对于非过流面，缺陷深度<10mm，打磨或凿除缺陷后采用环氧胶泥或环氧砂浆修补；缺陷深度≥10mm，用比原混凝土强度高一级砂浆修补。

错台、挂帘的处理对于高速过流面，采用凿除或砂轮打磨，使其与周边混凝土平顺衔接，其顺水流向坡度不陡于1∶30，垂直水流向坡度不陡于1∶10，混凝土表面凹凸度≤3mm。对于一般过流面，采用凿除、砂轮打磨，使其周边混凝土平顺衔接，顺接坡度不小于1∶20，混凝土表面凹凸度≤6mm。

有渗水部位的通道衬砌，预先在衬砌背后设置暗沟和盲沟，用排水管引出。

11.混凝土质量检查

（1）混凝土在拌制和浇筑过程中应按下列规定进行检查：

①检查拌制混凝土所用原材料的品种、规格和用量，每一工作班至少两次；

②检查混凝土在浇筑地点的坍落度，每一工作班至少两次；

③在每一工作班内，当混凝土配合比由于外界影响有变动时，应及时检查；

④混凝土的搅拌时间应随时检查。

（2）检查混凝土质量应进行抗压强度试验。对有抗冻、抗渗要求的混凝土，尚应进行抗冻性、抗渗性等试验。

（3）现场混凝土质量检验以抗压强度为主，同一标号混凝土试件的数量应符合下列要求。

①大体积混凝土:28d 龄期,每 500m³ 成型试件 3 个;设计龄期,每 1 000m³ 成型试件 3 个。

②非大体积混凝土:28d 龄期,每 100m³ 成型试件 3 个;设计龄期,每 200m³ 成型试件 3 个。

③对于抗拉强度:28d 龄期,每 2 000m³ 成型试件 3 个。

混凝土试件应在机口随机取样成型,不得任意挑选。同时,须在浇筑地点取一定数量的试件,以资比较。

(4)每组三个试件应在同盘混凝土中取样制作,并按下列规定确定该组试件的混凝土强度代表值:

①取三个试件强度的平均值;

②当三个试件强度中的最大值或最小值之一与中间值之差超过中间值的 15% 时,取中间值;

③当三个试件强度中的最大值和最小值与中间值之差均超过中间值的 15% 时,该组试件不应作为强度评定的依据。

(5)混凝土的质量评定按下列标准进行:

①按许可应力法设计的结构(如大坝等),混凝土的极限抗压强度系指设计龄期 15cm 立方体强度。同批试件($n \geqslant 30$ 组)统计强度保证率最低不得小于 80%。

②按极限状态法设计的钢筋混凝土结构(如厂房等),同批试件($n \geqslant 30$ 组)的统计强度保证率最低不得小于 90%。

(6)同批混凝土的施工质量匀质性指标,以现场试件 28d 龄期抗压强度离差系数 C_V 值表示。其评定标准见表 3-9。

表 3-9　现场混凝土抗压强度离差系数 C_V 的评定标准

等级 / 混凝土标号	优秀	良好	一般	较差
<200 号	<0.15	0.15~0.18	0.19~0.22	>0.22
≥200 号	<0.11	0.11~0.14	0.14~0.18	>0.18

12. 混凝土强度的合格评定

混凝土强度的评定应按下列要求进行。

1)统计方法评定

(1)当混凝土的生产条件在较长时间内能保持一致,且同一品种混凝土的强度变异性能保持稳定时,应由连续的三组试件代表一个验收批,其强度应同时符合下列要求:

$$m_{f_{cu}} \geqslant f_{cu,k} + 0.7\sigma_0 \tag{3-1}$$

$$f_{cu,min} \geqslant f_{cu,k} - 0.7\sigma_0 \tag{3-2}$$

当混凝土强度等级不高于 C20 时,其强度的最小值尚应满足下式要求:

$$f_{cu,min} \geqslant 0.85 f_{cu,k} \tag{3-3}$$

当混凝土强度等级高于 C20 时,其强度的最小值尚应满足下式要求:

$$f_{cu,min} \geqslant 0.90 f_{cu,k} \tag{3-4}$$

式中 $m_{f_{cu}}$——同一验收批混凝土立方体抗压强度的平均值，N/mm^2；

$f_{cu,k}$——混凝土立方体抗压强度标准值，N/mm^2；

σ_0——验收批混凝土立方体抗压强度标准差，N/mm^2；

$f_{cu,min}$——同一验收批混凝土立方体抗压强度最小值，N/mm^2。

上述各不等式的左边都是样本的验收函数，不等式的右边是规定的验收界限。只有当各要求同时满足时，才为合格。

(2)当混凝土的生产条件在较长时间内不能保持一致，且混凝土强度变异性不能保持稳定时，或在前一个检验期内的同一品种混凝土没有足够的数据用以确定验收批混凝土立方体抗压强度的标准差时，应由不少于10组的试件组成一个验收批，其强度应同时满足下列公式的要求：

$$m_{f_{cu}} - \lambda_1 s_{f_{cu}} \geqslant 0.9 f_{cu,k} \tag{3-5}$$

$$f_{cu,min} \geqslant \lambda_2 f_{cu,k} \tag{3-6}$$

式中 $s_{f_{cu}}$——同一验收批混凝土立方体抗压强度的标准差，N/mm^2；

λ_1,λ_2——合格判定系数，见表3-10。

表3-10 混凝土强度的合格判定系数

试件组数	10~14	15~24	≥25
λ_1	1.70	1.65	1.60
λ_2	0.90	0.85	

2)非统计方法评定

对零星生产的预制构件的混凝土或现场搅拌批量不大的混凝土，可采用非统计法评定。此时，验收混凝土的强度必须同时符合下列要求：

$$m_{f_{cu}} \geqslant 1.15 f_{cu,k} \tag{3-7}$$

$$f_{cu,min} \geqslant 0.95 f_{cu,k} \tag{3-8}$$

(二)土石方开挖质量控制

1.土石方明挖

土方是指人工填土、表土、黄土、砂土、淤泥、黏土、砾质土、砂砾石、松散的坍塌体及软弱的全风化岩石，以及小于或等于$0.7m^3$的孤石和岩块等，无需采用爆破技术而可直接使用手工工具或土方机械开挖的全部材料。

在水利工程施工中，明挖主要是建筑物基础，导流渠道，溢洪道和引航道(枢纽工程具有通航功能时)，地下建筑物的进、出口等部位的露天开挖为开挖工程的主体。明挖的施工部署也关系着工程全局，极为重要。依据工程地形特征，明挖的施工部署大体可考虑分为两种类型。一为工程规模大而开挖场面宽广，地形相对平坦，适宜于大型机械化施工，可以达到较高的强度，如葛洲坝工程和长江三峡工程。二为工程规模虽不很大，而工程处于高山狭谷之中，不利于机械作业，只能依靠提高施工技术，才能克服困难，顺利完成。

1)施工方法选择应注意问题

土石方工程施工方案的选择必须依据施工条件、施工要求和经济效果等进行综合考虑,具体因素有如下几个方面。

(1)土质情况。必须弄清土质类别,是黏性土、非黏性土或岩石,以及密实程度、块体大小、岩石坚硬性、风化破碎情况。

(2)施工地区的地势地形情况和气候条件,距重要建筑物或居民区的远近。

(3)工程情况。工程规模大小、工程数量和施工强度、工作场面大小、施工期长短等。

(4)道路交通条件。修建道路的难易程度、运输距离远近。

(5)工程质量要求。主要决定于施工对象,如坝、电站厂房及其他重要建筑物的基础开挖、填筑应严格控制质量。通航建筑物的引航道应控制边坡不被破坏,不引起塌方或滑坡。对一般场地平整的挖填有时是无质量要求的。

(6)机械设备。主要指设备供应或取得的难易、机械运转的可靠程度、维修条件与能力。对小型工程或施工时间不长时,为减少机械购置费用,可用原有的设备。但旧机械完好率低、故障多,工作效率必然较低,配置的机械数量应大于需要的量,以补偿其不足。工程数量巨大、施工期限很长的大型工程,应该采用技术性能好的新机械,虽然机械购置费用较多,但新机械完好率高,生产率亦高,生产能力强,可保证工程顺利进行。

(7)经济指标。当几个方案或施工方法均能满足工程施工要求时,一般应以完成工程施工所花费用低者为最好。有时,为了争取提前发电,经过经济比较后,也可选用工期短费用较高的施工方案。

2)开挖中应注意的问题

(1)土方明挖。

监理人应对开挖过程进行连续的监督检查,对开挖质量进行控制,在开挖过程中应注意以下问题:①除另有规定外,所有主体工程建筑物的基础开挖均应在旱地进行;在雨季施工时,应有保证基础工程质量和安全施工的技术措施,有效防止雨水冲刷边坡和侵蚀地基土壤。②监理人有权随时抽验开挖平面位置、水平标高、开挖坡度等是否符合施工图纸的要求,或与承包人联合进行核测。③主体工程临时边坡的开挖,应按施工图纸所示或监理人的指示进行开挖;对承包人自行确定边坡坡度、且时间保留较长的临时边坡,经监理人检查认为存在不安全因素时,承包人应进行补充开挖或采取保护措施,但承包人不得因此要求增加额外费用。

(2)石方明挖。

①边坡开挖。边坡开挖前,承包人应详细调查边坡岩石的稳定性,包括设计开挖线外对施工有影响的坡面和岸坡等;设计开挖线以内有不安全因素的边坡,必须进行处理和采取相应的防护措施,山坡上所有危石及不稳定岩体均应撬挖排除,如少量岩块撬挖确有困难,经监理人同意可用浅孔微量炸药爆破。

开挖应自上而下进行,高度较大的边坡,应分梯段开挖,河床部位开挖深度较大时,应采用分层开挖方法,梯段(或分层)的高度应根据爆破方式(如预裂爆破或光面爆破)、施工机械性能及开挖区布置等因素确定。垂直边坡梯段高度一般不大于10m,严禁采取自下而上的开挖方式。

随着开挖高程下降,应及时对坡面进行测量检查以防止偏离设计开挖线,避免在形成高边坡后再进行处理。

对于边坡开挖出露的软弱岩层及破碎带等不稳定岩体的处理质量,必须按施工图纸和监理人的指示进行处理,并采取排水或堵水等措施,经监理人复查确认安全后,才能继续向下开挖。

②基础开挖。除经监理人专门批准的特殊部位开挖外,永久建筑物的基础开挖均应在旱地中施工。

承包人必须采取措施避免基础岩石面出现爆破裂隙,或使原有构造裂隙和岩体的自然状态产生不应有的恶化。

邻近水平建基面,应预留岩体保护层,其保护层的厚度应由现场爆破试验确定,并应采用小炮分层爆破的开挖方法。若采用其他开挖方法,必须通过试验证明可行,并经监理人批准。基础开挖后表面因爆破震松(裂)的岩石,表面呈薄片状和尖角状突出的岩石,以及裂隙发育或具有水平裂隙的岩石均需采用人工清理,如单块过大,亦可用单孔小炮和火雷管爆破。

开挖后的岩石表面应干净、粗糙。岩石中的断层、裂隙、软弱夹层应被清除到施工图纸规定的深度。岩石表面应无积水或流水,所有松散岩石均应予以清除。建基面岩石的完整性和力学强度应满足施工图纸的规定。

基础开挖后,如基岩表面发现原设计未勘察到的基础缺陷,则承包人必须按监理人的指示进行处理,包括(但不限于)增加开挖、回填混凝土塞或埋设灌浆管等,监理人认为有必要时,可要求承包人进行基础的补充勘探工作。进行上述额外工作所增加的费用由发包人承担。

建基面上不得有反坡、倒悬坡、陡坎尖角;结构面上的泥土、锈斑、钙膜、破碎和松动岩块以及不符合质量要求的岩体等均必须采用人工清除或处理。

坝基不允许欠挖,开挖面应严格控制平整度。为确保坝体的稳定,坝基不允许开挖成向下游倾斜的顺坡。

在工程实施过程中,依据基础石方开挖揭示的地质特性,需要对施工图纸作必要的修改时,承包人应按监理人签发的设计修改图执行,涉及变更应按合同相关规定办理。

3)开挖质量的检查和验收

(1)土方开挖质量的检查和验收。

土方明挖工程完成后,承包人应会同监理人进行以下各项的质量检查和验收:①地基无树根、草皮、乱石;坟墓,水井泉眼已处理,地质符合设计要求。②取样检测基础土的物理性能指标,要符合设计要求。③岸坡的清理坡度符合设计要求。④坑(槽)的长或宽,底部标高,垂直或斜面平整度在满足设计要求,在允许偏差范围内。

(2)石方明挖的质量检查和验收。

①边坡质量检查和验收。对于岩石边坡开挖后,应进行以下项目的检查:保护层的开挖,布孔是否是浅孔、密孔、少药量、火炮爆破。岸坡平均坡度应小于或等于设计坡度。开挖坡面应稳定,无松动岩块。

②岩石基础检查和验收。承包人应会同监理人进行以下各款所列项目的质量检查和

验收:保护层的开挖,布孔是否是浅孔、密孔、少药量、火炮爆破。建基面无松动岩块,无爆破影响裂隙。断层及裂隙密集带,按规定挖槽。槽深为宽度的 1～1.5 倍。规模较大时,按设计要求处理。多组切割的不稳定岩体和岩溶洞穴,按设计要求处理。对于软弱夹层,厚度大于 5cm 者,挖至新鲜岩层或设计规定的深度。对于夹泥裂隙,挖 1～1.5 倍断层宽度,清除夹泥,或按设计要求进行处理。坑(槽)长、宽,底部标高,垂直或斜面平整度应满足设计要求,在允许偏差范围内。

2. 地下洞室开挖

地下洞室开挖,其内容包括隧洞、斜井、竖井、大跨度洞室等地下工程的开挖,以及已建地下洞室的扩大开挖等。这里只适用于钻爆法开挖,不适用于掘进机施工。承包人应全面掌握本工程地下洞室地质条件,按施工图纸、监理人指示和技术条款规定进行地下洞室的开挖施工。其开挖工作内容包括准备工作、洞线测量、施工期排水、照明和通风、钻孔爆破、围岩监测、塌方处理、完工验收前的维护,以及将开挖石渣运至指定地区堆存和废渣处理等工作。

1)准备工作

在地下工程开挖前,承包人应根据施工图纸和技术条款的规定,提交施工措施计划、钻孔和爆破作业计划,报监理人审批。地下洞室开挖前,承包人应会同监理人进行地下洞室测量放样成果的检查,并对地下洞室洞口边坡的安全清理质量进行检查和验收。

2)钻孔爆破的设计和试验

(1)地下洞室的爆破应进行专门的钻孔爆破设计。

(2)地下洞室的开挖应采用光面爆破和预裂爆破技术,其爆破的主要参数应通过试验确定,光面爆破和预裂爆破试验采用的参数可参照有关规范选用。

(3)承包人应选用岩类相似的试验洞段进行光面爆破和预裂爆破试验,以选择爆破材料和爆破参数,并将试验成果报送监理人。

3)地下洞室开挖

(1)洞口开挖。

洞口掘进前,应仔细勘察山坡岩石的稳定性,并按监理人的指示,对危险部位进行处理和支护。

洞口削坡应自上而下进行,严禁上下垂直作业。同时应做好危石清理,坡面加固,马道开挖及排水等工作。

进洞前,须对洞脸岩体进行鉴定,确认稳定或采取措施后,方可开挖洞口;洞口一般应设置防护棚,必要时,尚应在洞脸上部加设挡石拦栅。

(2)平洞开挖。

平洞开挖的方法应在保证安全和质量的前提下,根据围岩类别、断面尺寸、支护方式、工期要求、施工机械化程度和施工技术水平等因素选定。有条件时,应优先采用全断面开挖方法。

根据围岩情况、断面大小和钻孔机械、辅助工种配合情况等条件,选择最优循环进尺。

(3)竖井和斜井的开挖。

竖井与斜井的开挖方法,可根据其断面尺寸、深度、倾角、围岩特性及施工设备等条件选定。

竖井一般开挖方法有：自上而下全断面开挖方法和贯通导井后，自上而下进行扩大开挖方法。在Ⅰ、Ⅱ类围岩中开挖小断面的竖井，挖通导井后亦可采用留渣法蹬渣作业，自下而上扩大开挖。最后随出渣随锚固井壁。

4）支护

需要支护的地段，应根据地质条件、洞室结构、断面尺寸、开挖方法、围岩暴露时间等因素，作出支护设计。除特殊地段外，应优先采用喷锚支护。采用喷锚支护时，应检查锚杆、钢筋网和喷射混凝土质量。

（1）锚杆材质和砂浆标号符合设计要求；砂浆锚杆抗拔力、预应力锚杆张拉力符合设计和规范要求；锚孔无岩粉和积水，孔位偏差、孔深偏差和孔轴方向符合要求。钢筋材质、规格和尺寸符合设计要求；钢筋网和基岩面距离满足质量要求；钢筋绑扎牢固。

（2）喷射混凝土抗压强度保证率85%及其以上；喷混凝土性能符合设计要求；喷混凝土厚度满足质量要求；喷层均匀性、整体性、密实情况要满足质量要求；喷层养护满足质量要求。

（3）贯通误差。对于地下洞室的开挖，其贯通测量容许极限误差应满足表3-11的要求。

表3-11　贯通测量容许极限误差值

相向开挖长度（km）		<4	>4
贯通极限误差（cm）	横向的	±10	±15
	纵向的	±20	±30
	竖向的	±5	±7.5

5）地下洞室开挖质量检查及验收

承包人应按合同的有关规定，做好地下工程施工现场的粉尘、噪声和有害气体的安全防护工作，以及定时定点进行相应的监测，并及时向监理人报告监测数据。工作场地内的有害成分含量必须符合国家劳动保护法规的有关规定。

承包人应对地下洞室开挖的施工安全负责。在开挖过程中应按施工图纸和合同规定，做好围岩稳定的安全保护工作，防止洞（井）口及洞室发生塌方、掉块危及人员安全。开挖过程中，由于施工措施不当而发生山坡、洞口或洞室内塌方，引起工程量增加或工期延误，以及造成人员伤亡和财产损失，均应由承包人负责。

隧洞开挖过程中，承包人应会同监理人定期检测隧洞中心线的定线误差。

隧洞开挖完毕后，对于开挖质量应进行以下各项的检查：

（1）开挖岩面无松动岩块、小块悬挂体；

（2）如有地质弱面，对其处理符合设计要求；

（3）洞室轴线符合规范要求；

（4）底部标高、径向、侧墙、开挖面平整度在设计允许偏差范围内。

（三）土石方回填质量控制

在水利水电工程中，土石方填筑主要包括基础和岸坡处理、土石料以及填筑的质量控制。

1. 坝基与岸坡处理

坝基与岸坡处理系属隐蔽工程,直接影响坝的安全。一旦发生事故,较难补救,因此必须按设计要求认真施工。施工单位应根据设计要求,充分研究工程地质和水文地质资料,以制定有关技术措施。对于缺少或遗漏的部分,应会同设计单位补充勘探和试验。坝基和岸坡处理过程中,如发现新的地质问题或检验结果与勘探有较大出入时,勘测设计单位应补充勘探,并提出新的设计,与施工单位共同研究处理措施。对于重大的设计修改,应按程序报请上级单位批准后执行。

进行坝基及岸坡处理时,主要进行以下检查及检验。

1)坝基及岸坡清理工序

(1)检查树木、草皮、树根、乱石、坟墓以及各种建筑物是否已全部清除;水井、泉眼、地道、洞穴等是否已经按设计处理。

(2)检查粉土、细砂、淤泥、腐殖土、泥炭是否已全部清除,对风化岩石、坡积物、残积物、滑坡体等是否已按设计要求处理。

(3)地质探孔、竖井、平洞、试坑的处理是否符合设计要求。

(4)长、宽是否在允许偏差范围内;清理边坡应不陡于设计边坡。

2)坝基及岸坡地质构造处理

(1)岩石节理、裂隙、断层或构造破碎带已按设计要求进行处理。

(2)地质构造处理的灌浆工程符合设计要求和《水工建筑物水泥灌浆施工技术规范》(SL 62—94)的规定。

(3)岩石裂隙与节理处理方法符合设计,节理、裂隙内的充填物冲洗干净,回填水泥浆、水泥砂浆、混凝土饱满密实。

(4)进行断层或破碎带的处理,开挖宽度、深度符合设计要求,边坡稳定,回填混凝土密实,无深层裂缝,蜂窝麻面面积不大于0.5%,蜂窝进行处理。

3)坝基及岸坡渗水处理

(1)渗水已妥善排堵,基坑中无积水。

(2)经过处理的坝基及岸坡渗水,在回填土或浇筑混凝土范围内水源基本切断,无积水,无明流。

2. 填筑材料

1)料场复查与规划

承包人应根据工程所需各种土石料的使用要求,对合同指定的土石料场进行复勘核查,其复查内容包括:

(1)土石坝坝体等填筑体采用的各种土料和石料的开采范围和数量。

(2)土料场开采区表土开挖厚度及有效开采层厚度;石料场的剥离层厚度、有效开采层厚度和软弱夹层分布情况。

(3)根据施工图纸要求对土石料进行物理力学性能复核试验。

(4)土石料场的开采、加工、储存和装运。

承包人应根据合同提供的和承包人在料场复查中获得的料场地形、地质、水文气象、交通道路、开采条件和料场特性等各项资料以及监理人批准的施工措施计划，对各种用料进行统一规划，并提出料场规划报告报送监理人审批。料场规划报告的内容应包括：

(1)开采工作面的划分，以及开采区的供电系统、排水系统、堆料场、各种用料加工场、运输线路、装料站、弃渣场以及备用料源开采区等的布置设计。

(2)上述各系统和场站所需各项设备和设施的配置。

(3)料场的分期用地计划(包括用地数量和使用时间)。

料场规划应遵循下列原则：

(1)料场可开采量(自然方)与坝体填筑量的比值，堆石料为1.1~1.4；砂砾石料，水上为1.5~2.0，水下为2.0~2.5。

(2)爆破工作面规划应与料场道路规划结合进行，并应满足不同施工时段填筑强度需要。

(3)主堆石坝料的开采，宜选择运距较短、储量较大和便于高强度开采的料场，以保证坝体填筑的高峰用量。

(4)充分利用枢纽建筑物的开挖料。开挖时宜采用控制爆破方法，以获得满足设计级配要求的坝料，并做到"计划开挖、分类堆存"。

2)开采

承包人必须按监理人批准的料场开采范围和开采方法进行开采；土料开采应采用立采(或平采)的开采方法；石料应采用台阶法钻孔爆破分层开采的施工方法。

土料的开采应注意以下问题：

(1)风化料开采过程中，应使表层坡残积土与其下层的土状和碎块状全风化岩石均匀混合，并使风化岩块通过开采过程得到初步破碎。

(2)除专为心墙、斜墙的基础接触带开采的纯黏土外，在风化土料开采过程中，不应将土料和风化岩石分别堆放。

(3)用于坝体反滤层、垫层、过渡层、混凝土和灌浆工程中的砂砾料，应按不同使用要求，进行开挖、筛分、冲洗和分类堆存。

石料开采时应注意以下问题：

(1)石料开采前，应按批准的料场开采规划和作业措施，进行表土和覆盖层的剥离，至可用石层为止。剥离的表层有机土壤和废土应按规定运往指定地点堆放。

(2)在开采过程中，遇有比较集中的软弱带时，应按监理人的指示予以清除，严禁在可利用料内混杂废渣料。可利用料和废渣料均应分别运至指定的存料场堆放。

(3)开采出的石料，颗粒级配必须符合施工图纸和技术条款的要求，超径部分应进行二次破碎处理。

(4)堆料场的石料应分层存放，分层取用，严防颗粒分离。如已发生分离现象，承包人应重新将其混合均匀，且不得向发包人另行要求增加费用。

3)制备和加工

承包人应按批准的施工措施以及现场生产性试验确定的参数进行坝料制备和加工。

4)运输

(1)土料运输应与料场开采、装料和坝面卸料、铺料等工序持续和连贯进行，以免周转过多而导致含水量的过大变化。

(2)反滤料运输及卸料过程中,承包人应采取措施防止颗粒分离。运输过程中反滤料应保持湿润,卸料高度应加以限制。

(3)监理人认为不合格的土料、反滤料(含垫层料、过渡料)或堆石料,一律不得上坝。

5)填筑材料的质量检查

料场质量控制应按设计要求与本规范有关规定进行,主要内容包括:

(1)是否在规定的料区范围内开采,是否已将草皮、覆盖层等清除干净。

(2)开采、坝料加工方法是否符合有关规定。

(3)排水系统、防雨措施、负温下施工措施是否完善。

(4)坝料性质、含水量(指黏性土料、砾质土)是否符合规定。

设计应对各种填筑材料提出一些易于现场鉴别的控制指标与项目,具体如表3-12所示。其每班试验次数可根据现场情况确定。试验方法应以目测、手试为主,并取一定数量的代表样进行试验。

表3-12　填筑材料控制指标

坝料类别		控制项目与指标	备注
	黏性土	含水量上、下限值 黏粒含量下限值	
	砾质土	允许最大粒径 含水量上、下限值;砾石含量上、下限值	
反滤料		级配;含泥量上限值;风化软弱颗粒含量	
过渡料		允许最大粒径;含泥量	
坝壳砾质土		小于5mm含量的上、下限值;含水量的上、下限值	
坝壳砂砾料		含泥量及砾石含量	
堆石		允许最大块径;小于5mm粒径含量;风化软弱颗粒含量	

3. 填筑

施工过程中承包人应会同监理人定期进行以下各项目的检查。

1)土料填筑

在施工过程中,进行土料填筑时,主要检验和检查项目如下:

(1)土料铺筑,含水率适中,无不合格土,铺土均匀,铺土厚度满足设计要求,表面平整,无土块,无粗料集中,铺料边线整齐。

(2)上、下层铺土之间的结合处理,砂砾及其他杂物清除干净,表面刨毛,保持湿润。

(3)土料碾压,无漏压、欠压,表面平整,无弹簧土,起皮,脱空或剪力破坏现象,压实指标满足设计干密度的要求。

(4)接合面处理,进行削坡、湿润、刨毛处理,搭接无界。

2)堆石体填筑

进行堆石体填筑时,主要检验和检查项目如下:

(1)填筑材料符合施工规范和设计要求。

(2)每层填筑应在前一填筑层验收合格后才能进行。

(3)按选定的碾压参数进行施工;铺筑厚度不得超厚、超径;含泥量、洒水量符合规范和设计要求。

(4)材料的纵横向结合部位符合施工规范和设计要求;与岸坡结合处的料物不得分离、架空,对边角加强压实。

(5)填筑层铺料厚度、压实后的厚度满足要求(每层应有大于等于90%或95%的测点达到规定的铺料厚度)。

(6)堆石填筑层面基本平整,分区能基本均衡上升,大粒径料无较大面积集中现象。

(7)分层压实的干密度合格率满足要求(检测点的合格率大于等于90%或95%,不合格值不得小于设计干密度的0.98)。

(四)设备安装质量控制

1.设备安装准备阶段的质量控制

1)严格审核安装作业指导书,优化安装方案

主要机电设备安装项目开工前,安装单位必须编制安装作业指导书供监理工程师审核。通过审核可以优化安装程序和方案,以免因安装程序和方案不当,造成返工或延误工期;另一方面,安装单位能按审批的安装作业指导书要求进行安装,更好地控制安装质量。安装作业指导书未经监理工程师审批,不允许施工。

2)认真进行设备开箱验收,发现问题及时处理

设备运抵工地后,由监理、安装、项目法人和设备厂代表进行开箱检查和验收。在开箱检查时,对机电设备的外观进行检查、核对产品型号和参数、检查出厂合格证、出厂试验报告、技术说明书等资料,核对专用工具和备品备件,对缺损件和不合格品进行登记。

3)加强巡视检查、重点部位和重要试验旁站监理

机电设备的安装工序较多,每道工序一般都不重复,有时一天要完成几个工序的安装,因此监理工程师现场的巡视和跟踪是非常重要的,要掌握第一手资料,及时协调和处理发生的各种问题,使安装工程有序地进行。

2.设备安装过程的质量控制

设备安装过程的检查,包括设备基础、设备就位、设备调平找正、设备复查与二次灌浆。

1)设备基础

每台设备都有一个坚固的基础,以承受设备本身的重量和设备运转时产生的振动力和惯性力。若无一定体积的基础来承受这些负荷和抵抗振动,必将影响设备本身的精度和寿命。

根据使用材料的不同,基础分为素混凝土基础和钢筋混凝土基础。素混凝土基础主要用于安装静止设备和振动力不大的设备。钢筋混凝土基础用于安装大型及有振动力的设备。

设备安装就位前,安装单位应对设备基础进行检验,以保证安装工作的顺利进行。一般是检查基础的外形几何尺寸、位置等。对于大型设备的基础,应审核土建部门提供的预压及沉降观测记录,如无沉降观测记录,应进行基础预压,以免设备在安装后出现基础下沉和倾斜。

设备基础检验的主要内容有:

(1)所在基础表面的模板、露出基础外的钢筋等必须拆除,地脚螺栓孔内模板、碎料及杂物、积水应全部清除干净。

(2)根据设计图纸要求,检查所有预埋件的数量和位置的正确性。

(3)设备基础断面尺寸、位置、标高、平正度和质量。

(4)基础混凝土的强度是否满足设计要求。

(5)设备基础检查后,如有不合格的应及时处理。

2)设备就位

在设备安装中,正确地找出并画定设备安装的基准线,然后根据基准线将设备安放到正确的位置上,包括纵、横向的位置和标高。设备就位前,应将其底座底面的油污、泥土等去掉,需灌浆处的基础或地坪表面应凿成麻面,被油玷污的混凝土应予凿除,否则,灌浆质量无法保证。

设备就位时,一方面要根据基础上的安装基准线;另一方面还要根据设备本身画出的中心线(定位基准线)。为了使设备上的定位基准线对准安装基准线,通常将设备进行微移调整,使其安装过程中所出现的偏差控制在允许范围之内。

设备就位应平稳,防止摇晃位移;对重心较高的设备,应采取措施预防失稳倾覆。

3)设备调平找正

设备调平找正主要是使设备通过校正调整达到国家规范所规定的质量标准。分为三个步骤。

(1)设备的找正找平。

设备的找正找平也需要相应的基准面和测点。所选择的测点应有足够的代表性。一般情况下对于刚性较大的设备,测点数可较少;对于易变形的设备,测点数应适当增多。

(2)设备的初平。

设备的初平是在设备就位找正之后,初步将设备的安装水平调整到接近要求的程度。设备初平常与设备就位结合进行。

(3)设备的精平。

设备的精平是对设备进行最后的检查调整。设备的精平在清洗后的精加工面上进行。精平时,设备的地脚螺栓已经灌浆,其混凝土强度不应低于设计强度的70%,地脚螺栓可紧固。

4)设备复查与二次灌浆

每台设备安装定位,找正找平以后,要进行严格的复查工作,使设备的标高、中心和水平螺栓调整垫铁的紧度完全符合技术要求,如果检查结果完全符合安装技术标准,并经监理单位审核合格后,即可进行二次灌浆工作。

3. 设备安装质量的检验

设备转动精度的检查是设备安装质量检验的重点和难点。设备运行时是否平稳以及使用寿命的长短,不仅与组成这台机器的单体设备的制造质量有关,而且还与靠联轴器将各单体设备连成一体时的安装质量有关。机器的惯性越大,转速越高,对联轴器安装质量的要求也越高。为了避免设备安装产生的连接误差,许多国外设备的电动机与所驱动的设备被制造成一个整体,共用一个安装底(支)座,各自不再拥有独立的安装底座,从而方便了安装。目前检测联轴器安装精度较先进的仪器有激光对中仪,由于价格较贵,使用范围受限还没有普及,多数设备安装单位使用的仍是百分表、量块。

设备安装质量的另一项重要检测是轴线倾斜度,即两个相连转动设备的同轴度。

在设备安装监理过程中应对安装单位使用测量仪器的精度提出要求和进行检查,在安装过程中对半联轴器的加工精度进行复测,对螺栓的紧固应使用扭力扳手,有条件的最好使用液压扳手。在安装前要求安装单位预先提交检测记录表审核其检测项目有无缺项,允差标准值是否符合规范要求。目的是促使安装单位在安装过程中按照规范要求进行调试,以保证安装精度。

第二节　施工合同计量与支付控制

在合同款支付中,计量和计价是控制价款支付的最基本要素。水利工程施工合同常采用单价结算方式,因此,对监理工程师来说,熟悉、理解并正确使用合同工程量清单进行结算,十分重要。

一、工程计量

(一)《水利工程工程量清单计价规范》简介

为了规范水利工程工程量清单计价行为,统一水利工程工程量清单的编制和计价方法,根据建设部建标[2006]136 号"关于印发《2006 年工程建设标准规范制定、修订计划(第二批)的通知》"的有关要求,按照《招标投标法》和《建设工程工程量清单计价规范》(GB 50500—2003),结合水利工程建设的特点,水利部组织编制了《水利工程工程量清单计价规范》(GB 50501—2007),并于 2007 年 7 月 1 日起实施。本规范适用于水利枢纽、水力发电、引(调)水、供水、灌溉、河湖治理、堤防等新建、扩建、改建、加固工程的投标报价工程量清单的编制和计价活动。

规范中将工程量清单中项目分为:分类分项工程量清单、措施项目清单、其他项目清单和零星工作项目清单,清单格式分别如表 3-13、表 3-14、表 3-15、表 3-16 所示。

措施项目根据工程具体情况确定,主要包括环境保护措施、文明施工措施、安全防护措施、小型临时工程措施、施工企业进退场措施、大型施工设备安装拆迁费等。其他项目指为完成工程项目施工,发生于该工程施工过程中招标人要求计列的费用项目。

零星工作项目指完成招标人提出的零星工作项目所需的人工、材料、机械单价。

(二)工程计量的重要性

在施工过程中,对承包人已完成的工程量的测量和计算,称为工程计量,简称计量。

水利工程施工合同常采用单价合同形式结算，其主要依据的合同文件之一是工程量清单，常用格式如表3-13所示。

表3-13　分类分项工程量清单格式

合同标号：
工程名称：　　　　　　　　　　　　　　　　第　页　共　页

序号	项目编码	项目名称	计量单位	工程数量	主要技术条款编码	备注
1		一级项目				
1.1		二级项目				
1.1.1		三级项目				
1.1.2						
2						
2.1						
2.1.1						

表3-14　措施项目清单格式

合同标号：
工程名称：　　　　　　　　　　　　　　　　第　页　共　页

序号	项目名称	备注

表 3-15 其他项目清单格式

合同标号：

工程名称： 第 页 共 页

序号	项目名称	金额(元)	备注

表 3-16 零星项目清单格式

合同标号：

工程名称： 第 页 共 页

序号	名称	型号规格	计量单位	备注
1	人工			
2	材料			
3	机械			

在单价合同结算中，计量工作十分重要，计量结果的正确性和准确性，直接决定了工程价款支付的正确性和准确性。《水利水电土建工程施工合同条件》规定："合同《工程量清单》中开列的工程量是合同的估算工程量，不是承包人履行合同应当完成和用于结算的工程量。结算的工程量应是承包人实际完成的并按合同有关计量规定计量的工程量。"

控制工程计量，既要保证计量结果符合合同约定，又要有利于合同履行和管理，其要点是：

(1)严格按照合同约定计量项目范围计量。

(2)严格按照合同约定计量方法计量。

(3)承包人完成的予以计量的工程对象的质量符合合同约定标准。

(4)应建立规范、严谨的计量工作程序，设计和约定系统的计量成果报表格式和支持性材料内容和格式。

(三)合同计量的范围

所谓合同计量的范围,是指承包人完成的、按照合同约定应予以计量并据此作为计算合同支付价款的项目及其计量部分,在施工合同实施中,一般不是承包人完成的全部物理工程量。例如:合同规定按设计开挖线支付,对因承包人原因造成的不合理超挖部分不予计量;再如,对合同工程量清单中未单列但又属于合同约定承包人应完成的项目(如承包人自己规划设计的施工便道、临时栈桥、脚手架以及为施工需要而修建的施工排水泵、河岸护堤、隧洞内避车洞、临时支护等),不予计量,这些项目的费用被认为在承包人报价中已经考虑,分摊到合同工程量清单中的相应项目中了。

一般来说,应予以计量的合同项目范围为:

(1)合同工程量清单中的全部项目。

(2)经监理人发出变更指令的变更项目。

(3)经监理人同意并由承包人完成的计日工项目。

(四)监理人认可承包人计量项目的原则

监理人认可承包人申报的工程计量,应符合下列条件。

(1)计量项目应确属完工或正在施工项目的已完成部分。对于承包人未完成的工程任何部分,监理人均不得提前认可。

(2)计量项目的质量应符合合同规定的技术标准。对于质量不合格的项目,不管承包人以什么理由要求计量,监理人均不予进行计量。

(3)承包人申报的计量项目、计量方法、采用标准等均应符合合同文件的约定,并且计算结果准确。

(4)计量项目的申报资料和验收手续应该齐全。承包人在申报工程计量时,应按约定提交完整的支持性材料,一般包括:

①监理人同意计量项目开工的证明材料。

②监理人对计量项目质量合格的认可证书、质量评定自检表等。

③项目计量原始数据资料、计算过程和成果等,如测量控制基线、桩位布置图、图纸或测量资料、工程量计算书等。

一般来说,合同文件中规定的计量程序、工作内容等不太详细和具体,为防止出现工作漏洞,减少争议,使计量工作规范化、标准化、程序化,监理人应通过“监理实施细则”加以规定,并通知承包人。

(五)计量工作方式

根据《水利水电土建工程施工合同条件》(GF—2000—0208),计量方式如下。

1.由承包人在监理人的监督下进行计量

承包人应按合同规定的计量办法,按月对已完成的质量合格的工程进行准确计量,并在每月末随同月付款申请单,按《工程量清单》的项目分项向监理人提交完成工程量月报表和有关计量资料。

然后,监理人对承包人提交的工程量月报表进行复核,以确定当月完成的工程量,有疑问时,可以要求承包人派员与监理人共同复核,并可要求承包人按规定进行抽样复测,此时,承包人应指派代表协助监理人进行复核并按监理人的要求提供补充的计量资料。若承包人未按监理人的要求派代表参加复核,则监理人复核修正的工程量应被视为承包人实际完成的准确工程量。

2. 监理人与承包人联合计量

在监理人认为有必要时,可要求与承包人联合进行测量计量,即:在承包人完成了《工程量清单》中每个项目的全部工程量后,监理人要求承包人派员共同对每个项目的历次计量报表进行汇总和通过测量核实该项目的最终结算工程量,并可要求承包人提供补充计量资料,以确定该项目最后一次进度付款的准确工程量。如承包人未按监理人的要求派员参加,则监理人最终核实的工程量应被视为该项目完成的准确工程量。

有些特殊项目诸如建筑物的原始地形、水下地形、疏浚工程量的计算等,在合同中也可以约定由发包人代表、设计代表、监理人、承包人联合进行测量和计算,以确保工程量的计算计量准确。

采用这种计量方式,由于双方在现场共同确认计量结果,减少了计量与计量结果确认的时间,同时也保证了计量的质量,是目前提倡的计量方式。

(六)计量的方法

工程计量是发包人向承包人支付工程价款的主要依据。工程量清单中的项目的工程量是用做投标报价的估算工程量,不作为最终结算的工程量,用于结算的工程量是承包人实际完成的并按合同技术条款中有关计量与支付的规定计量的工程量,监理人应按合同严格执行。

监理人的计量工作,既要做到公正、诚信、科学,又要执行科学的计量方法,使计量工作尽量做到系统化、程序化、标准化和制度化。各个项目的计量方法,一般在技术条款、工程量清单前言中规定,实际计量方法必须与合同文件所规定的计量方法相一致。一般情况下,有以下几种方法。

1. 现场测量

现场测量就是根据现场实际完成的工程情况,按规定的方法进行丈量、测算,最终确定支付工程量。

在每月的计量工作中,对承包人递交的收方资料,除进行室内复核工作之外,还应现场进行测量抽查,抽查数量一般控制在递交剖面的5%~10%。对工程量和投资影响较大的收方资料,抽查量应适当增加;反之可减少。如覆盖层开挖计量,除检查施工面貌外,可适当抽查几个部位,并且采取中间计量的方式进行月计量,最终以开挖面貌或设计开挖线形成后的总量控制。要特别注意土石方开挖和土石方填筑工程量的计量规则,是按实际开挖的面貌还是按设计开挖线计量,应依据合同规定确定。

土石方开挖工程量的计量,要特别注意土方和石方的计量界线。水利水电工程施工合同技术条款中以施工开挖方法和使用的开挖机械划分土方和石方的计量界线。将无须采用爆破技术进行开挖,而可直接使用手工工具或土方机械开挖的料物定义为“土方”,将需要采用系统钻孔和爆破作业开挖的料物定义为“石方”,并规定使用机械开挖的风化岩石,以及小于或等于0.7m^3的孤石或岩块均列为“土方”;体积大于0.7m^3、需用钻爆方法破碎的孤石或岩块均列为“石方”。由于各个工程的规模及其开挖所用的机械不同,合同中规定的土方和石方的计量界限不同，例如：二滩工程以 $1m^3$ 坚硬孤石为界，三峡工程以 $1.5m^3$ 坚硬孤石为界。对于一般大中型工程施工设备而言，以 $0.7m^3$ 的坚硬孤石为界较好。

2. 按设计图纸计量

按设计图纸计量是指根据施工图对完成的工程量进行计算，以确定支付工程量的方法。一般对混凝土、砖石砌体、钢木结构等建筑物或构筑物按设计图纸的轮廓线计算工程量。

3. 仪表测量

仪表测量是指通过仪表对所完成的工程量的计量，如项目所使用的风、水、电、油等，以及混凝土灌浆、泥土灌浆等。

4. 按单据计算

按单据计算是指根据工程实际发生的进货或进场材料、设备的发票、收据等，对所完成工程进行的计量。这些材料和设备须符合合同规定或有关规范的要求，且已应用到项目中。

5. 按监理人批准计量

按监理人批准计量是指在工程实施中承包人按照监理人的批准、指示完成某些工作，其批准、指示中明确的工程量作为支付工程量，承包人据此申请支付。这类计量主要发生在现场条件变化情况，如隧洞支护的随机锚杆、基础处理的换填等。

6. 合同中个别总价项目的计量

在水电工程施工固定单价合同中，有一些项目由于种种原因，不宜采用单价计价，而采用总价，如临建工程、临时房建工程、某些导截流工程、观测仪器埋设、机电安装工程等。

承包人应将工程量清单中的总价承包项目进行分解，并在签订协议书后的28d内将该项目的分解表提交监理人审批。分解表应标明其所属子项和分阶段需支付的金额。在合同实施过程中，依据承包人完成的总价项目形象进度和总价项目分解表进行支付。

（七）工程量的计量计算

所有工程项目的工程量的计量计算方法均应符合合同技术条款的规定，这里主要介绍水利水电工程施工合同技术条款规定的水利工程工程量的计量计算方法。

1. 重量计量的计算

（1）凡以重量计量的材料，应使用经国家计量部门检验合格的称量器，在规定的地点进行称量。

（2）钢材的计量应按施工图纸所示的净值计量。

在水利工程中使用的钢材主要包括钢结构中使用的板、管、型材以及钢筋混凝土中使用的钢筋、钢丝等。

（1）钢筋应按监理人批准的钢筋下料表，以直径和长度计算，不计入钢筋损耗和架设定位的附加钢筋量。

（2）预应力钢绞线、预应力钢筋和预应力钢丝的工程量，按锚固长度与工作长度之和计算重量。按每千牛·米（kN·m）单价进行计算，单价包括预应力钢绞线、预应力钢筋和预应力钢丝张拉所需的材料、锚固件、套管和固定埋设件等的提供、制作、安装、张拉以及试验检验和质量验收所需的人工、材料以及使用设备和辅助设施等一切费用。灌浆所用人工、材料及使用设备和辅助设施的费用，均应包括在预应力钢绞线、预应力钢筋和预应力钢丝的单价中。

(3)钢板和型钢钢材按制成件的成型净尺寸和使用钢材规格的标准单位重量计算其工程量，不计其下料损耗量和施工安装等所需的附加钢材用量。施工附加量均不单独计量，而应包括在有关钢筋、钢材和预应力钢材等各自的单价中。

【例 3-1】 钢筋的计量。

(1)计算钢筋用量(即工程量)，是以设计长度(m)乘以单位重量(kg/m)求得，以吨计算。

(2)计算钢筋应区分现浇还是预制件、钢种及规格分别计算。

(3)如图 3-2 所示，求钢筋的用量。假设混凝土保护层厚度、弯钩长度、搭接长度不计。钢筋每米长度理论重量见表 3-17。

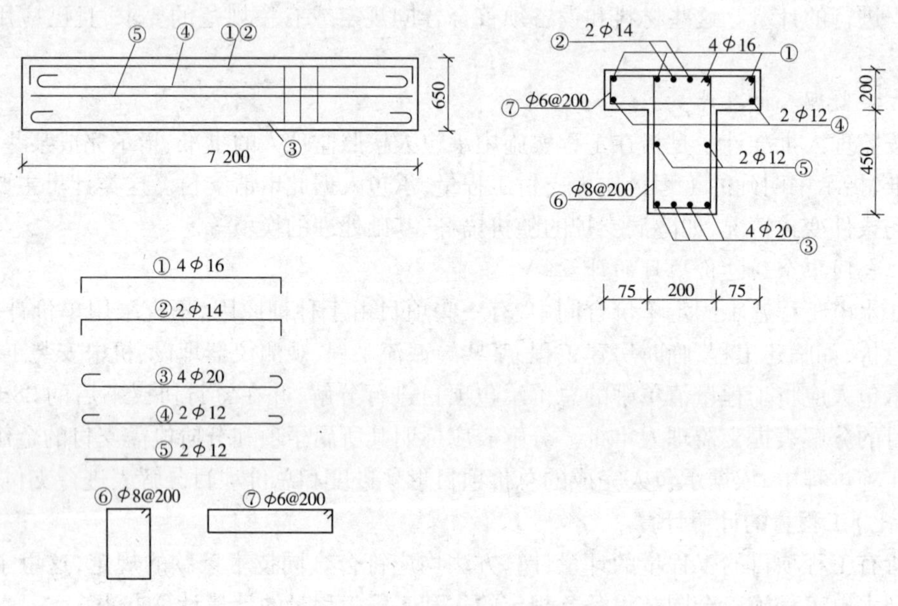

图 3-2　例 3-1 图　(单位:mm)

表 3-17　钢筋每米长度理论重量

直径(mm)	6	8	12	14	16	18	20
理论重量(kg/m)	0.222	0.395	0.888	1.208	1.578	1.998	2.466

计算过程:①7.2m × 4 × 1.58kg/m = 45.5kg

②7.2m × 2 × 1.21kg/m = 17.4kg

③7.2m × 4 × 2.47kg/m = 71.1kg

④7.2m × 2 × 0.888kg/m = 12.8kg

⑤7.2m × 2 × 0.888kg/m = 12.8kg

⑥[(7.2m/0.2m) + 1] × (0.2m + 0.45m + 0.2m) × 2 × 0.395kg/m = 24.8kg

⑦[(7.2m/0.2m)+1]×(0.2m+0.075m×2+0.2m)×2×0.222kg/m=9.0kg

注:在水利水电工程中,根据技术条款,钢筋的计量和支付如下。

(1)每项钢筋以监理人批准的钢筋下料表所列的钢筋直径和长度换算成重量进行计算。承包人为施工需要设置的架立筋,在切割、弯曲、加工中损耗的钢筋重量,不予计量。各项钢筋分别按《工程量清单》所列项目每吨单价支付,单价中包括钢筋材料的采购、加工、运输、储存、安装、试验以及质量检查和验收等所需的全部人工、材料以及使用机械设备和辅助设施等一切费用。

(2)锚筋。由钻孔、现场灌浆以及锚筋材料组成,锚筋以根数计量。按《工程量清单》中所列项目的每根单价支付,单价包括锚筋材料的采购、运输和保管、锚筋的加工和安装、锚筋孔的钻孔和灌浆以及施工中的试验检测、质量检查和验收等所需的全部人工、材料以及使用机械设备和辅助设施等一切费用。

2. 面积计量的计算

结构面积的计算,应按施工图纸所示结构物尺寸线或监理人指示在现场实际量测的结构物净尺寸进行计算。

【例3-2】 求图3-3高低跨单层厂房的建筑面积。

计算过程:

边跨的建筑面积 $F_1=(60+0.175\times2)\times(12.0+0.35)\times2=1\ 491(\text{m}^2)$

中跨的建筑面积 $F_2=(60.0+0.175\times2)\times18=1\ 086(\text{m}^2)$

总建筑面积 $=1\ 491+1\ 086=2\ 577(\text{m}^2)$

对于这样的建筑物,由于内容一致,一般不需要将中跨、边跨分开计算。

建筑面积 $=(60.0+0.175\times2)\times(42.0+0.35\times2)=2\ 577(\text{m}^2)$

【例3-3】 求图3-4现浇混凝土十字形梁的模板工程量。

计算过程:

工程量 $=12.0\times(0.9\times2+0.4)+0.25\times0.9\times2+0.1\times0.15\times2\times2=26.91(\text{m}^2)$

注:在水利水电工程中,混凝土浇筑、预制件和预应力混凝土构件模板的计量和支付如下。

(1)坝体混凝土模板包括坝中孔洞模板、坝上道路、桥梁、栏杆、踏步、预制件和预应力构件的模板应分摊在每立方米混凝土单价中,不单独计量和支付。单价中包括模板及其支撑材料的提供及模板的制作、安装、维护、拆除、质量检查和检验等所需的全部人工、材料及其使用设备和辅助设施等一切费用。

(2)混凝土浇筑的曲面模板或结构物表面有平整度和特殊要求的模板,应按混凝土接触面的每立方米计,分别按工程量清单所列每立方米单价支付。单价中包括模板材料的提供,模板的制作、安装、维护、拆除、质量检查和检验等所需的全部人工、材料及其使用设备和辅助设施等一切费用。

3. 体积计量的计算

1)结构物体积计量的计算

结构物体积计量的计算,应按施工图纸所示轮廓线内的实际工程量或按监理人指示在现场量测的净尺寸线进行。大体积混凝土中所设体积小于 0.1m^3 的空洞、排水管、预

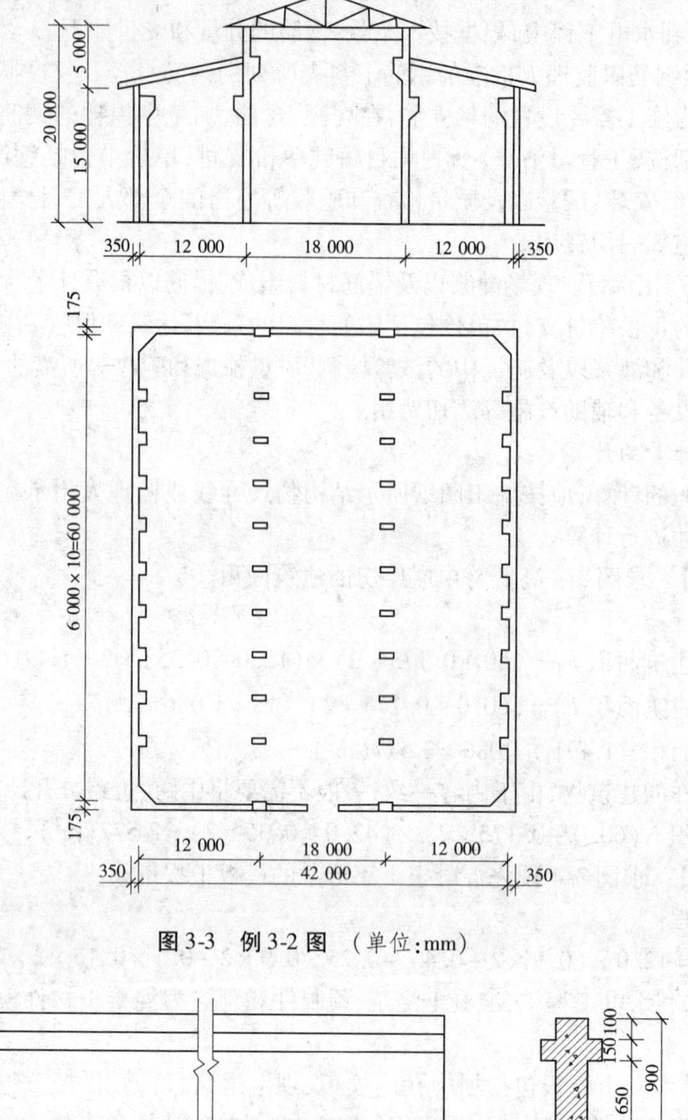

图 3-3　例 3-2 图　（单位:mm）

图 3-4　例 3-3 图　（单位:mm）

埋管和凹槽等工程量不予扣除,按施工图纸和指示要求对临时孔洞进行回填的工程量不重复计量。

2）混凝土工程量的计量

混凝土工程量的计量,应按监理人签认的已完工程的净尺寸计算。

3）土石方填筑工程量的计量,应按完工验收时实测的工程量进行最终计量。

【例 3-4】　计算图 3-5 所示预制钢筋混凝土桩的 150 根的工程量。

计算过程:根据计算规则,按桩全长(不扣除桩尖虚体积),以 m^3 计算。

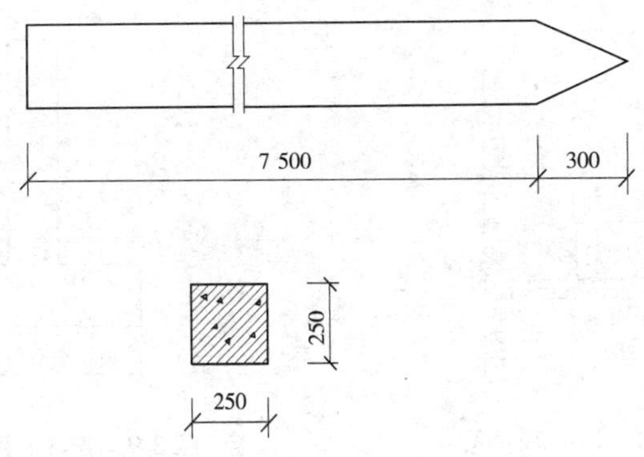

图 3-5　例 3-4 图　（单位:mm）

工程量 = (7.5 + 0.3) × 0.25 × 0.25 × 150 = 73.13(m^3)

【例 3-5】　如图 3-6 所示,设有一地槽基础,槽底尺寸为 1.2m,槽深为 3m,土壤类别为三类土。施工组织设计规定该地槽施工面为 30cm,地槽长度为 30m,试计算该地槽挖土方工程量。

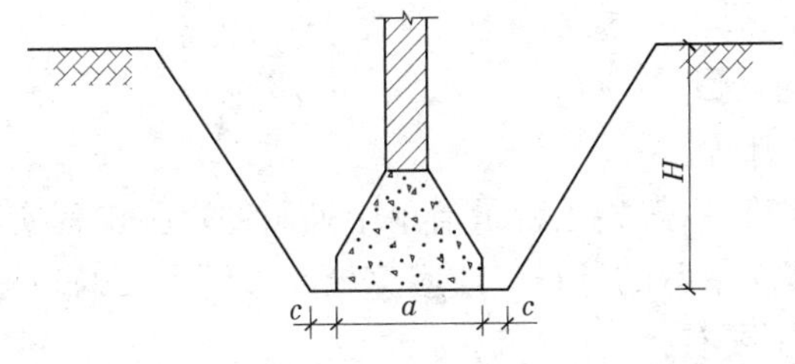

图 3-6　例 3-5 图

计算过程:根据地槽放坡计算公式有

$$V = (a + 2c + KH)HL$$

式中有 $a = 1.2\text{m}, H = 3\text{m}, c = 0.3\text{m}, K = 0.33$。

则　$V = 3 \times (1.20 + 2 \times 0.30 + 3 \times 0.33) \times 30 = 251.1(\text{m}^3)$。

【例 3-6】　如图 3-7 所示。已知圆形地坑:$R = 2.2\text{m}, r = 1.6\text{m}, H = 2.1\text{m}$,求地坑的工程量。

计算过程:工程量 = (1/3) × 3.141 6 × ($2.2^2 + 1.6^2$ + 2.2 × 1.6) × 2.1 = 24.01(m^3)

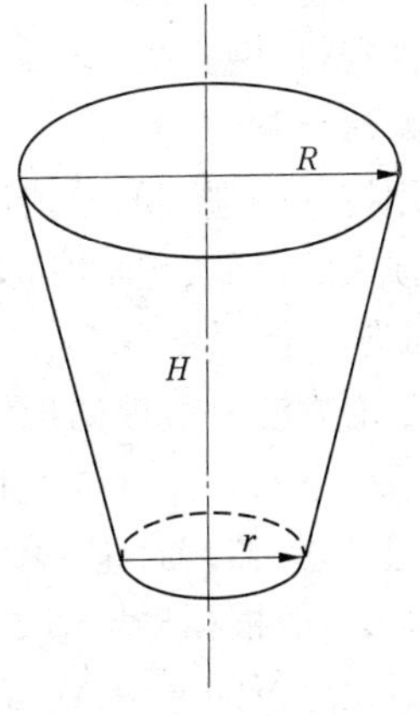

图 3-7　例 3-6 图

【例 3-7】　如图 3-8 所示。某梁基础,长为 20m,求其混凝土工程量。

计算过程:带梁基础梁高: 梁宽≤4∶1时,按带形基础计算。

工程量 = [(0.4 × 2 + 0.3) × 0.6 + 0.3 × 0.8] × 20 = 18(m^3)

【例 3-8】　如图 3-9 所示。求带梁基础工程量(基础长 10m)。

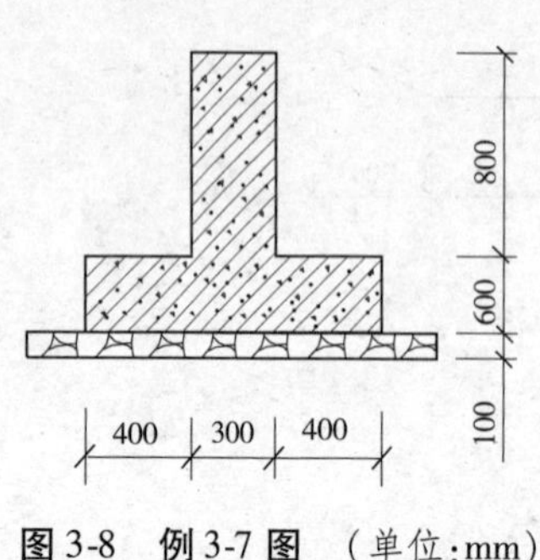

图 3-8 例 3-7 图 （单位:mm）

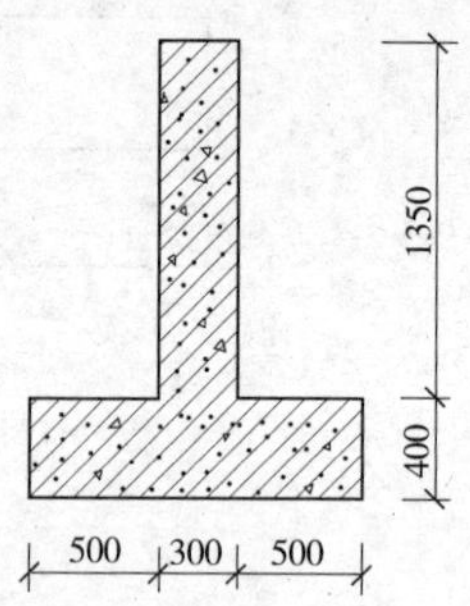

图 3-9 例 3-8 图 （单位:mm）

计算过程:带梁基础梁高∶梁宽≥4∶1时,底板按板式基础计算,其上的按墙体计算。

底板工程量 =(0.5×2+0.3)×0.4×10=5.2(m^3)

混凝土墙 =0.3×1.35×10=4.05(m^3)

4. 长度计量的计算

所有以延长米计量的结构物,除施工图纸另有规定,应按平行于结构物位置的纵向轴线或基础方向的长度计算。

(八)特殊情况下的计量

1. 按资源价值消耗计量

工程量的测量和计算,一般指工程量清单中列明的永久工程实物量的计量,但有时也需要对承包人完成监理人指示的计日工或应急抢险等所需要的现场实际资源消耗进行计量。这时,计量的要素主要有:

(1)人工消耗(工日数)。

(2)机械台(时)班消耗。

(3)材料消耗。

(4)时间消耗。

(5)其他有关消耗。

根据现场实际资源实际消耗量进行计量,监理人应做好同期的记录,并及时认证形成书面文件资料,做到"日清周结月汇总",切勿拖延签字认证。

2. 赔偿计量

费用控制中遇到的赔偿计量主要是对承包人提出的索赔的计量。赔偿计量中主要是对资源损失的计量,包括有形资源(人工、机械、材料)损失计量和无形资源(时间、效率、空间)损失计量。

计量的方法一般根据现场记录计算资源的实际损失,但有时也采用有无影响事件发生两种情况下的对比方法。有形资源损失较易计量,监理人一般可根据对专项工作连续监测和记录(如监理日记、承包人的同期记录等)按实际损失法计量;时间、空间损失情况较为复杂,一般根据现场记录和文件,通过综合分析、计算进行计量;承包人的效率损失则常采用对比分析的方法,在资料分析的基础上,通过协商确定"效率降低系数"(影响事件使正常效率降低的程度)进行计量。

在这类赔偿计量中,首先应区分承发包双发的责任,对承包人自身原因造成的费用增加不应予以计量。

(九)计价方式

计价是对已完成的工作量的价款进行计算,是在计量的基础上,对符合合同规定的工作,按合同规定的计价方式进行价款计算。合同中对工程的计量与计价都有规定,对项目的计量与计价必须符合合同的规定,监理人没有权利修改合同中不合理的计量和计价条款,但可以建议合同双方修改;对合同中不合法的计量和计价监理人一定要建议合同双方修改,合同双方不修改的不合法条款,监理人有权拒绝签证。

在水电工程的固定单价合同中,项目的计价一般采用单价计价、包干(总价)计价、计日工计价三种计价支付方式。现分别对单价计价、计日工计价介绍如下。

1. 单价计价方式项目的计价

水利水电工程施工中,大多数项目采用单价计价方式进行工程价款的支付,即按计量工程量乘以合同单价进行结算。

按照施工合同条件的规定,工程量清单中项目的单价,除非工程变更,单价是不能改变的。因此,工程款项的支付,除非变更项目的单价,不允许采用工程量清单中单价以外的任何价格。在使用工程量清单中的单价时,应注意:

(1)除合同另有规定外,工程量清单中的单价和合价包括由承包人承担的直接费、间接费、其他费用、税金等全部费用和要求获得的利润以及应由承包人承担的义务、责任和风险所发生的一切费用。

(2)符合合同规定的全部费用和利润都应包括在工程量清单所列的各项目中,合同规定应由承包人承担而在工程量清单中未详细列出的项目,其费用和利润应认为已包括在其他有关项目的单价和合价中。

(3)没有标价的项目不予支付任何款项。根据合同文件的规定,承包人在投标时,对工程量清单中的每项都应提出报价。对于工程量清单中没有填报单价或合价的项目,将被认为该项目的费用已包括在清单的其他单价或合价中。因此,对工程量清单中没有标价的项目不予支付任何款项。

2. 计日工费用的计价

关于计日工费用的计价,一般采用下述方法:

(1)工程量清单中,对采用计日工形式可能涉及到不同工种的劳力、材料、设备的价格进行了规定。因此在进行计日工工作时,这些劳力、材料及设备的费用可根据工程量清单中相同项目的单价计取有关费用。

(2)尽管工程量清单中对一些劳力、材料及设备进行了定价,但进行计日工工作时,往往还有一些劳力、材料及设备在清单中没有定价。对于清单中没有定价的项目,应按实际发生的费用加上合同中规定的费率支付其有关的费用,或合同双方依据合同的有关规定进一步协商确定。

按照合同规定,计日工费用从合同备用金中支出。

二、工程款支付控制

工程款支付一般包括月进度款支付、完工结算和最终结清等。工程款的支付,不仅关系到合同的最终结算款额,而且还关系到发包人的资金成本和承包人资金流的合理性,以及承发包双方的资金风险。工程款支付是监理人合同管理的重要工作。

(一)工程款支付

1. 工程预付款的支付与扣还

在发包人与承包人签订施工合同后,为做好施工准备,承包人需要大量的资金投入。由于工程项目一般投资巨大,承包人往往难以承受。发包人为了使工程顺利进展,除做好施工现场准备外,以预付款的形式借给承包人一部分资金,主要供承包人做好施工准备并用于工程施工初期各项费用的支出,例如用于临时工程的建设、材料订购以及工程设备购置或租用等,帮助承包人解决资金周转困难问题。

所以,工程预付款是在项目施工合同签订后由发包人按照合同约定,在正式开工前预先支付给承包人的一笔款项。预付款的这种支付性质决定了它是无息的,但要有借有还。

1)工程预付款数额的确定

工程预付款的额度一般为合同价的15%左右。具体事宜由发包人与承包人在项目施工合同中约定。如水利部颁布的《水利水电土建工程施工合同条件》规定:工程预付款的总金额应不低于合同价格的10%。发包人提供的预付款数额越大,对承包人的前期资金压力越小。

2)工程预付款的支付条件

(1)发包人与承包人之间的协议书已签订并生效;

(2)承包人根据合同条款,在收到中标通知书后28d内已向业主提供了履约担保;

(3)承包人根据合同的格式与要求已提交了预付款保函(数额等同于工程预付款)。

3)工程预付款的支付

一般情况下在满足以上条件之后,承包人向监理人提出预付款申请,监理人按合同规定进行审核,满足合同规定的预付款支付条件的,监理人应向发包人发出工程预付款支付证书;而发包人应在收到工程预付款支付证书后向承包人支付工程预付款。

水利部颁布的《水利水电土建工程施工合同条件》规定工程预付款分两次支付:第一次支付金额应不低于预付款总金额的40%,一般取50%,在承包人提交预付款保函后支付;第二次支付需待承包人主要设备进入工地后,其完成的工作和进场的设备的估算价值已达到预付款金额时支付。

4)工程预付款的扣还

开工以后,支付的工程预付款要从承包人取得的工程进度款中陆续扣还,扣还的办法应在合同中明确规定。一般方式为从已发生的支付总额超出合同价的某一百分比之后的下一个临时支付证书开始扣还。一般扣还的方式为:按阶段付款累计支付额或月支付额(不包括保留金)的一定比例随月支付陆续扣还,并保证到合同期满前的某一时间(一般为合同期满前3个月)之前全部扣完。

水利部颁布的《水利水电土建工程施工合同条件》规定按完成的工程量的一定比例,计算累计扣回工程预付款的金额。

$$R = \frac{A}{(F_2 - F_1)S}(C - F_1S) \tag{3-9}$$

式中　R——累计扣回工程预付款金额；$0 \leqslant R \leqslant A$，某月计算的 R 应减去上月的累积扣款额度 R 上，才为当月应扣的工程预付款；

A——工程预付款总金额；

S——合同价；

C——合同累计完成金额；

F_1——合同规定的开始扣工程预付款时合同累计完成金额达到合同价格的比例，一般为20%；

F_2——合同规定的工程预付款全部扣完时合同累计完成金额达到合同价格的比例，一般为90%。

预付款的支付与扣还方式应在合同中明确地规定下来。如果在合同实施中发生了整个工程移交证书颁发时或合同中止等情况时，工程预付款仍未扣清，未扣偿清的工程预付款余额应全部、一次退还给发包人。

【例3-9】　某工程项目施工合同采用《水利水电土建工程施工合同条件》，合同价格2 000万元，合同工期12个月。工程预付款为合同价格的10%，工程开工前由发包人一次付清。工程预付款扣回采用公式为：

$$R = \frac{A}{(F_2 - F_1)S}(C - F_1 S)$$

式中 $F_1 = 20\%$，$F_2 = 90\%$。合同实施到第3个月时，累计扣还工程预付款50万元；合同实施到第4个月时，累计完成合同金额890万元，则第4个月应扣还的工程预付款计算如下：

$$R = \frac{A}{(F_2 - F_1)S}(C - F_1 S) = \frac{2\,000 \times 10\%}{(90\% - 20\%) \times 2\,000} \times (890 - 0.2 \times 2\,000) = 70(\text{万元})$$

本月应扣工程预付款为：

$$70 - 50 = 20(\text{万元})$$

2. 材料预付款的支付与扣还

根据《水利水电土建工程施工合同条件》规定，发包人应对承包人购进的合同专用条款规定的主要材料支付材料预付款。承包人向监理人提交材料预付款支付申请，应符合如下条件：

(1)材料的质量和储存条件符合技术条款的要求；

(2)材料已到达工地，并经承包人和监理人共同验点入库；

(3)承包人应按监理人的要求提交材料的订货单、收据或价格证明文件。

材料预付款金额为经监理人审核后的实际材料价的90%，在月进度付款中支付。

预付款从付款月后的6个月内在月进度付款中每月按该预付款金额的1/6平均扣还。

3. 保留金的扣留与退还

保留金也叫滞留金或滞付金，是发包人从承包人完成的合同工程款额中扣留的用于承包人完成工程缺陷和尾工义务的担保。

施工合同一般规定，发包人应从承包人有权得到的进度款中扣留一定比例(一般为应支付价款的10%)的金额,直到该项金额达到合同规定的保留金最高限额(一般为合同总价的5%)为止。

随着工程项目的完工和保修期满,发包人应依据合同规定向承包人退还扣留的保留金,一般分两次退还,具体方式为:

(1)当整个工程通过完工验收并颁发移交证书后14d内,监理人应开具支付证书将所扣保留金的一半支付给承包人。如果是颁发部分工程的移交证书,监理人则应开具证书将与该部分永久工程价值相应的保留金余额的一半付给承包人。

(2)剩余的保留金在全部工程保修期满后退还给承包人。需要注意的是,监理人在颁发了缺陷责任证书后,若仍发现有工程缺陷应由承包人维修,剩余的保留金仍可暂不退还。

4. 工程进度付款

工程进度付款是按照工程施工进度分阶段地对承包人支付的一种付款方式,如月结算、分阶段结算或发包人、承包人在合同中约定的其他方式。在水利水电工程施工承包合同中,一般规定按月支付。按月结算是在上月结算的基础上,根据当月的合同履行情况进行的结算。

承包人应在每月末按监理人规定的格式提交月进度付款申请单,并按规定附完成工程量月报表。该申请单应包括以下内容:

(1)已完成的《工程量清单》中的工程项目及其他项目的应付金额。

(2)经监理人签认的当月计日工支付凭证标明的应付金额。

(3)工程材料预付款金额。

(4)价格调整金额。

(5)根据合同规定承包人应有权得到的其他金额。

(6)应由发包人扣还的工程预付款和工程材料预付款金额。

(7)应由发包人扣留的保留金金额。

(8)扣除按合同规定应由承包人付给发包人的其他金额。

为了便于月进度款审核和完工结算时的对已支付款项的分类统计,根据《水利工程建设项目施工监理规范》规定,月支付凭证的形式如表3-18所示。

5. 完工结算

1)完工结算的内容

合同项目完工并经验收、移交,颁发移交证书后,在合同规定时间内,承包人应向监理人提交完工付款申请,经监理人审核后签发完工支付证书。完工支付证书与中期付款证书不同:监理人在审核中期付款申请后,可以将承包人申请的不合理款项删掉,也可以对前一个阶段付款进行修正;完工支付证书的结算性质决定了监理人已无后续付款证书可以修正,因此,应在承包人提出的合同项目完工付款申请的基础上,与发包人和承包人协商并达成一致的意见。

完工结算的内容主要包括:

(1)确认按照合同规定应支付给承包人的款额。

(2)确认发包人已支付的所有款额。

(3)确认发包人还应支付给承包人或者承包人还应支付给发包人的余额,双方以此余额相互找清。

在完工结算阶段,往往存在未解决的索赔问题需要进一步协商,有时会产生争议。

表 3-18　××工程月支付凭证

工程或费用名称		本期前累计完成额(元)	本期申请金额(元)	本期末累计完成额(元)	备　注
应支付金额	合同单价项目				
	合同合价项目				
	合同新增项目				
	计日工项目				
	索赔项目				
	材料预付款				
	价格调整				
	发包人迟付款利息				
	其他				
应支付金额合计					
应扣除金额	工程预付款				
	材料预付款				
	保留金				
	违约赔偿				
	其他				
应扣除金额合计					
月总支付金额　=　应支付金额合计 - 应扣除金额合计					

2)完工结算时的价格调整

在完工结算时,若出现由于合同规定进行的全部变更工作引起合同价格增减的金额,以及实际工程量与工程量清单中估算工程量的差值引起合同价格增减的金额(不包括备用金和物价波动、法规变更引起的价格调整)的总和超过合同价格(不包括备用金)的15%时,监理人应与发包人和承包人协商确定调整金额。若协商后未达成一致意见,则应由监理人在进一步调查工程实际情况后提出确定意见,征得发包人同意后将确定结果通知承包人。调整金额仅考虑变更引起的增减总金额以及实际工程量与《工程量清单》中估算工程量的差值引起的增减总金额之和超过合同价格(不包括备用金)的15%的部分。

3)完工结算项目的分类

合同项目完工结算时,一般将支付项目分类为工程量清单项目(包括单价项目和总价项目)、新增项目、计日工项目和索赔等。

(1)工程量清单项目的结算。

工程量清单中的项目的结算应严格按照合同规定进行。对没有发生变更的项目,其单价或合价必须取用工程量清单中该项目相应的单价或合价;对发生变更的项目,应附发包人与承包人协商一致并签认的单价或合价文件以及变更指示、变更方案等支持性材料。对工程量清单中单价项目的计量工程量,应依据合同规定的计量方法,附相应的计算简图、计算公式、计算式等支持性材料;总价项目一般按合同工程量清单支付。

物价波动引起的价格调整和法律法规变更引起的价格调整,应附价格调整所依据的文件、计算式等,并分类编列。

(2)新增项目的结算。

合同新增项目的结算与工程量清单项目的结算类似,但需要注意编列一下资料:

①变更批准文件、变更指示、设计图纸、施工方案;

②变更项目计量资料;

③合同双方签认的单价或合价文件。

有时,在合同实施过程中,合同双方就新增项目另行签订了补充协议,结算工作应按照补充协议进行,并提供相应的支持性材料。

一般来说,新增项目的结算文件应单独装订成册。

(3)计日工项目支付。

计日工项目的支付,应附计日工指示、计日工计量支持性材料(如现场计量资料、图纸或票据,以及工作量的计算),一般单独装订成册。

(4)索赔项目的结算。

索赔项目(工作)的结算应按最后合同双方对索赔事件的最终一致性意见进行汇总。索赔项目结算时,对于费用直接与工程量清单中的项目构成联系的,如有些索赔是变更项目引起的,并且,该项目的正常支付已按支付工程量和合同规定的单价结算,则索赔计算只计算增加或减少的那部分单价所引起的费用就可以。

6. 最终结清

在保修期终止后,并且发包人(或监理人)向承包人颁发了保修责任终止证书,施工合同双方可进行合同的最终结清,其程序如下。

1)承包人向监理人提交最终付款申请

详细说明以下内容:

(1)根据合同所完成的全部工程价款金额。

(2)根据合同应该支付给承包人的追加金额。

(3)承包人认为应付给他的其他金额。

在提交最终付款申请的同时,承包人应给发包人一份书面结清单,并将一份副本交监理人,进一步证实最终付款申请报表中的总额,相当于全部的和最后确定应付给他(由合同引起的以及与合同有关)的所有金额。

在书面结清单生效后,承包人的合同义务即告解除。结清单生效的前提是:

(1)最终支付证书中的款项得到了支付。

(2)履约保函已被退还。

(3)监理人签发最终支付证书

监理人在收到承包人提交的最终付款申请单和承包人给发包人的书面结清单副本后,在合同规定时间内,出具最终付款证书报送发包人审批。

2)发包人最终支付

监理人开具的最终支付证书送交发包人后,在合同规定时间内,发包人应按合同规定的最终支付的款项付款给承包人。

7.备用金

1)备用金的使用

在招投标期间,对于没有足够资料可以准确估价的项目和不可预见的工作,可以采取备用金的形式。在合同实施过程中,备用金可能全部或部分地使用,或根本不予动用。

备用金的使用,必须依据合同规定得到监理人和发包人的事先许可,并应按照监理人的指示,进行备用金项目的工作。没有监理人的指示,承包人不能进行备用金项目的任何工作。

2)计日工支付

计日工亦称"点工"或"散工",是指在合同实施的过程中,某些零星的工作在工程量清单中没有包括,监理人认为这些工作有必要进行并认为按计日工更适宜,从而以数量或时间的消耗为基础进行计量与支付的工作。例如,施工中发现了具有考古价值的文物、化石等需要开挖;发现了难以预见的地下障碍等。

在招标文件中,包含有一套零星的计日工表,表中标明了工程设备类型、材料、人工、施工机械设备等预估项目;有的招标文件还给出了这些设备、材料、人工和机械设备的名义工程量。投标人对这个表的单价进行填报,有名义工程量的还要计算合价和总价。计日工实质上也属于备用金的性质,作为一笔预备费,其价款支付也包含在备用金之内。

对于计日工的支付,一般应符合以下规定:

(1)以计日工的形式进行的任何工作,必须有监理人的指示。

(2)经监理人批准以计日工的形式进行的工作,承包人在施工过程中,每天应向监理人提交参加该项计日工工作的人员姓名、职业、级别、工作时间和有关的材料、设备清单和使用的消耗量及耗时,同时每月向监理人提交一份关于记录计日工工作所用的劳力、材料、设备价格和数量以及时间消耗的报表。

计日工随工程进度款一并支付。

(二)合同解除后的结算

解除合同是指在履行合同过程中,由于某些原因而使继续履行合同成为不合适或不可能,从而终止合同的履行。对施工承包合同,有三种情况下的解除合同:承包人违约,发包人违约和不可抗力引起的解除合同。

1.承包人违约引起解除合同后的结算

因承包人违约造成施工合同解除的,监理人应就合同解除前承包人应得到但未支付的下列工程价款和费用签发付款证书,但应扣除根据施工合同约定应由承包人承担的违约费用:

(1)已实施的永久工程合同金额;

(2)工程量清单中列有的、已实施的临时工程合同金额和计日工金额;

(3)为合同项目施工合理采购、制备的材料、构配件、工程设备的费用;

(4)承包人依据有关规定、约定应得到的其他费用与违约费用之差。

2.发包人违约引起解除合同后的结算

因发包人违约造成施工合同解除的,监理人应就合同解除前承包人所应得到但未支付的下列工程价款和费用签发付款证书:

(1)已实施的永久工程合同金额;

(2)工程量清单中列有的、已实施的临时工程合同金额和计日工金额;

(3)为合同项目施工合理采购、制备的材料、构配件、工程设备的费用;

(4)承包人的退场费用;

(5)由于解除施工合同给承包人造成的直接损失;

(6)承包人依据有关规定、约定应得到的其他费用。

3.不可抗力引起解除合同后的结算

在履行合同过程中,发生不可抗力事件使一方或双方无法继续履行合同时,可解除合同。因不可抗力致使施工合同解除的,监理人应根据施工合同约定,就承包人应得到但未支付的下列工程价款和费用签发付款证书:

(1)已实施的永久工程合同金额;

(2)工程量清单中列有的、已实施的临时工程合同金额和计日工金额;

(3)为合同项目施工合理采购、制备的材料、构配件、工程设备的费用;

(4)承包人依据有关规定、约定应得到的其他费用。

第三节　施工进度目标控制

一、合同进度计划

《水利水电土建工程施工合同条件》规定:承包人应按技术条款规定的内容和期限以及监理人的指示,编制施工总进度计划报送监理人审批。监理人应在技术条款规定的期限内批复承包人。经监理人批准的施工总进度计划(称合同进度计划),作为控制本合同工程进度的依据,并据此编制年、季和月进度计划报送监理人审批。在施工总进度计划批准前,应按签订协议书时商定的进度计划和监理人的指示控制工程进展。

在承包人按合同约定提交了总进度计划后,监理人应在合同约定时间内,组织力量对承包人提交的进度计划进行全面、深入的审核,并提出审批意见。对进度计划的审核,不能只局限于对进度计划本身的审核,还应十分重视进度计划与施工技术方案、施工总体布置、资源供应计划等有关方面的关系;应考虑不利自然条件可能对计划实施的影响。

(一)审批程序

(1)承包人应在施工合同约定的时间内向监理人提交施工进度计划。

(2)监理人应在收到施工进度计划后及时进行审查,提出明确审批意见。必要时召集由发包人、设计单位参加的施工进度计划审查专题会议,听取承包人的汇报,分析研究有关问题。

(3)如施工进度计划中存在问题,监理人应提出审查意见,要求承包人进行修改或调整。

(4)审批施工总进度计划。

(二)监理人审核进度计划的主要内容

1. 响应性与符合性

施工进度计划应满足合同工期和阶段性目标(或称进度里程碑)的要求:

(1)合同规定的工程完工日期(包括中间完工日期)是承包人编制进度计划的基本要求和约束条件,不得有任何拖延,否则,会对工程按期投产运行产生影响。

(2)为了有效控制施工进度,在工程工期较长的情况下,应将总工期目标分解为若干个里程碑目标。这样,便于在进度控制中明确当前具体目标与任务,及时采取有效措施实施主动控制,分解工期延误风险。因此,在计划审查过程中,不仅要分析各项工作任务对总工期的影响,还要分析它对进度里程碑实现的影响。

(3)进度里程碑的设置应考虑其目标重要性和影响力。如应选择主要单位工程的开工、完工或在工程建设过程中的重要阶段(如截流、度汛、水库蓄水、引水工程通水及分期投产等),这些里程碑目标既是进度控制的重点,对工程总体进展和效益影响大,又有利于对有关参建单位和人员产生巨大的影响力,从思想上、组织上和工作上给以足够的重视。

2. 正确性与可行性

施工进度计划中应无项目内容漏项或重复的情况,工作项目的持续时间、资源需求等基本数据准确,各项目之间逻辑关系正确,施工方案具有可行性。这样的计划才切合实际,才能指导工作。

一个合同项目包括的工作数目很多,漏项、逻辑关系错误或数据错误是经常发生的,这就要求监理人在审查进度计划时,既要有严肃认真的工作作风,又要有科学严谨的工作方法。同时,工作人员还应具有一定的工程经验和发现问题的直观判断能力。

施工方案是施工进度顺利进行的技术保证。因此,在进度计划审查时,应重视施工方案的分析、论证。虽然,施工成本控制是承包人的义务,但是,不合理的施工方案,会影响承包人资金的有效使用,激化资金供需矛盾。不可行的施工方案,将直接影响工程按计划完成,关键施工方案的不可行甚至会导致承包人无能力补救的局面而影响到工程投资效益(如大量资金浪费造成承包人没有资金再投入能力、工期大幅度延误等)。在进度计划审批中,常见的施工方案不可行情形有:承包人采用的施工方案不能保证进度要求、实际施工强度达不到计划强度、作业交叉与工艺间歇要求而影响施工工效、现场干扰较大而影响施工工效、自然条件不利而影响施工工效、存在安全或质量隐患而可能影响工程进度、实际成本过高导致承包人在正常情况下不可能按计划投入、施工方案不适用于本工程的作业条件(如工程地质条件、水文地质条件、气候条件等)或不能满足本工程的技术标准要求等。诸如上述问题,监理人应明确要求承包人调整施工方案或进度计划。

3. 关键路线选择的正确性

关键路线的进度决定了整个计划的工期。关键路线进度的任何延误,都可能引起工程工期的延误。因此,关键路线的确定,决定了管理工作的重点以及有限资源的配置。关键路线的错误选择,经常会影响工程总体进度。在以往的工程实践中,关键路线选择不正确的情况时有发生。造成这种错误选择的原因除工程本身复杂外,在进度计划编制和审批中的主要原因有:只关注工程量的大小与施工工效计算,而未对干扰因素进行全面深入的分析;只重视现场施工任务量的大小,而忽视了外部工作的必要时间(这些工作所需时间经常又是项目管理者无法直接控制的,如设计进度、设计重大变更时间、征地与外部环境协调时间和设备制造时间等)。因此,在确定关键路线时,监理人应深入了解当地作业条件和发包人的工作计划;应在发包人主持下与为发包人提供服务的设计、材料与设备供应单位以及与工程建设有关的相关政府行业管理部门(如交通、防汛、供水、供电)充分沟通与协商;应与承包人就作业条件、地质条件、气候条件、施工方案、资源投入、作业效率、不可抗力及其他影响因素等进行仔细分析,在全面、系统的分析论证基础上确定关键路线。当影响因素复杂且不确定性较大时,应在充分听取、综合有经验专家的意见基础上,通过计划评审技术(PERT)、图示评审技术(GERT)、风险评审技术(VERT)或系统仿真技术等数学手段,进行更为深入、科学的分析。

4.进度计划与资源计划的协调性

人力、材料和施工设备等资源配置计划和施工进度计划相协调,工程设备供应计划与施工进度计划相协调,进度计划与发包人提供施工条件相协调。

资源供应是施工进度实施的基本保证。要使进度计划顺利实施,必须有与之相匹配的资源供应计划,如施工设备计划、工程设备计划、材料计划、劳动力计划、场地使用计划、道路使用计划、图纸供应计划和资金计划等。因此,在施工进度计划审批中,应仔细分析进度计划与资源计划的协调性,并应分析影响资源供应的因素,尤其是对于工程线路长、施工场地分散、施工强度高、资金需求大、图纸提供与场地提供要求集中的项目。

对于合同规定应由发包人提供的、对工程施工进度影响大且供应中干扰因素多的资源,监理人应提请发包人加以重视并落实到工作计划中(如资金、图纸、场地、工程设备等)。当这些资源计划需要与为发包人提供服务的其他单位(如设计单位、地方移民局)进行协商时,应在发包人主持下或在发包人授权委托下召开有关方面的协调会,在充分听取各方意见和沟通、协商的基础上,确定满足合同规定的、有关各方能够接受的、相互协调的进度计划和资源供应计划。

对于合同规定应由承包人提供的、对工程施工进度影响大且供应中干扰因素多的资源,监理人应在审批意见中要求承包人采取相应措施(如施工设备、劳动力、材料与中间产品)。对于工程施工中需要委托加工的特殊大型施工设备或需要自行生产的主要中间产品,监理人应要求承包人随同进度计划提交相应的实施方案与计划,并进行深入、细致的分析、考察和论证,以保证其满足施工进度的要求。

5.各标段施工进度计划之间的协调性

当工程项目规模大、涉及专业技术跨度大时,经常进行分标发包。多个承包人在一个工程上施工,经常会因为场地交叉、交通通道交叉、作业交叉或干扰发生冲突。因此,监理人在审批进度计划时,应仔细分析各标承包人提交的进度计划中相关作业的工作条件及其关系,通过沟通、协商,使进度计划在时间上、空间上衔接有序。

6. 施工强度的合理性和施工环境的适应性

施工进度计划中的施工强度应尽量均衡，既有利于施工质量与安全，又有利于资源调配与降低成本。

水利水电工程施工受到的社会、自然因素影响大，如施工期的供水要求、施工度汛、冬季施工等。因此，一方面，监理人应仔细分析进度计划与自然影响因素的关系，要求承包人合理调整施工进度计划，尽量避开不利的施工时段；另一方面，应要求承包人随同进度计划提交特殊施工期的施工方案与措施，并在进度计划审批中仔细分析、深入考察，系统论证方案的可行性。

二、施工进度控制的措施

在施工进度检查、监督中，监理人如果发现实际进度较计划进度拖延，一方面应分析这种偏差对工程后续进度及工程工期的影响，另一方面应分析造成进度拖延的原因。若工期拖延属于发包人责任或风险，则应在保留承包人工期索赔权力的情况下，经发包人同意，做出正确的处理，批准工程延期或发出加速施工指令，同时商定由此给承包人造成的费用补偿。若工期拖延属于承包人自己的责任或风险造成的进度拖延，则监理人可视拖延程度及其影响，发出相应的赶工指令，要求承包人加快施工进度，必要时应调整其施工进度计划，直到监理人满意为止。

（一）施工进度的监督、检查、记录

进度控制是一个动态过程，在施工过程中影响进度的因素很多。因此，监理人应对施工进度实施全过程的跟踪监督、检查。

1. 施工进度监督、检查的日常监理工作

（1）现场监理人员每天应对承包人的施工活动安排，人员、材料、施工设备等进行监督、检查，促使承包人按照批准的施工方案、作业安排组织施工，检查实际完成进度情况，并填写施工进度现场记录。

（2）对比分析实际进度与计划进度的偏差，分析工作效率现状及其潜力，预测后期施工进展。特别是对关键路线，应重点做好进度的监督、检查、分析和预控。

（3）要求承包人做好现场施工记录，并按周、月提交相应的进度报告，特别是对于工期延误或可能的工期延误，应分析原因，提出解决对策。

（4）督促承包人按照合同规定的总工期目标和进度计划，合理安排施工强度，加强施工资源供应管理，做到按章作业、均衡施工、文明施工，尽量避免出现突击抢工、赶工局面。

（5）督促承包人建立施工进度管理体系，做好生产调度、施工进度安排与调整等各项工作，并加强质量、安全管理，切实做到“以质量促进度、以安全促进度”。

（6）通过对施工进度的跟踪检查，及早预见、发现并协调解决影响施工进度的干扰因素，尽量避免因承包人之间作业干扰、图纸供应延误、施工场地提供延误和设备供应延误等对施工进度的干扰与影响。

2. 施工进度的例会监督检查

结合现场监理例会（如周例会、月例会），要求承包人对上次例会以来的施工进度计划完成情况进行汇报，对进度延误说明原因。依据承包人的汇报和监理人掌握的现场情

况，对存在的问题进行分析，并要求承包人提出合理、可行的赶工措施方案，经监理人同意后落实到后续阶段的进度计划中。

（二）关键路线的控制

在进度计划实施过程中，控制关键路线的进度，是保证工程按期完成的关键。因此，监理人应从施工方案、作业程序、资源投入、外部条件、工作效率等全方位，督促承包人加强关键路线的进度控制。

1. 加强监督、检查与预控管理

对每一标段的关键路线作业，监理人应逐日、逐周、逐月检查施工准备、施工条件和工程进度计划的实施情况，及时发现问题，研究赶工措施，抓住有利赶工时机，及时纠正进度偏差。例如在某工程隧洞施工中，施工支洞至出口段为本标段的关键路线，按照当时的进展情况，工期延误可能性较大。监理人根据现场情况和经验，认为先浇筑隧洞底板，改善洞内交通条件，有利于加快进度。承包人依据监理人的建议及时调整了作业计划，使工程按期完工。又如，在某工程隧洞衬砌施工中，经过监理人的测算，认为承包人投入的模板数量不足，采用散模的作业时间较长，不能满足工期要求。监理人及时提出建议，承包人采取了增加模板数量以增加工作面、使用混凝土外加剂缩短工艺间歇时间、散模改为整体钢模台车等措施，保证了工程按期完工。

2. 研究、建议采用新技术

当工程工期延误较严重时，采用新技术、新工艺，是加快施工进度的有效措施。对这一问题，监理人应抓住时机，深入开展调查研究，仔细分析问题的严重性与对策。对于承包人原因造成的延误，应督促承包人及时提出相应措施方案；对于发包人原因造成的进度延误，监理人应协助发包人研究、比较相应的措施方案，对由于采用新技术引起的承包人的成本增加，应尽快与发包人、承包人协商解决，避免这一问题长期悬而未决，影响承包人的工作积极性，造成工程进度的进一步延误。

（三）逐月、逐季施工进度计划的审批及其资源核查

根据合同规定，承包人应按照监理人要求的格式、详细程度、方式和时间，向监理人逐月、逐季递交施工进度计划，以得到监理人的同意。监理人审批月、季施工进度计划的目的，是看其是否满足合同工期和总进度计划的要求。如果承包人计划完成的工程量或工程面貌满足不了合同工期和总进度计划的要求（包括防洪度汛、向后续承包人移交工作面、河床截流、下闸蓄水、工程完工和机组试运行等），则应要求承包人采取措施，如增加计划完成工程量，加大施工强度，加强管理，改变施工工艺和增加设备等。同时，监理人还应审批施工进度计划对施工质量和施工安全的保证程度。

一般来说，监理人在审批月、季进度计划中应注意以下几点：

（1）首先应了解承包人上个计划期完成的工程量和形象面貌情况。

（2）分析承包人所提供的施工进度计划（包括季、月）是否能满足合同工期和施工总进度计划的要求。

（3）为完成计划所采取的措施是否得当，施工设备、人力能否满足要求，施工管理上有无问题。

（4）核实承包人的材料供应计划与库存材料数量，分析是否满足施工进度计划的要求。

(5)施工进度计划中所需的施工场地、通道是否能够保证。

(6)施工图供应计划是否与进度计划协调。

(7)工程设备供应计划是否与进度计划协调。

(8)该承包人的施工进度计划与其他承包人的施工进度计划有无相互干扰。

(9)为完成施工进度计划所采取的方案对施工质量、施工安全和环保有无影响。

(10)计划内容、计划中采用的数据有无错漏之处。

(四)防范重大自然灾害对工期的影响

在水利工程施工中,经常遇到超标准洪水、异常暴雨、台风等恶劣自然灾害的影响。因此,监理人应根据当地的自然灾害情况,指示承包人提前做好防范预案,尽量做到早预测、早准备、有措施。一方面,应抓住有利时机加快施工进度;另一方面,为防范和规避自然灾害可能对工期的重大影响做好充分准备。

(五)施工进度计划的动态调整

施工进度是动态的,原计划的关键路线可能转化为非关键路线,而原来的某些非关键路线又有可能上升为关键路线。因此,必须随时进行实际进度与计划进度的对比、分析,及时发现新情况,适时调整进度计划。经过施工实际进度与计划进度的对比和分析,若进度的拖延对后续工作或工程工期影响较大时,监理人不容忽视,应及时采取相应措施。如果进度拖延不是由于承包人的原因或风险造成的,应在剩余网络计划分析的基础上,着手研究相应措施(如发布加速施工指令、批准工程工期延期或加速施工与部分工程工期延期的组合方案等),并征得发包人同意后实施,同时应主动与发包人、承包人协调,决定由此应给予承包商相应的费用补偿,随着月支付一并办理;如果工程施工进度拖延是由于承包人的原因或风险造成的,监理人可发出赶工指令,要求承包人采取措施,修正进度计划,以使监理人满意。监理人在审批承包人的修正进度计划时,可根据剩余网络的分析结果做以下考虑。

1. 在原计划范围内采取赶工措施

工程进度延误后,进度计划调整的原则如下。

(1)计划调整应从工程建设全局出发,对后续工程的施工影响小,即:日进度的延误尽量在周计划内调整,周进度的延误尽量在下周计划内调整,月计划的延误尽量在下月计划内调整;一个项目(或标段)的进度延误尽量在本项目(或标段)计划时间内或其时差内赶工完成,尽量减少对后续项目尤其是其他标段项目的影响。

(2)进度里程碑目标不得随意突破。

(3)合同规定的总工期和中间完工日期不得随意调整。

(4)计划的调整应首先保证关键工作的按期完成。

(5)计划调整应首先保证受洪水、降雨等自然条件影响和公路交叉、穿越市镇、影响市政供水供电等项目按期完成。

(6)计划调整应选择合理的施工方案和适度增加资源的投入,使费用增加较少。

2. 超过合同工期的进度调整

当进度拖延造成的影响在合同规定的控制工期内调整计划已无法补救时,只有调整控制工期。这种情况只有在万不得已时才允许。调整时应注意如下两方面。

(1)先调整投产日期外的其他控制日期。例如:截流日期拖延可考虑以加快基坑施工进度来弥补,厂房土建工期拖延可考虑以加快机电安装进度来弥补,开挖时间拖延可考虑以加快浇筑进度来弥补,以不影响第一台机组发电时间为原则。

(2)经过各方认真研究讨论,采取各种有效措施仍无法保证合同规定的总工期时,可考虑将工期后延,但应在充分论证的基础上报上级主管部门审批。进度调整应使完工日期推迟最短。

3. 工期提前的调整

在工程建设实践中,经常由于技术方案合理、管理得当、工程建设环境有利,使工程施工进度总体提前,只有个别项目的进度制约工程提前投产,而这些制约工程提前投产的项目其提前完工的赶工费用又不大,这是调整计划提前完工投产的极好时机。例如水电站项目蓄水、引水系统和电站土建部分基本具备发电条件,加快机组安装,提前发电,往往效益巨大;再如,供水工程全线施工进度总体提前,提前通水只是受个别标段或单位工程施工进度的制约情况。此时,监理人应协助发包人全面分析工程提前完工的可能性、费用增加以及提前投产的效益。若通过赶工作业,提前完工有利,应协助发包人拟定合理方案,并就赶工引起的合同问题与承包人沟通、协商,通过补充协议落实承包人按照要求提前完工的措施计划、发包人应提供的条件以及应补偿承包人的费用与激励办法。

一般情况下,只要能达到预期目标,调整应越少越好。在进行项目进度调整时,应充分考虑如下各方面因素的制约。

(1)后续施工项目合同工期的限制。

(2)进度调整后,给后续施工项目会不会造成赶工或窝工而导致其工期和经济上遭受损失。

(3)材料物资供应需求上的制约。

(4)劳动力供应需求的制约。

(5)工程投资分配计划的制约。

(6)外界自然条件的制约。

(7)施工项目之间逻辑关系的制约。

(8)进度调整引起的支付费率调整。

(六)进度协调管理

1. 承包人之间的进度协调

当一个建设项目分为几个标进行招标施工时,各标同在一个工地上施工,相互之间难免会发生相互干扰,出现这样或那样的分歧和矛盾,需要有人从中进行协调。为了便于协调工作的进行,通常合同文件都有规定:承包人应为发包人及其聘用的第三方实施工程项目的施工、安装或其他工作,提供必要的工作条件和生活条件。如施工工序的衔接,施工场地的使用,风、水、电的提供。由于承包人与承包人之间无合同关系,他们之间的协调工作应由监理人进行。因此,合同文件中一般也规定,承包人应按照监理人的指示改变作业顺序和作业时间。协调工作是非常复杂的,往往涉及经济问题。因此,在工程分标时就应尽量避免分标过小,导致标与标之间的干扰加大。如何组织各标之间的衔接,使工程施工能顺利交接并协调有序地进行，是监理人的一项重要任务。协调工作可大致分为以下几方面。

1）工程总进度协调

工程总进度协调的主要任务是把每个承包人的施工组织设计、单位工程施工措施和年、季、月等施工进度计划纳入总进度计划协调中，以保证总目标的实现。

2）施工干扰的协调

承包人之间产生施工干扰，往往表现在下列几个方面：

（1）几家承包人共用一条交通道路的协调。

（2）几家承包人共同交叉使用一个场地的协调。

（3）承包人之间交叉使用对方的施工设备和临时设施的协调。

（4）某一承包人损坏了另一承包人的临时设施协调。

（5）两标紧邻部位的施工干扰的协调。

（6）两标施工场地和工作面移交的协调。

2. 承包人与发包人之间的协调

合同文件在规定承包人应完成的任务的同时，也规定了发包人应该提供的施工条件。如承包人进场条件，水、电、路、通信、场地、工程设备、图纸及资金等。有时发包人与承包人之间在上述方面由于某种原因发生冲突，监理人应做好协调工作。

三、施工暂停管理

（一）暂停施工的原因

引起暂停施工的原因很多，可分为：发包人原因、承包人原因和其他事件原因。

1. 发包人原因暂停施工

发包人原因引起的暂停施工主要有：

（1）发包人要求暂停施工时；

（2）整个工程或部分工程的设计有重大改变，近期内提不出施工图；

（3）发包人在工程款支付方面遇到严重困难，或者按合同规定由发包人承担的工程设备供应、材料供应及场地提供等遇到严重困难。

2. 承包人原因暂停施工

承包人原因引起的暂停施工主要有：

（1）承包人自身原因的暂停施工；

（2）承包人未经许可即进行主体工程施工时；

（3）承包人未按照批准的施工组织设计或工法施工，并且可能会出现工程质量问题或造成安全事故隐患时；

（4）承包人拒绝服从监理机构的管理，不执行监理机构的指示，从而将对工程质量、进度和投资控制产生严重影响时。

3. 其他事件原因暂停施工

除上述发包人或承包人原因可能引起暂停施工外，引起暂停施工的其他原因还很多，如：

(1)工程继续施工将会对第三者或社会公共利益造成损害时。

(2)为了保证工程质量、安全所必要时。

(3)发生了须暂时停止施工的紧急事件,如出现恶性现场施工条件、事故等(如隧洞塌方、地基沉陷等)。

(4)施工现场气候条件的限制,如严寒季节要停止浇筑混凝土,连绵多雨时不宜修筑土坝黏土心墙。这里说的施工现场气候条件的限制不同于恶劣的气候条件,属于承包人的施工承包风险,发生的额外费用由承包人自己承担。

(5)不可抗力发生,如出现特殊风险(如战争、内战、放射性污染、动乱等);特大自然灾害,如强烈地震、毁灭性水灾等;严重流行性传染病蔓延,威胁现场工人的生命安全。

(二)暂停施工的责任

1.承包人的责任

发生下列暂停施工事件,属于承包人的责任:

(1)由于承包人违约引起的暂停施工。

(2)由于现场非异常恶劣气候条件引起的正常停工。

(3)为工程的合理施工和保证安全所必须的暂停施工。

(4)未得到监理人许可的承包人擅自停工。

(5)其他由于承包人原因引起的暂停施工。

上述事件引起的暂停施工,承包人不能提出增加费用和延长工期的要求。

2.发包人的责任

发生下列暂停施工事件,属于发包人的责任:

(1)由于发包人违约引起的暂停施工。

(2)由于不可抗力的自然或社会因素引起的暂停施工。

(3)其他由于发包人原因引起的暂停施工。

上述事件引起的暂停施工造成的工期延误,承包人有权提出工期索赔要求。

(三)暂停施工的处理程序

1.暂停施工指示

(1)监理人认为有必要并征得发包人同意后(紧急事件可在签发指示后及时通知发包人),可向承包人发布暂停工程或部分工程施工的指示,承包人应按指示的要求立即暂停施工。不论由于何种原因引起的暂停施工,承包人应在暂停施工期间负责妥善保护工程和提供安全保障。

(2)由于发包人的责任发生暂停施工的情况时,若监理人未及时下达暂停施工指示,承包人可向其提出暂停施工的书面请求,监理人应在接到请求后的48h内予以答复,若不按期答复,可视为承包人请求已获同意。

2.复工通知

工程暂停施工后,监理人应与发包人和承包人协商采取有效措施积极消除停工因素的影响。当工程具备复工条件时,监理人应立即向承包人发出复工通知,承包人收到复工通知后,应在监理人指定的期限内复工。若承包人无故拖延和拒绝复工,由此增加的费用和工期延误责任由承包人承担。

3. 暂停施工持续56d以上

(1)若监理人在下达暂停施工指示后56d内仍未给予承包人复工通知,除了该项停工属于承包人责任的情况外,承包人可向监理人提交书面通知,要求监理人在收到书面通知后28d内准许已暂停施工的工程或其中一部分工程继续施工。若监理人逾期不予批准,则承包人有权作出以下选择:当暂时停工仅影响合同中部分工程时,按合同有关变更条款规定将此项停工工程视作可取消的工程,并通知监理人;当暂时停工影响整个工程时,可视为发包人违约,应按合同有关发包人违约的规定办理。

(2)若发生由承包人责任引起的暂停施工时,承包人在收到监理人暂停施工指示后56d内不积极采取措施复工造成工期延误,则应视为承包人违约,可按合同有关承包人违约的规定办理。

思考题

1. 监理人施工质量控制的依据是什么?
2. 监理人质量控制的方法是什么?
3. 合同项目开工前,监理人应检查承包人的哪些条件?
4. 合同进度计划是如何确定的?
5. 监理人审核施工进度计划的要点有哪些?
6. 暂停施工管理的程序是什么?
7. 工程计量和计价的原则是什么?
8. 工程款支付的内容有哪些?

第四章　水利工程质量与安全生产管理

第一节　水利建设工程质量责任和义务

建设工程是人们日常生活和生产、经营、工作的主要场所，是人类生存和发展的物质基础。建设工程的质量，不但关系到生产经营活动的正常运行，也关系到人民生命财产安全。因此，必须贯彻“百年大计，质量第一”的方针，必须规范参建各方的建设行为。要确保建设工程质量，不但需要建设单位、勘察设计单位、施工单位、工程监理单位等责任主体各负其责，各级政府建设行政主管部门和其他有关部门还必须加强对工程建设参与各方主体的行为和工程质量的监督管理，加强对有关法律、法规和强制性标准执行情况的检查。

一、建设单位的质量责任和义务

建设单位作为建设工程的投资人，是建设工程的重要责任主体。建设单位有权选择承包单位，有权对建设过程检查、控制，对工程进行验收，支付工程款和费用，在工程建设各个环节负责综合管理工作，在整个建设活动中居于主导地位。因此，要保证建设工程的质量，首先就要对建设单位的行为进行规范，对其质量责任予以明确。

（一）建设单位应当依法对工程建设项目的勘察、设计、施工、监理以及与工程建设有关的重要设备、材料等的采购进行招标

建设单位选择承包单位和材料供应单位，通常有两种方式：一是直接发包，即建设单位不经过价格比较，直接将工程的勘察、设计、施工、监理、材料设备供应等委托给有关单位。第二种方式是招标，包括公开招标和邀请招标。《中华人民共和国招标投标法》对需要强制招标的项目作了规定。

（二）建设工程发包单位不得迫使承包方以低于成本价格竞标，不得任意压缩合理工期；建设单位不得明示或暗示设计单位或者施工单位违反工程建设强制性标准，降低建设工程质量

若中标的单位在承包工程后，为了减少开支，降低成本，往往采取偷工减料、以次充好、粗制滥造等手段，致使工程出现质量问题，影响工程效益的发挥，最终受损害的仍是建设单位。

合理工期是指在正常建设条件下，各参加单位均获得满意的经济效益的工期，建设单位不能为了早日发挥项目的效益，迫使承包单位大量增加人力、物力投入，赶工期，损害承包单位的利益。实际工作中，盲目赶工期，简化工序，不按规程操作，导致建设项目出现问题的情况很多，这是应该制止的。

强制性标准是保证建设工程结构安全可靠的基础性要求，违反了这类标准，必然会给建设工程带来重大质量隐患。

(三)实行监理的建设工程,建设单位应当委托具有相应资质等级的工程监理单位进行监理,也可以委托具有工程监理相应资质等级并与被监理工程的施工承包单位没有隶属关系或者其他利害关系的该工程的设计单位进行监理

下列建设工程必须实行监理:

(1)国家重点建设工程;

(2)大中型公用事业工程;

(3)成片开发建设的住宅小区工程;

(4)利用外国政府或者国际组织贷款、援助资金的工程;

(5)国家规定必须实行监理的其他工程。

工程监理单位的资质反映了该单位从事某项监理工作的资格和能力,是国家对工程监理市场准入管理的重要手段。只有获得相应资质证书的单位才具备保证工程监理工作质量的能力,因此建设单位必须将需要监理的工程委托给具有相应资质等级的工程监理单位进行监理。

一般由国家投资,或由国家担保的外资投资,与国民经济发展和人民生活关系密切,必须强制实行监理。

(四)建设单位应当将工程发包给具有相应资质等级的单位,建设单位不得将建设工程肢解发包

工程发包权是建设单位最重要的权力之一,建设单位应切实用好这一权力,将工程发包给具有相应资质等级的单位来承担,是保证建设工程质量的基本前提。

若建设单位违反建设市场的有关管理规定,将建设工程发包给无资质或资质等级不符合条件的承包企业,一方面扰乱了市场,更主要的是,因为承包企业不具备完成建设项目的资金和技术能力,使得项目半途而废或质量低劣,受损失的还是建设单位。

肢解发包是指建设单位将应当由一个承包单位完成的建设工程分解成若干部分发包给不同的承包单位的行为。建设单位发包工程时,应该根据工程特点,以有利于工程的质量、进度、成本控制为原则,合理划分标段,不得肢解发包工程。建设单位按其性质的技术联系应当由一个承包单位整体承包的工程,肢解成若干部分,分别发包给几个承包单位,由于建设单位一般不具备工程管理的专业知识和经验,使得整个工程建设在管理和技术上缺乏应有的统筹协调,往往造成施工现场秩序的混乱,责任不清,严重影响工程建设质量,出了问题也很难找到责任方。

(五)建设单位在领取施工许可证或者开工报告前,应当按照国家有关规定办理工程质量监督手续

建设单位在领取施工许可证或者开工报告之前,应当按照国家有关规定,到工程质量监督机构办理工程质量监督手续,接受政府部门的工程质量监督管理。

建设单位办理工程质量监督手续时应提供以下文件和资料:

(1)工程规划许可证;

(2)设计单位资质等级证书;

(3)监理单位资质等级证书,监理合同;

(4)施工单位资质等级证书及营业执照副本;

(5)工程勘察设计文件;

(6)中标通知书及施工承包合同等。

工程质量监督机构收到上述文件和资料后,进行审查,符合规定的,办理工程质量监督注册手续,签发监督通知书。

(六)建设单位必须向有关的勘察、设计、施工、工程监理等单位提供与建设工程有关的原始资料。原始资料必须真实、准确、齐全

(1)一般情况下,建设单位根据委托任务必须向勘察单位提供如勘察任务书、项目规划总平面图、地下管线、地下构筑物、地形地貌等在内的基础资料;向设计单位提供政府有关部门批准的项目建议书、可行性研究报告等立项文件,设计任务书,有关城市规划、专业规划设计文件,勘察成果及其他基础资料;向施工单位提供概算批准文件,建设项目正式列入国家、部门或地方年度固定资产投资计划,建设用地的征用资料,有能够满足施工需要的施工图纸及技术资料,建设资金和主要建筑材料、设备的来源落实资料,建设项目所在地规划部门批准文件,施工现场完成"三通一平"的平面图等资料。向工程监理单位提供的原始资料,除包括给施工单位的资料外,还要有建设单位与施工单位签订的承包合同文本。

(2)建设单位必须为勘察单位、设计单位、施工单位、工程监理单位提供为使其完成承包业务需要的原始资料,并保证这些资料的真实、准确、完整。因原始资料的不真实、不准确、不完整造成工程质量事故,建设单位要承担相应的责任。

(七)建设单位应当将施工图设计文件报县级以上人民政府建设行政主管部门或者其他有关部门审查。施工图设计文件审查的具体办法,由国务院建设行政主管部门会同国务院其他有关部门制定

(1)施工图设计文件是设计文件的重要内容,是编制施工图预算、安排材料、设备定货和非标准设备制作,进行施工、安装和工程验收等工作的依据。施工图设计文件一经完成,建设工程最终所要达到的质量,尤其是地基基础和结构的安全性就有了约束,因此施工图设计文件的质量直接影响建设工程的质量。

(2)建设单位必须在施工前将施工图设计文件送政府有关部门审查,未经审查或审查不合格的,不准使用,否则将追究建设单位的法律责任。

(八)按照合同约定,由建设单位采购建筑材料、建筑构配件和设备的,建设单位应当保证建筑材料、建筑构配件和设备符合设计文件和合同要求。建设单位不得明示或者暗示施工单位使用不合格的建筑材料、建筑构配件和设备

为保证建筑材料和设备的质量符合合同和设计的要求,《水利水电土建工程施工合同条件》对原材料、构配件和设备的采购以及责任问题作出了具体的规定。

(九)建设单位收到建设工程竣工报告后,应当组织设计、施工、工程监理等有关单位进行竣工验收。建设工程经验收合格后,方可交付使用

这里的竣工验收,相当于《水利水电土建工程施工合同条件》中的完工验收,也相当于《水利水电工程验收管理规定》中的项目法人验收。具体验收条件在《水利水电土建工程施工合同条件》中有明确规定。在本章第二节中还要详细介绍。

（十）建设单位应当严格按照国家有关档案管理的规定，及时收集、整理建设项目各环节的文件资料，建立、健全建设项目档案，并在建设工程竣工验收后，及时向建设行政主管部门或者其他有关部门移交建设项目档案

（1）建设工程是百年大计，一般的建筑物设计年限都在 50～70 年之间，重要的建筑物达 100 年。在建筑物使用期间，会遇到对建筑物的改建、扩建或拆除活动，以及在其周边进行建设活动，评估对该建筑物可能的不利影响等，都要参考原始的勘察、设计、施工资料，因此所有的建筑活动都应建立完整的建设项目档案。建设单位作为建设工程的投资人和业主，是建设全过程的总负责方，应在合同中明确要求勘察单位、设计单位、施工单位分别提供有关勘察、设计、施工的档案资料，如勘察报告、设计图纸和计算书、竣工图等，及时收集整理，在工程竣工后及时向有关部门移交建设项目档案。

（2）根据《中华人民共和国档案法》的规定，"机关、团体、企业事业单位和其他组织必须按照国家规定，定期向档案馆移交档案"。按照《水利基本建设项目（工程）档案资料管理规定》的要求，归档资料包括：①可行性研究报告、任务书；②设计基础资料；③设计文件；④工程管理文件；⑤施工文件；⑥竣工文件；⑦运行技术准备、试运行资料；⑧设备材料；⑨涉外文件；⑩财务器材管理文件；⑪科研项目资料。

二、勘察、设计单位的质量责任和义务

勘查、设计单位和注册执业人员是勘察设计质量的责任主体，也是整个工程质量的责任主体之一，是由他们来承担勘察设计质量的法律责任和经济责任。

（一）从事建设工程勘察、设计的单位应当依法取得相应等级的资质证书，并在其资质等级许可的范围内承揽工程。禁止勘察、设计单位超越其资质等级许可的范围或者以其他勘察、设计单位的名义承揽工程。禁止勘察、设计单位允许其他单位或者个人以本单位的名义承揽工程。勘察、设计单位不得转包或者违法分包所承揽的工程

（1）勘察设计单位的资质等级反映了勘察设计单位从事某项勘察、设计工作的资格和能力，是国家对勘察、设计市场准入管理的重要手段。根据《建设工程勘测设计企业资质管理规定》（建设部 93 号令），建设工程分为勘察、设计资质。

工程勘察资质分为工程勘察综合资质、工程勘察专业资质、工程勘察劳务资质。工程勘察综合资质只设甲级，承接工程勘察业务范围不受限制；工程勘察专业资质根据工程性质和技术特点设立类别和级别；工程勘察劳务资质不分级别。取得工程勘察综合资质的企业，承接工程勘察业务范围不受限制；取得工程勘察专业资质的企业，可以承接同级别相应专业的工程勘察业务；取得工程勘察劳务资质的企业，可以承接岩土工程治理、工程钻探、凿井工程勘察劳务工作。

工程设计资质分为工程设计综合资质、工程设计行业资质、工程设计专项资质。取得工程设计综合资质的企业，其承接工程设计业务范围不受限制；取得工程设计行业资质的企业，可以承接同级别相应行业的工程设计业务；取得工程设计专项资质的企业，可以承接同级别相应的专项工程设计业务。取得工程设计行业资质的企业，可以承接本行业范围内同级别的相应专项工程设计业务，不需再单独领取工程设计专项资质。

（2）勘察、设计单位的市场行为规范与否，对勘察设计的质量产生重要的影响。勘察

设计行业作为一个特殊的行业有严格的市场准入条件。勘察、设计单位只有具备了相应的资质条件,才有能力保证勘察设计的质量;超越资质等级许可的范围承揽工程,也就超越了其勘察设计的能力,因而无法保证其勘察设计的质量。

由于超越资质等级许可的范围承接工程的行为大多是通过借用、有偿使用其他有相应资质单位的资质证书、图签来完成的,因此被借用者、出卖者也负有不可推卸的责任。《建设工程勘察设计市场管理规定》中对"勘察设计单位出借、转让、出卖资质证书、图签、图章或以挂靠方式允许他人以本单位名义承接勘察设计业务;注册执业人员出借、转让、出卖执业资格证书、执业印章和职称证书,或私自为其他单位设计项目签字、盖章,或允许他人以本人名义执业"等行为均有禁止性规定。

(3)关于转包和违法分包,在《中华人民共和国合同法》(以下简称《合同法》)和《建筑法》中均有明确规定。《合同法》第二百七十二条规定:"勘察、设计承包人不得将其承包的全部建设工程转包给第三人或者将其承包的全部工程肢解后以分包的名义分别转包给第三人。禁止承包人将工程分包给不具备相应资质条件的单位,禁止分包单位将其承包的工程再分包。"《建筑法》第二十八条和第二十九条分别规定:"禁止承包单位将其承包的全部建筑工程转包给他人,禁止承包单位将其承包的全部工程肢解以后以分包的名义转包给他人。禁止总承包单位将工程分包给不具备相应资质条件的单位。禁止分包单位将其承包的工程再分包。"

转包容易造成承包人压价转包,层层扒皮,使最终用于勘察、设计的费用大为降低以至于影响勘察、设计的质量。转包也破坏了合同关系应有的稳定性和严肃性,承包人转包违背了委托人的意志,损害了委托人的利益,这是法律所不允许的。

(二)勘察、设计单位必须按照工程建设强制性标准进行勘察、设计,并对其勘察、设计的质量负责。注册建筑师、注册结构工程师等注册执业人员应当在设计文件上签字,对设计文件负责

(1)勘察、设计单位必须按照工程建设强制性标准实行勘察、设计,并对其勘察、设计的质量负责。工程建设强制性标准是工程建设技术和经验的积累,是勘察、设计工作的技术依据,只有满足工程建设强制性标准才能保证质量,才能满足工程对安全、卫生、环保等多方面的要求,因此必须严格执行。

(2)注册建筑师、注册结构工程师等注册执业人员应当在设计文件上签字,对设计文件负责。我国目前对勘察设计行业已实行了建筑师和结构工程师的个人执业注册制度,并规定注册建筑师、注册结构工程师必须在规定的执业范围内对本人负责的建筑工程设计文件,实施签字盖章制度。

(三)勘察单位提供的地质、测量、水文等勘察成果必须真实、准确

工程勘察就是要通过测量、测绘、观察、调查、钻探、试验、测试、鉴定、分析资料和综合评价等工作查明场地的地形、地貌、地质、岩性、地质构造、地下水条件和自然或人工地质现象,包括提出基础、边坡等工程的设计准则和工程施工的指导意见,并提出解决岩土工程问题的建议,进行必要的岩土工程治理。工程勘察工作是建设工程的基础工作,工程勘察成果文件是设计和施工的基础资料和重要依据,真实准确的勘察成果对设计和施工的安全性和是否保守浪费有直接的影响,因此工程勘察成果必须真实准确、安全可靠、经济合理。

按照工作性质划分,工程勘察可分为工程测量、水文地质和岩土工程三大专业。其中岩土工程包括岩土工程的勘察、设计、治理、监测与检测、咨询等方面的工作,而岩土工程勘察工作一般包括了场地液化、沉陷等场地抗震性能评价,因此专门承担的地震工程如场地和地基基础的抗震测试、评价与抗震措施建议等均属于工程勘察工作范畴。

(四)设计单位应当根据勘察成果文件进行建设工程设计。设计文件应当符合国家规定的设计深度要求,注明工程合理使用年限

(1)设计单位应当根据勘察成果文件进行建设工程设计。勘察成果文件是设计的基础资料,是设计的依据,比如在不知道地基承载力情况下无法进行地基基础设计,而一旦地基承载力情况发生变化,随之而来基础的尺寸、配筋等都要修改,甚至基础选型也要改变,这将给设计工作增添很多工作量,继而影响设计的质量。因此,先勘察后设计一直是工程建设的基本做法,也是基本建设程序的要求。但是,由于工期紧迫和建设单位的利益驱动,目前违背基建程序的做法时有发生。在勘察设计质量检查中发现,不少工程存在先设计、后勘察的现象,甚至仅参考附近场地的勘察资料而不进行勘察,这些都会造成严重的质量隐患或浪费,有的还因此而产生质量事故。因此,本条对此专门作出规定,设计单位应当根据相应的勘察成果文件进行建设工程设计。

(2)设计文件应当符合国家规定的设计深度要求。所谓设计文件编制深度可以说是设计文件应包括的内容和深度,我国对设计文件的编制深度有专门的规定。

(3)设计文件要注明工程合理使用年限。在设计文件中标明工程合理使用年限,可使使用者对工程安全的时效有一个清楚的了解,根据年限合理安排使用,超出这个期限的工程原则上不能再继续使用,用户需继续使用的,应委托具有相应资质等级的勘察、设计单位鉴定,根据鉴定结果采取加固、维修等措施,重新界定合理使用期限。

(五)设计单位在设计文件中选用的建筑材料、建筑构配件和设备,应当注明规格、型号、性能等技术指标,其质量要求必须符合国家规定的标准。除有特殊要求的建筑材料、专用设备、工艺生产线等外,设计单位不得指定生产厂、供应商

(1)为施工组织和采购的需要,为使工程的建设准确满足设计意图,设计文件中必须注明所选用的建筑材料、建筑构配件和设备的规格、型号、性能等技术指标,满足设计文件编制深度的要求。这样一方面为施工单位能够充分满足设计文件的要求提供了前提条件,同时也防止了施工单位在实际施工中因滥用及错误使用建筑材料、建筑构配件和设备所造成的质量问题。

(2)设计方有在设计文件中注明所选用的建筑材料、建筑构配件和设备的规格、型号、性能等技术指标的权利,但若滥用权力则会限制建设单位或施工单位在材料采购上的自主权,出现质量问题后容易扯皮,同时也限制了其他建筑材料、建筑构配件和设备厂商的平等竞争权,妨碍了公平竞争。另外指定产品往往会和回扣等腐败行为相联系,对工程的质量是有害的。

(六)设计单位应当就审查合格的施工图设计文件向施工单位作出详细说明

设计交底通常的做法是设计文件完成后,设计单位将设计图纸交建设单位(监理单位),再由建设单位(监理单位)发施工单位后,由设计单位将设计的意图、特殊的工艺要求以及建筑、结构、设备等各专业在施工中的难点、疑点和容易发生的问题等向施工单位作出说明,并负责解释施工单位对设计图纸的疑问。

(七)设计单位应当参与建设工程质量事故分析,并对因设计造成的质量事故,提出相应的技术处理方案

事故发生后,工程的设计单位有义务参与质量事故分析,建设工程的功能、所要求达到的质量标准在设计阶段就已确定,可以说工程的好坏在一定程度上就是工程是否准确表达了设计的意图,因此在工程出现事故时,该工程的设计单位对事故的分析具有权威性。另外,设计是技术性很强的工作,设计文件的文字量尤其是图纸量比较大,该工程的设计单位最有可能在短时间内发现存在的问题,这对及时进行事故处理是有利的。

三、施工单位的质量责任和义务

施工阶段是建设工程实物质量的形成阶段,勘察工作质量、设计工作质量均要在这一阶段得以实现。由于施工阶段涉及的责任主体多,生产环节多,时间长,影响质量稳定的因素多,协调管理难度较大,因此施工阶段的质量责任制度显得尤为重要。施工单位是建设市场的重要责任主体之一,它的能力和行为对建设工程的施工质量起关键性作用。施工单位是否有能力承担某一工程,用该施工单位的资质等级来衡量。但能不能保证所承包工程的施工质量,除了必须具备相应的资质等级,还与该施工单位承包、分包等市场行为、企业质量保证体系的建立和有效运行,是否按图施工、按标准施工,是否按要求对材料进行检验,是否严格对隐蔽工程检查等密切相关。

(一)施工单位应当依法取得相应等级的资质证书,并在其资质等级许可的范围内承揽工程。禁止施工单位超越本单位资质等级许可的业务范围或者以其他施工单位的名义承揽工程;禁止施工单位允许其他单位或者个人以本单位的名义承揽工程;施工单位不得转包或者违法分包工程

(1)对于施工单位,国家规定除应具备企业法人营业执照外,还应取得相应的资质证书,建设部发布的《建筑业企业资质管理规定》,对此作出了明确的规定。根据规定,建筑承包企业应严格在其资质等级许可的经营范围内从事承包工程活动。建筑业企业资质分为施工总承包、专业承包和劳务分包三个序列。获得施工总承包资质的企业,可以对工程实行施工总承包或者对主体工程实行施工承包。承担施工总承包的企业可以对所承接的工程全部自行施工,也可以将非主体工程或者劳务作业分包给具有相应专业承包资质或者劳务分包资质的其他建筑业企业。获得专业承包资质的企业,可以承接施工总承包企业分包的专业工程或者建设单位按照规定发包的专业工程。专业承包企业可以对所承接的工程全部自行施工,也可以将劳务作业分包给具有相应劳务分包资质的劳务分包企业。获得劳务分包资质的企业,可以承接施工总承包企业或者专业承包企业分包的劳务作业。

(2)企业的资质等级是由有关管理部门根据企业的建设业绩、人员素质、管理水平、资金数量、技术装备等企业基本条件来确定的。这些条件反映了施工单位承揽工程的综合能力。企业只能根据其自身的综合能力进行相应的工程承包活动,否则会由于其某方面的能力达不到,而造成工程质量事故,给工程留下隐患。

(3)为了在承包竞争活动中争取到工程项目,一些施工单位因自身资质条件不符合招标项目所要求的资质条件,会采取种种手段骗取发包方的信任,其中包括借用其他施工单位的资质证书,以其他施工单位的名义承揽工程等手段进行违法承包活动。这种行为一方面扰乱了建设市场秩序,另一方面也给工程留下了质量隐患。

(4)《建筑法》和《合同法》都明令禁止承包单位将其承包的全部工程转包给他人,同时也禁止承包单位将其承包的工程肢解以后,以分包的名义分别转包给他人。

所谓转包,是指承包单位承包建设工程后,不履行合同约定的责任和义务,将其承包的全部建设工程转给他人或者将其承包的全部工程肢解以后以分包的名义分别转给他人承包的行为。转包行为中,原施工单位将其承包的工程全部倒手转给他人,自己并不实际履行合同约定的义务。也有的施工承包单位将其承包的工程肢解成若干部分,全部分包给他人,自己并不履行总承包单位的义务和职责,这也是转包。转包的最主要特点是转包人只从受转包方收取管理费,而不对工程进行施工和管理。

所谓违法分包,主要是指施工总承包单位将工程分包给不具备相应资质条件的单位;违反合同约定,又未经建设单位认可,擅自分包工程;将主体工程的施工分包给他人;分包单位再分包的。

因此,建设工程实行总包与分包的,要满足以下四个方面的要求:

(1)实行总包与分包的工程,总包单位应将工程发包给具有相应资质条件的分包单位。根据有关资质管理规定,承包工程的施工单位必须具有相应的资质。该规定同样适用于工程分包单位,不具备资质条件的单位不仅不可以进行总承包,同样也不得进行分包。总承包方不得将承包的工程分包给不具有相应资质的分包单位。

(2)总承包单位进行分包,应经建设单位的认可。因为建设单位将工程发包给某一总承包单位,是建设单位通过对总承包单位的资质条件也就是施工单位的综合能力进行考察后,作出的选择。经过双方签订工程承包合同,建设单位的这一选择就受到了法律保护,此后,总承包单位要将所承包的工程再行分包给他人,应当告知建设单位,并取得建设单位的认可。

(3)实行施工总承包的,建筑工程的主体结构不得进行分包。为防止承包单位借分包的名义转包工程,《建筑法》规定建筑工程的主体结构施工必须由施工总承包单位自行完成。

(4)实行总承包的工程,分包单位不得再分包,即二次分包。分包层次过多,一方面管理层次增加,总包单位对工程的控制力减弱,另一方面管理成本增加,不利于保证工程质量。

(二)施工单位对建设工程的施工质量负责。施工单位应当建立质量责任制,确定工程项目的项目经理、技术负责人和施工管理负责人。建设工程实行总承包的,总承包单位应当对全部建设工程质量负责;建设工程勘察、设计、施工、设备采购的一项或者多项实行总承包的,总承包单位应当对其承包的建设工程或者采购的设备的质量负责

(1)施工质量是以合同规定的设计文件和相应的技术标准为依据来确定和衡量的。施工单位应对施工质量负责,是指施工单位应在其质量体系正常、有效运行的前提下,保证工程施工的全过程和工程的实物质量符合设计文件和相应技术标准的要求。

(2)施工单位的质量责任制,是其质量保证体系的一个重要组成部分,也是项目质量目标得以实现的重要保证。建立质量责任制,主要包括制定质量目标计划,建立考核标准,并层层分解落实到具体的责任单位和责任人,赋予相应的质量责任和权力。落实责任制,不仅是为了保证在出现质量问题时,可以追究责任,更重要的是通过层层落实质量责任制这一手段,做到事事有人管,人人有职责,保证工程的施工质量。在工程项目施工中,可以采用关键施工过程控制法,对关键施工过程和过程节点实施控制。在落实责任制时,责任人应具备相应的从业资格。如责任人不具备与其承担的责任相应的技术职称或岗位资格,质量责任制在落实的全过程中就会落空。

(3)建设工程的承包方式可以按传统方式搞单项承包,即建设单位将勘察、设计、施工、设备采购分别委托给不同的单位来完成,勘察、设计、施工、采购单位分别就自己承包的工作向建设单位负责,由建设单位负责全过程的总协调。也可按总承包方式进行。因承包内容的不同,总承包又分为几个类型。有勘察、设计、施工总承包的,有设计、施工总承包的,有施工、采购总承包的,也有称为"交钥匙"总承包的,即建设单位将建设工程的勘察、设计、施工等工程建设的全部任务,一并发给一个具备相应的总承包资质条件的承包单位,由该承包单位负责工程的全部建设工作,直到工程竣工,向建设单位交付经验收合格、符合合同要求的建设工程的发承包方式。工程总承包是国内外建设活动中经常使用的发承包方式,它有利于充分发挥那些在工程建设方面具有较强的技术力量、丰富的经验和组织管理能力的大承包商的专业优势,综合协调工程建设中的各种关系,强化对工程建设的统一指挥和组织管理,保证工程质量和进度,提高投资效益。在建设工程的发承包中采用总承包方式,对那些缺乏工程建设方面的专门技术力量,难以对建设项目实施具体的组织管理的建设单位来说,更具有明显的优越性,也符合社会化大生产专业分工的要求。为此应当提倡对建设工程实行总承包。建设单位可以将全部工程发包给一个总承包单位完成,由该承包单位对工程建设的全过程向建设单位负责。

实行工程总承包的,经建设单位认可或合同约定,总承包单位可以将其承包的部分工作项目分包出去,但要就其所有的承包和工作项目向建设单位负责。

(三)总承包单位依法将建设工程分包给其他单位的,分包单位应当按照分包合同的约定对其分包工程的质量向总承包单位负责,总承包单位与分包单位对分包工程的质量承担连带责任

(1)对于实行工程施工总承包的,由总承包单位负全面质量及经济责任,这种责任的承担不论是由总包单位造成的还是由分包单位造成的。在总承包单位承担责任后,可以依法及工程分包合同的约定,向分包单位追偿。

(2)对于分包工程的责任承担,由总承包单位和分包单位承担连带责任。根据民法通则,连带责任是指由法律专门规定的应由共同侵权行为人或共同危险行为向受害人承担的共同的和各自的责任。依据这种责任,受害人有权向共同侵权行为或共同危险行为人的任何一人或数人请求承担全部侵权的民事责任,任何一个共同侵权行为人或共同危险行为人都有义务承担全部侵权的民事责任。因此,对于分包工程发生的质量问题以及违约责任,建设单位或其他受害人既可以向分包单位请求赔偿全部损失,也可以向对不属于自己责任的那部分赔偿向分包方追偿。

（四）施工单位必须按照工程设计图纸和施工技术标准施工，不得擅自修改工程设计，不得偷工减料。施工单位在施工过程中发现设计文件和图纸有差错的，应当及时提出意见和建议

（1）按工程设计图纸施工，是保证工程实现设计意图的前提，也是明确划分设计、施工单位质量责任的前提。施工过程中，如果施工单位不按图施工或不经原设计单位同意，就擅自修改工程设计，其直接的后果往往违反了原设计的意图，影响工程质量，严重的将给工程结构安全留下隐患。

（2）施工技术标准，也是施工单位在施工中所必须遵循的。国家标准分为强制性标准和推荐性标准。施工单位只有按施工技术标准、特别是强制性标准的要求组织施工，才能保证工程的施工质量。

（3）工程建设项目的设计涉及到多个专业，各专业间协调配合比较复杂，设计文件可能会有差错。这些差错通常会在图纸会审或施工过程中被逐步发现，对设计文件的差错，施工单位在发现后，有义务及时向设计单位提出，避免造成不必要的损失和质量问题。这是施工单位应具备的起码的职业道德，也是履行合同应尽的最基本的义务。

（五）施工单位必须按照工程设计要求、施工技术标准和合同约定，对建筑材料、建筑构配件、设备和商品混凝土进行检验，检验应当有书面记录和专人签字；未经检验或者检验不合格的，不得使用

材料、构配件、设备及商品混凝土检验制度，是施工单位质量保证体系的重要组成部分，是保障建筑工程质量的重要内容。施工中要按工程设计要求、强制性标准的规定和合同的约定，对工程上使用的建筑材料、建筑构配件、设备和商品混凝土等（包括建设单位供应的材料）进行检验。检验工作要按规定范围和要求进行，按现行的标准、规定的数量、频率、取样方法进行检验。检验的结果要按规定的格式形成书面记录，并由相关的专业人员签字。未经检验或检验不合格的，不得使用。

（六）施工单位必须建立、健全施工质量的检验制度，严格工序管理，做好隐蔽工程的质量检查和记录。隐蔽工程在隐蔽前，施工单位应当通知建设单位和建设工程质量监督机构

施工质量检验，通常是指工程施工过程中工序质量检验，或称为过程检验。有预检及隐蔽工程检验和自检、交接检、专职检、分部工程中间检验等。

（1）施工工序也可以称为过程。各个过程之间横向和纵向的联系形成了（工序）过程网络。一项工程的施工，是通过一个庞大的、由许多过程组成的过程网络来实现的，网络上的关键过程（或工序）都有可能对工程最终的施工质量产生决定性的影响。有的过程（工序）不按规定操作，达不到设计文件或标准的要求，就有可能给工程留下隐患，甚至引起整个工程结构失效。

（2）根据《水利水电土建工程施工合同文本》中对隐蔽工程验收所作的规定：

①覆盖前的检查。经承包人的自行检查确认隐蔽工程或工程的隐蔽部位具备覆盖条件的，在约定的时间内承包人应通知监理人进行检查。如果监理人未按约定时间到场检查，拖延或无故缺席，造成工期延误，承包人有权要求延长工期和赔偿其停工或窝工损失。

②虽然经监理人检查，并同意覆盖，但事后对质量有怀疑时，监理人仍可要求承包人

对已覆盖的部位进行钻孔探测，以致揭开重新检验，承包人应遵照执行；当承包人未及时通知监理人，或监理人未按约定时间派人到场检查时，承包人私自将隐蔽部位覆盖，监理人有权指示承包人进行钻孔探测或揭开检查，承包人应遵照执行。

③质量监督机构对工程的监督检查以抽查为主，因此接到施工单位隐蔽验收的通知后，可以根据工程的特点和隐蔽部位的重要程度及工程质量监督管理规定的要求，确定是否监督该部位的隐蔽验收。对于整个工程所有的隐蔽工程验收活动，工程质量监督机构要保持一定的抽查频率。对于工程的关键部位的隐蔽工程验收通常应到场，对参加隐蔽工程验收各方的人员资格、验收程序以及工程实物进行监督检查，发现问题及时责成责任方予以纠正。

（七）施工人员对涉及结构安全的试块、试件以及有关材料，应当在建设单位或者工程监理单位监督下现场取样，并送具有相应资质等级的质量检测单位进行检测

（1）在工程施工过程中，为了控制工程总体或相应部位的施工质量，一般要依据有关技术标准，用特定的方法，对用于工程的材料或构件抽取一定数量的样品，进行检测或试验，并根据其结果来判断其所代表部位的质量。这是控制和判断工程质量水平所采取的重要技术措施。试块和试件的真实性和代表性，是保证这一措施有效的前提条件。建设工程施工检测，应实行有见证取样和送检制度，即施工单位在建设单位或监理单位见证下取样，送至具有相应资质的质量检测单位进行检测。结构用钢筋及焊接试件、混凝土试块、砌筑砂浆试块、防水材料等项目，实行有见证取样及送检制度。有见证取样主要是为了保证技术上符合标准的要求，如取样方法、数量、频率、规格等等。此外，还要从程序上保证该试块和试件能真实地代表工程或相应部位的质量特性。

（2）检测单位的资质，是保证试块试件检测、试验质量的前提条件。根据《水利工程质量监督管理规定》（水建〔1997〕339 号），工程质量检测是工程质量监督和质量检查的重要手段。水利工程质量检测单位，必须取得省级以上计量认证合格证书，并经水利工程质量监督机构授权，方可从事水利工程质量检测工作，检测人员必须持证上岗。

（八）施工单位对施工中出现质量问题的建设工程或者竣工验收不合格的建设工程，应当负责返修

因施工单位原因致使工程质量不符合约定的，建设单位有权要求施工单位在合理期限内无偿修理或者返工、改建。返修包括返工和修理。所谓返工是工程质量不符合规定的质量标准，而又无法修理的情况下重新进行施工；修理是指工程质量不符合标准，而又有可能修复的情况下，对工程进行修补使其达到质量标准的要求。不论是施工过程中出现质量问题的建设工程，还是项目法人验收时发现质量问题的工程，施工单位都要负责返修。

对于非施工单位造成质量问题或项目法人验收不合格的工程，施工单位也应当负责返修，但是造成的损失及返修费用由责任方承担。

（九）施工单位应当建立、健全教育培训制度，加强对职工的教育培训；未经教育培训或者考核不合格的人员，不得上岗作业

国务院《质量振兴纲要（1996 年—2010 年）》指出："把提高劳动者的素质作为提高质量的重要环节。切实加强对企业经营者和职工的质量意识和质量管理知识教育，积极开展职工劳动技能培训。”“实施不同层次的质量教育与培训”。

施工单位建立、健全教育培训制度，加强对职工的教育培训，是企业重要的基础工作之一，只有全员素质的提高，工程质量才能从根本上得到保证。由于施工单位从事施工活动的大多数人员都来自农村，而且增长速度快，施工单位的培训任务十分艰巨。教育培训通常包括各类质量教育和岗位技能培训等。

这里所指的人员，主要是与质量工作有关的，如总工程师、项目经理、质量内审员、质量检查员，施工人员、材料试验及检测人员，关键技术工种如焊工、钢筋工、混凝土工等等。规定培训而未经培训或培训考核不合格的、无相应的岗位资格的人员不得上岗工作或作业。

四、工程监理单位的质量责任和义务

工程监理单位是工程建设的责任主体之一，工程监理是一种有偿技术服务，工程监理单位接受建设单位委托，代表建设单位，对建设工程进行管理。其主要质量责任如下。

（一）工程监理单位应当依法取得相应等级的资质证书，并在其资质等级许可的范围内承担工程监理业务。禁止工程监理单位超越本单位资质等级许可的范围或者以其他工程监理单位的名义承担工程监理业务。禁止工程监理单位允许其他单位或者个人以本单位的名义承担工程监理业务。工程监理单位不得转让工程监理业务

(1)设立监理单位，须报工程建设监理主管机关进行资质审查，并取得相应的资质等级后，到工商行政管理机关办理工商注册手续。根据监理单位的注册资金、专业技术人员、技术装备和已完成的业绩等条件将其划分为甲、乙、丙三个等级，每一等级承担监理业务的范围不同。监理单位必须在其资质等级许可的范围内，承担监理业务。工程监理单位的资质等级反映了该监理单位从事某项监理业务的资格和能力，是国家对工程监理市场准入管理的重要手段。

(2)监理单位的市场行为必须规范。监理单位只能在资质等级许可的范围承担监理业务，是保证监理工作质量的前提。越级监理、允许其他单位或者个人以本单位的名义承担监理业务等违法行为，将使工程监理变得有名无实，或形成实质上的无证监理，最终会对工程质量造成危害。

(3)建设单位将监理业务委托给工程监理单位，是建设单位对该工程监理单位的综合能力的信任。工程监理单位接受委托后，应当自行完成工程监理任务，不得将工程监理业务转手委托给其他工程监理单位。如果由于业务太多或其他原因，工程监理单位无法完成该工程监理业务时，工程监理单位应当自动解除委托关系，由建设单位将该工程的监理业务委托给其他具有相应资质条件的工程监理单位。工程监理单位转让监理业务与施工单位转包具有同样的危害性。

（二）工程监理单位与被监理工程的施工承包单位以及建筑材料、建筑构配件和设备供应单位有隶属关系或者其他利害关系的，不得承担该项建设工程的监理业务

由于工程监理单位与被监理工程的承包单位以及建筑材料、建筑构配件和设备供应单位之间是一种监督与被监督的关系，为了保证工程监理单位能客观、公正地执行监理任务，工程监理单位不得与被监理工程的承包单位以及建筑材料、建筑构配件和设备供应单

位有隶属关系或者其他利害关系。当出现工程监理单位与被监理工程的承包单位以及建筑材料、建筑构配件和设备供应单位有隶属关系或者其他利害关系的情况时，工程监理单位在接受建设单位委托前，应当自行回避；在接受委托后，发现这一情况时，应当依法解除委托关系。

（三）工程监理单位应当依照法律、法规以及有关技术标准、设计文件和建设工程承包合同，代表建设单位对施工质量实施监理，并对施工质量承担监理责任

1. 工程监理的依据

（1）法律、法规。监理单位应当依照法律、法规的规定，对承包单位实施监督。对建设单位违反法律、法规的要求，监理单位应当予以拒绝。

（2）有关的技术标准。技术标准分为强制性标准和推荐性标准。强制性标准是必须执行的标准。推荐性标准是自愿采用的标准，双方可以在合同中确定是否采用。经合同确认的推荐性标准也必须严格执行。

（3）设计文件。设计文件是施工的依据，同时也是监理依据。施工单位应该按设计文件进行施工。监理单位应按照设计文件对施工活动进行监督管理。

（4）工程承包合同。工程承包合同是建设单位和施工单位依法签订的，为完成商定的某项建筑工程，明确相互权利和义务关系的协议。工程承包合同依法订立，任何一方不得擅自变更或解除合同。监理单位应当依据工程承包合同的约定，监督施工单位是否全面履行合同规定的义务。

2. 施工阶段的监理主要包括以下内容

（1）协助建设单位编写向建设行政主管部门申报开工的施工许可申请；

（2）协助确认承包单位选择的分包单位；

（3）审查承包单位施工过程中各单位、分部工程的施工准备情况，下达开工指令；

（4）审查承包单位的材料、设备采购清单；

（5）检查工程使用的材料、构件、设备的规格和质量；

（6）检查施工技术措施和安全防护措施的实施情况；

（7）发现工程设计不符合质量标准或合同约定的质量要求的，报告建设单位要求设计单位变更；

（8）督促履行承包合同，主持协商合同条款的变更，调解合同双方的争议，处理索赔事项；

（9）检查工程进度和施工质量，验收工程质量，签署工程付款凭证；

（10）督促整理承包合同文件和技术档案资料；

（11）组织工程竣工预验收，提出竣工验收报告；

（12）检查工程结算。

3. 工程监理单位对工程质量的控制

1）原材料、构配件及设备的质量控制

工程所需的主要原材料、构配件及设备应由监理单位进行质量认定。控制方法一般有：

（1）审核工程所用材料、构配件及设备的出厂合格证或质量保证书；

(2)对工程原材料、构配件及设备在使用前需进行抽检或复试,其试验的范围按有关规定、标准的要求确定;

(3)凡采用新材料、新型制品,应检查技术鉴定文件;

(4)对重要原材料、构配件及设备的生产工艺、质量控制、检测手段等进行检查,必要时应到生产厂家实地考察,以确定供货单位;

(5)所有设备,在安装前应按相应技术说明书的要求进行质量检查,必要时还应由法定检测部门检测。

2)对分部、单元工程的质量控制

在一般情况下,主要的分部工程施工时,施工单位应将施工工艺、原材料使用、劳动力配置、质量保证措施等基本情况填写施工条件准备情况表报监理单位,监理单位应调查核实,经同意后方可施工。

单元工程施工过程中,应对关键部位随时进行抽查,抽查不合格的应通知施工单位整改,并要做好复查和记录。

4. 工程监理单位的质量责任

监理单位对施工质量承担监理责任,主要有违法责任和违约责任两个方面。如果监理单位故意弄虚作假,降低工程质量标准,造成质量事故的,要按照《建筑法》及《建设工程质量管理条例》的规定,承担相应的法律责任。工程监理单位与承包单位串通,谋取非法利益,给建设单位造成损失的,应当与承包单位承担连带赔偿责任。

如果监理单位在责任期内,不按照监理合同约定履行监理职责,给建设单位或其他单位造成损失的,属违约责任,应当向建设单位赔偿。

(四)工程监理单位应当选派具备相应资格的总监理工程师和监理工程师进驻施工现场。未经监理工程师签字,建筑材料、建筑构配件和设备不得在工程上使用或者安装,施工单位不得进行下一道工序的施工。未经总监理工程师签字,建设单位不拨付工程款,不进行竣工验收

(1)监理单位应根据所承担的监理任务,组建驻工地监理机构。监理机构一般由总监理工程师、监理工程师和其他监理人员组成。

(2)监理工程师拥有对建筑材料、建筑构配件和设备以及每道施工工序的检查权。在施工过程中,监理工程师对工序、建筑材料、构配件和设备进行检查、检验,根据检查、检验的结果来确定是否允许建筑材料、构配件、设备在工程上使用;对每道施工工序的作业成果进行检查,并根据检查结果决定是否允许进行下一道工序的施工,对于不符合规范和质量标准的工序、单元工程,有权要求施工单位停工整改、返工。

(3)工程监理实行总监理工程师负责制。总监理工程师享有合同赋予监理单位的全部权利,全面负责受委托的监理工作。总监理工程师在授权范围内发布有关指令,签认所监理的工程项目有关款项的支付凭证。没有总监理工程师签字,建设单位不向施工单位拨付工程款,没有总监理工程师签字,建设单位也不组织验收。

(五)监理工程师应当按照工程监理规范的要求,采取旁站、巡视和平行检验等形式,对建设工程实施监理

(1)首先,由于工程施工的不可逆性,监理要对整个工程的施工过程网络实施全面控制，以各个工序的过程质量来保证整个工程的总体质量，旁站、巡视、平行检验等形式，充分体现了抓工序质量来保证总体质量的概念。其次，监理不能仅仅是事后把关，而要对施工过程实施预控。上述形式，对本道工序是过程控制，而对后续工序则又是预控手段。

(2)《水利工程建设项目施工监理规范》(SL 288—2003)规定了监理工作程序、监理大纲、细则的编制以及相应文书、表格的格式等，所以监理单位都应遵守工程监理规范的规定，规范自己的监理行为，努力提高监理工作质量。

五、监督管理

《建设工程质量管理条例》(国务院令第279号)明确规定：国家实行建设工程质量监督管理制度。国务院建设行政主管部门对全国的建设工程质量实施统一的监督管理。国务院铁路、交通、水利等有关部门按国务院规定的职责分工，负责对全国的有关专业建设工程质量的监督管理。水利部1997年12月21日颁布的《水利工程质量管理规定》(水利部7号令)中明确规定：水利工程质量实行项目法人(建设单位)负责、监理单位控制、施工单位保证和政府监督相结合的质量管理体制。1997年8月25日颁布的《水利工程质量监督管理规定》(水建[1997]339号)明确规定：水利工程质量监督机构是水行政主管部门对水利工程进行监督管理的专职机构，对水利工程质量进行强制性的监督管理。其目的在于维护社会公共利益，保证技术性法规和标准贯彻执行，不代替项目法人(建设单位)、监理、设计、施工单位的质量管理工作。

(一)水利工程质量监督机构的设置及其职责

1. 水利工程质量监督机构的设置

水行政主管部门主管水利工程质量监督工作。水利工程质量监督机构按总站、中心站、站三级设置。

(1)水利部设置全国水利工程质量监督总站，办事机构设在建设司。水利水电规划设计管理局设置水利工程设计质量监督分站，各流域机构设置流域水利工程质量监督分站作为总站的派出机构。

(2)各省、自治区、直辖市水利(水电)厅(局)，新疆生产建设兵团水利局设置水利工程质量监督中心站。

(3)各地(市)水利(水电)局设置水利工程质量监督站。

各级质量监督机构隶属于同级水行政主管部门，业务上接受上一级质量监督机构的指导。水利工程质量监督项目站(组)，是相应质量监督机构的派出单位。

2. 水利工程质量监督机构主要职责

全国水利工程质量监督总站负责全国水利工程的监督和管理，其主要职责包括：贯彻执行国家和水利部有关工程建设质量管理的方针、政策；制订水利工程质量监督、检测有关规定和办法，并监督实施；归口管理全国水利工程的质量监督工作，指导各分站、中心站的质量监督工作；对部直属重点工程组织实施质量监督。参加工程的阶段验收和竣工验收；监督有争议的重大工程质量事故的处理；掌握全国水利工程质量动态。组织交流全国水利工程质量监督工作经验，组织培训质量监督人员。开展全国水利工程质量检查活动。

水利工程设计质量监督分站受总站委托承担的主要任务包括:归口管理全国水利工程的设计质量监督工作;负责设计全面质量管理工作;掌握全国水利工程的设计质量动态,定期向总站报告设计质量监督情况。

各流域水利工程质量监督分站对本流域内下列工程项目实施质量监督:总站委托监督的部属水利工程;中央与地方合资项目,监督方式由分站和中心站协商确定;省(自治区、直辖市)界及国际边界河流上的水利工程。

市(地)水利工程质量监督站的职责,由各中心站进行制定。项目站(组)职责应根据相关规定及项目实际情况进行制定。

(二)水利工程质量监督机构监督程序及主要工作内容

项目法人(或建设单位)应在工程开工前到相应的水利工程质量监督机构办理监督手续,签订《水利工程质量监督书》。

水利工程建设项目质量监督方式以抽查为主。大型水利工程应建立质量监督项目站,中、小型水利工程可根据需要建立质量监督项目站(组),或进行巡回监督。

监督的主要内容有:

(1)对监理、设计、施工和有关产品制作单位的资质进行复核。

(2)对建设、监理单位的质量检查体系和施工单位的质量保证体系以及设计单位现场服务等实施监督检查。

(3)对工程项目的单位工程、分部工程、单元工程的划分进行监督检查。

(4)监督检查技术规程、规范和质量标准的执行情况。

(5)检查施工单位和建设、监理单位对工程质量检验和质量评定情况。

(6)在工程竣工验收前,对工程质量进行等级核定,编制工程质量评定报告,并向工程竣工验收委员会提出工程质量等级的建议。

工程建设、监理、设计和施工单位在工程建设阶段,必须接受质量监督机构的监督。工程竣工验收前,必须经质量监督机构对工程质量进行等级核验。未经工程质量等级核验或者核验不合格的工程,不得交付使用。

六、《建设工程质量管理条例》对参建各方违规处罚的规定

(1)违反《建设工程质量管理条例》规定,建设单位将建设工程发包给不具有相应资质等级的勘察、设计、施工单位或者委托给不具有相应资质等级的工程监理单位的,责令改正,处50万元以上100万元以下的罚款。

(2)违反《建设工程质量管理条例》规定,建设单位将建设工程肢解发包的,责令改正,处工程合同价款百分之零点五以上百分之一以下的罚款;对全部或者部分使用国有资金的项目,并可以暂停项目执行或者暂停资金拨付。

(3)违反《建设工程质量管理条例》规定,建设单位有下列行为之一的,责令改正,处20万元以上50万元以下的罚款:

①迫使承包方以低于成本的价格竞标的;

②任意压缩合理工期的;

③明示或者暗示设计单位或者施工单位违反工程建设强制性标准,降低工程质量的;

④施工图设计文件未经审查或者审查不合格，擅自施工的；

⑤建设项目必须实行工程监理而未实行工程监理的；

⑥未按照国家规定办理工程质量监督手续的；

⑦明示或者暗示施工单位使用不合格的建筑材料、建筑构配件和设备的；

⑧未按照国家规定将竣工验收报告、有关认可文件或者准许使用文件报送备案的。

(4)违反《建设工程质量管理条例》规定，建设单位未取得施工许可证或者开工报告未经批准，擅自施工的，责令停止施工，限期改正，处工程合同价款百分之一以上百分之二以下的罚款。

(5)违反《建设工程质量管理条例》规定，建设单位有下列行为之一的，责令改正，处工程合同价款百分之二以上百分之四以下的罚款；造成损失的，依法承担赔偿责任：

①未组织竣工验收，擅自交付使用的；

②验收不合格，擅自交付使用的；

③对不合格的建设工程按照合格工程验收的。

(6)违反《建设工程质量管理条例》规定，建设工程竣工验收后，建设单位未向建设行政主管部门或者其他有关部门移交建设项目档案的，责令改正，处 1 万元以上 10 万元以下的罚款。

(7)违反《建设工程质量管理条例》规定，勘察、设计、施工、工程监理单位超越本单位资质等级承揽工程的，责令停止违法行为，对勘察、设计单位或者工程监理单位处合同约定的勘察费、设计费或者监理酬金 1 倍以上 2 倍以下的罚款，对施工单位处工程合同价款百分之二以上百分之四以下的罚款；可以责令停业整顿，降低资质等级；情节严重的，吊销资质证书；有违法所得的，予以没收。

未取得资质证书承揽工程的，予以取缔，依照前款规定处以罚款；有违法所得的，予以没收。

以欺骗手段取得资质证书承揽工程的，吊销资质证书，依照本条第一款规定处以罚款；有违法所得的，予以没收。

(8)违反《建设工程质量管理条例》规定，勘察、设计、施工、工程监理单位允许其他单位或者个人以本单位名义承揽工程的，责令改正，没收违法所得，对勘察、设计单位和工程监理单位处合同约定的勘察费、设计费和监理酬金 1 倍以上 2 倍以下的罚款，对施工单位处工程合同价款百分之二以上百分之四以下的罚款；可以责令停业整顿，降低资质等级；情节严重的，吊销资质证书。

(9)违反《建设工程质量管理条例》规定，承包单位将承包的工程转包或者违法分包的，责令改正，没收违法所得，对勘察、设计单位处合同约定的勘察费、设计费百分之二十五以上百分之五十以下的罚款，对施工单位处工程合同价款百分之零点五以上百分之一以下的罚款；可以责令停业整顿，降低资质等级；情节严重的，吊销资质证书。

工程监理单位转让工程监理业务的，责令改正，没收违法所得，处合同约定的监理酬金百分之二十五以上百分之五十以下的罚款；可以责令停业整顿，降低资质等级；情节严重的，吊销资质证书。

(10)违反《建筑工程质量管理条例》规定，有下列行为之一的，责令改正，处 10 万元

以上30万元以下的罚款:

①勘察单位未按照工程建设强制性标准进行勘察的;

②设计单位未根据勘察成果文件进行工程设计的;

③设计单位指定建筑材料、建筑构配件的生产厂、供应商的;

④设计单位未按照工程建设强制性标准进行设计的。

有前款所列行为,造成工程质量事故的,责令停业整顿,降低资质等级;情节严重的,吊销资质证书;造成损失的,依法承担赔偿责任。

(11)违反《建设工程质量管理条例》规定,施工单位在施工中偷工减料的,使用不合格的建筑材料、建筑构配件和设备的,或者有不按照工程设计图纸或者施工技术标准施工的其他行为的,责令改正,处工程合同价款百分之二以上百分之四以下的罚款;造成建设工程质量不符合规定的质量标准的,负责返工、修理,并赔偿因此造成的损失;情节严重的,责令停业整顿,降低资质等级或者吊销资质证书。

(12)违反《建设工程质量管理条例》规定,施工单位未对建筑材料、建筑构配件、设备和商品混凝土进行检验,或者未对涉及结构安全的试块、试件以及有关材料取样检测的,责令改正,处10万元以上20万元以下的罚款;情节严重的,责令停业整顿,降低资质等级或者吊销资质证书;造成损失的,依法承担赔偿责任。

(13)违反《建设工程质量管理条例》规定,施工单位不履行保修义务或者拖延履行保修义务的,责令改正,处10万元以上20万元以下的罚款,并对在保修期内因质量缺陷造成的损失承担赔偿责任。

(14)工程监理单位有下列行为之一的,责令改正,处50万元以上100万元以下的罚款,降低资质等级或者吊销资质证书;有违法所得的,予以没收;造成损失的,承担连带赔偿责任:

①与建设单位或者施工单位串通,弄虚作假、降低工程质量的;

②将不合格的建设工程、建筑材料、建筑构配件和设备按照合格签字的。

(15)违反《建设工程质量管理条例》规定,工程监理单位与被监理工程的施工承包单位以及建筑材料、建筑构配件和设备供应单位有隶属关系或者其他利害关系承担该项建设工程的监理业务的,责令改正,处5万元以上10万元以下的罚款;降低资质等级或者吊销资质证书;有违法所得的,予以没收。

(16)违反《建设工程质量管理条例》规定,涉及建筑主体或者承重结构变动的装修工程,没有设计方案擅自施工的,责令改正,处50万元以上100万元以下的罚款;房屋建筑使用者在装修过程中擅自变动房屋建筑主体和承重结构的,责令改正,处5万元以上10万元以下的罚款。

有前款所列行为,造成损失的,依法承担赔偿责任。

(17)发生重大工程质量事故隐瞒不报、谎报或者拖延报告期限的,对直接负责的主管人员和其他责任人员依法给予行政处分。

(18)违反《建设工程质量管理条例》规定,供水、供电、供气、公安消防等部门或者单位明示或者暗示建设单位或者施工单位购买其指定的生产供应单位的建筑材料、建筑构配件和设备的,责令改正。

(19)违反《建设工程质量管理条例》规定,注册建筑师、注册结构工程师、监理工程师等注册执业人员因过错造成质量事故的,责令停止执业1年;造成重大质量事故的,吊销执业资格证书,5年以内不予注册;情节特别恶劣的,终身不予注册。

(20)依照《建设工程质量管理条例》规定,给予单位罚款处罚的,对单位直接负责的主管人员和其他直接责任人员处单位罚款数额百分之五以上百分之十以下的罚款。

(21)建设单位、设计单位、施工单位、工程监理单位违反国家规定,降低工程质量标准,造成重大安全事故,构成犯罪的,对直接责任人员依法追究刑事责任。

(22)《建设工程质量管理条例》规定的责令停业整顿,降低资质等级和吊销资质证书的行政处罚,由颁发资质证书的机关决定;其他行政处罚,由建设行政主管部门或者其他有关部门依照法定职权决定。

依照《建设工程质量管理条例》规定被吊销资质证书的,由工商行政管理部门吊销其营业执照。

(23)国家机关工作人员在建设工程质量监督管理工作中玩忽职守、滥用职权、徇私舞弊,构成犯罪的,依法追究刑事责任;尚不构成犯罪的,依法给予行政处分。

(24)建设、勘察、设计、施工、工程监理单位的工作人员因调动工作、退休等原因离开该单位后,被发现在该单位工作期间违反国家有关建设工程质量管理规定,造成重大工程质量事故的,仍应当依法追究法律责任。

第二节 水利工程建设安全生产管理

一、建设工程安全生产法律制度

建设工程的安全生产,不仅关系到人民群众的生命和财产安全,而且关系到国家经济的发展,社会的全面进步。《安全生产法》作为安全生产领域的基本法律,全面规定了安全生产的原则、制度、具体要求及责任。作为新中国成立以来第一部全面规定安全生产各项制度的法律,它的出台不仅表明党中央、国务院对安全问题的高度重视,反映了人民群众对安全生产的意愿和要求,也是安全生产管理全面纳入法制化的标志,是安全生产各项法律责任完善与健全的标志。《安全生产法》的实施,对于全面加强我国安全生产法制建设,强化安全生产监督管理,规范生产经营单位的安全生产,遏制重大、特大事故,促进经济发展和保持社会稳定,具有重大而深远的意义。

2004年2月1日实施了《建设工程安全生产管理条例》。为了加强水利工程建设安全生产监督管理,明确安全生产责任,防止和减少安全生产事故,保障人民群众生命和财产安全,并结合水利工程的特点,水利部于2005年7月22日颁发了《水利工程建设安全生产管理规定》。

《水利工程建设安全生产管理规定》规定:项目法人、勘察(测)单位、设计单位、施工单位、建设监理单位及其他与水利工程建设安全生产有关的单位,必须遵守安全生产法律、法规和本规定,保证水利工程建设安全生产,依法承担水利工程建设安全生产责任。

二、建设单位安全生产责任

(一)建设单位应当向施工单位提供施工现场及毗邻区域内供水、排水、供电、供气、供热、通信、广播电视等地下管线资料,气象和水文观测资料,相邻建筑物和构筑物、地下工程的有关资料,并保证资料的真实、准确、完整。建设单位因建设工程需要,向有关部门或者单位查询规定的资料时,有关部门或者单位应当及时提供

(1)对建设单位设定提供资料的业务,是考虑到建设单位在选择施工地点、勘察、设计过程中,它处于主导地位,决定工程的环节。因此,在施工开始前,建设单位应向施工单位提供有关资料。同时,建设单位还应提供气象和水文观测资料,这也是考虑到施工周期比较长,大部分时间又是露天作业,受气候的条件影响相当大,在不同的季节和天气里,对施工安全需要采取不同的措施,涉及的安全生产费用也是不同的;同样,水文观测资料对施工安全也是至关重要的,不同水文条件下,所采取的措施和所需要的费用也是不同的。提供相邻建筑物和构筑物、地下工程的有关资料,以便能够在施工过程中采取相应的措施加以保护,避免在施工中挖断管线、损伤地下设施等。

(2)所谓真实,就是指建设单位是通过合法途径取得的,不是伪造、篡改的。所谓准确,是指资料的科学性,能够反映实际情况,精度能满足施工的需要。所谓完整,是指资料齐全,能满足施工的需要。

(3)在我国目前的体制下,有关的资料并不是由一个部门或单位保管,建设单位向有关部门查询的时候,应及时提供,当然应保证这些资料的真实、准确性。

(二)建设单位不得对勘察、设计、施工、工程监理等单位提出不符合建设工程安全生产法律、法规和强制性标准规定的要求,不得压缩合同约定的工期

(1)建设单位在选择勘察、设计、施工、工程监理单位时,必须按照法律法规的规定,选择有相应资质的单位。由于目前建筑市场竞争相当激烈,很大程度上是买方市场,勘察、设计、施工、工程监理单位为了承揽到业务,往往对建设单位提出的要求尽量满足,这就造成建设单位为了以最小的投资达到最大的经济效益,提出一些非法要求。在选择承包单位时,就以这些要求为条件,降低成本;而勘察、设计、施工、工程监理单位尽管明知费用过低,条件比较苛刻,但也先将工程承揽下来,再在生产过程中压缩费用,造成安全事故隐患,甚至导致安全生产事故的发生。

(2)法律、法规是包括所有对建设工程安全生产作出规定的法律、行政法规、地方性法规。强制性标准,是指根据《标准化法》第七条的规定:“国家标准、行业标准分为强制性标准和推荐性标准。保护人体健康,人身、财产安全的标准和法律、行政法规规定强制执行的标准是强制性标准,其他标准是推荐性标准。”在工程建设领域,强制性标准包括:①工程建设勘察、规划、设计、施工(包括安装)及验收等通用的综合标准和重要的通用的质量标准;②工程建设通用的有关安全、卫生和环境保护的标准;③工程建设重要的通用术语、符号、代号、量与单位、建筑模数和制图方法标准;④工程建设重要的通用试验、检验和评定方法等标准;⑤工程建设重要的通用信息技术标准;⑥国家需要控制的其他工程建设通用的标准。对于强制性标准,是参与工程建设各方都必须执行的,建设单位如果提出违反强制性标准规定的要求,应承担相应的法律责任。

（三）建设单位在编制工程概算时，应当确定建设工程安全作业环境及安全施工措施所需费用。作为工程总造价的组成部分，以满足确保工程安全的需要

（1）安全就是效益，这是所有企业管理者应该建立起来的安全经济观。而加大安全资金投入，依靠先进的科技手段和先进设备、设施，也是实现安全生产、有效避免重大安全事故发生的根本所在。

（2）概算是指在初步设计阶段，根据初步设计的图纸、概算定额及其有关文件，概略计算的拟建工程费用。建设单位编制工程概算时，应当确定建设工程安全作业环境及安全施工措施所需费用。同时《建设工程安全生产管理条例》中规定，对于建设单位未提供安全生产管理费用的，责令限期改正，逾期未改正的，责令该建设工程停止其施工。

（四）建设单位不得明示或者暗示施工单位购买、租赁、使用不符合安全施工要求的安全防护用具、机械设备、施工机具及配件、消防设施和器材

（1）建设工程材料设备的供应有三种方式。第一种方式，由建设单位提供材料设备，应当将材料设备的种类、规格、数量、单价、质量等级和供应时间、地点等内容填写在《甲方供应材料设备一览表》内，作为合同的附件。第二种方式，由施工单位（乙方采购材料设备，即乙方根据合同约定，按照设计要求和技术规范的规定采购工程所需要的材料设备，并提供产品合格证明。第三种方式，由建设单位或者设计单位指定采购某生产厂家的材料设备，这会出现以下的问题：一是指定生产厂家的产品的实际采购价格超过市场采购价格；二是指定生产厂家的产品不能及时到位导致施工现场停工待料，影响工期。甲乙双方必须在合同中对各自的责任作出约定。

（2）首先，由于工程的建设投资、投资效益的回收以及工程质量后果都是由建设单位承担，建设单位对工程建设的各个环节都是最为关心的，在材料设备的采购上，建设单位或多或少地都要对施工单位产生影响。这就要求建设单位与施工单位在合同中明确约定双方的权利义务，采取哪种供货方式等，在合同约定之外，建设单位不得再采用明示或者暗示的手段对施工单位施加影响。其次，无论施工单位在购买、租赁还是使用有关安全生产的材料设备时，建设单位都不得提出不符合安全施工条件的要求。再次，重点强调与安全生产有关的材料设备，主要包括安全防护用具、机械设备、施工机具及配件、消防设施和器材。

（五）建设单位应当组织编制保证安全生产的措施方案，并自开工报告批准之日起15日内报有管辖权的水行政主管部门、流域管理机构或者其委托的水利工程建设安全生产监督机构（以下简称安全生产监督机构）备案。建设过程中安全生产的情况发生变化时，应当及时对保证安全生产的措施方案进行调整，并报原备案机关

保证安全生产的措施方案应当根据有关法律法规、强制性标准和技术规范的要求并结合工程的具体情况编制，应当包括以下内容：

（1）项目概况；

（2）编制依据；

（3）安全生产管理机构及相关负责人；

（4）安全生产的有关规章制度制定情况；

（5）安全生产管理人员及特种作业人员持证上岗情况等；

(6)生产安全事故的应急救援预案;

(7)工程度汛方案、措施;

(8)其他有关事项。

(六)通过对近年来拆除工程伤亡事故分析,造成事故的主要原因:一是工程建设业主违规发包拆除任务。拆除工程危险性较大,需要一定的技术力量支持,但长期以来人们忽视了这一点,建设单位往往将拆除工程发包给不具备安全生产条件的无照、无证和无技术力量的农民工队伍。二是拆除施工缺乏必要技术力量支持。拆除施工时既不编制施工方案,又不按安全技术规程作业,缺少安全技术措施,缺少必要的机械设备,作业人员不了解工程结构,也缺乏拆除工程的专业知识,为追求速度,冒险蛮干。关于拆除工程的安全生产管理,《建筑法》第五十条作了明确规定,房屋拆除应当由具备保证安全条件的施工单位承担,由建筑施工单位负责人对安全生产负责

1. 拆除工程施工单位资质要求

为了规范拆除工程市场秩序,提高拆除工程的技术保证水平,避免发生安全事故,建设部2001年颁布的《建筑业企业资质管理规定》将爆破与拆除工程列为专业承包工程资质序列,并对取得该资质的具体条件、承包工程范围作了严格的规定。因此,为了保证拆除活动的安全,建设单位必须选择有相应资质等级的单位承担拆除工程。

2. 拆除工程备案资料

建设单位应当在拆除工程施工15日前,向建设工程所在地的县级以上地方人民政府建设行政主管部门或者其他有关部门备案。

(1)施工单位资质等级证明;

(2)拟拆除建筑物、构筑物及可能危及毗邻建筑的说明;

(3)拆除施工组织方案;

(4)堆放、清除废弃物的措施。

实施爆破作业的,应当遵守国家有关民用爆炸物品管理的规定。

3. 拆除施工准备工作

由于被拆除的建筑物的情况各异,容易发生危险,在进行拆除工作前,应当做好充分的准备工作,包括:

(1)对建筑物结构强度进行详细调查,制定拆除施工方案,并对全体作业人员进行详细的安全技术交底,技术负责人要到现场指挥施工。

(2)拆除工作开始前,应先将电线、自来水管道、燃气管道等通往被拆除建筑物的支线切断或迁移。

(3)拆除建筑物前,应在周围设安全围栏,设置警示标志,禁止其他人员入内。

(4)拆除建筑物,应遵照拆除方案。

(5)拆除前应将有倒塌危险的结构物,用支柱、绳索等临时加固。

(6)拆除较大或较重的材料,应用起重机械吊下,运走。散碎材料应用溜放槽溜下,拆下材料要及时清理、运走。

(7)采用推倒拆除法和爆破拆除法时,必须经设计计算后,制定和落实专项安全技术措施,统一指挥,防止事故发生。

三、勘测(察)、设计单位的安全生产责任

(一)勘察(测)单位应当按照法律、法规和工程建设强制性标准进行勘察(测),提供的勘察(测)文件必须真实、准确,满足水利工程建设安全生产的需要。勘察(测)单位在勘察(测)作业时,应当严格执行操作规程,采取措施保证各类管线、设施和周边建筑物、构筑物的安全

(1)建设工程勘察是工程的基础工作,我国一直对勘察工作非常重视。《建筑法》对勘察单位的责任和勘察文件的要求都作了原则规定。国务院2000年9月25日公布的《建设工程勘察设计管理条例》对勘察活动中的有关制度作了具体规定。因此,勘察单位必须按照法律、法规的规定以及工程建设强制性标准的要求进行勘察。勘察的成果,即勘察文件,是建设项目规划、选址和设计的重要依据,勘察文件的准确性、科学性极大地影响着建设项目的规划、选址和设计的正确性。因此,要求勘察单位提供真实、准确的勘察文件,不能弄虚作假,并且强调了勘察文件要满足建设工程安全生产的需要。

(2)勘察单位在进行勘察作业时,也易发生安全事故。为了保证勘察作业人员的安全,要求勘察人员必须严格执行操作规程;同时,还应当采取措施保证各类管线、设施和周边建筑物、构筑物的安全,这也是保证作业人员安全的需要。

(二)设计单位应当按照法律、法规和工程建设强制性标准进行设计,并考虑项目周边环境对施工安全的影响,防止因设计不合理导致生产安全事故的发生

设计单位应当考虑施工安全操作和防护的需要,对涉及施工安全的重点部位和环节在设计文件中注明,并对防范生产安全事故提出指导意见。

采用新结构、新材料、新工艺以及特殊结构的水利工程,设计单位应当在设计中提出保障施工作业人员安全和预防生产安全事故的措施建议。

设计单位和有关设计人员应当对其设计成果负责。设计单位应当参与与设计有关的生产安全事故分析,并承担相应的责任。

(1)设计单位必须按照法律、法规和工程建设强制性标准进行设计。特别是工程建设强制性标准是工程建设技术和经验的总结、积累,对保证建设工程质量和安全起着重要作用。

(2)《建设工程勘察设计管理条例》对设计文件的编制作了明确规定,本条则进一步细化了设计单位在设计中的安全责任。设计单位应当考虑施工安全操作和防护的需要,对涉及施工安全的重点部位和环节在设计文件中注明,并对防范生产安全事故提出指导意见。特别是对采用新结构、新材料、新工艺的建设工程和特殊结构的建设工程,设计单位应当在设计中提出保障施工作业人员安全和预防生产安全事故的措施建议。设计单位的工程设计文件对保证建筑结构安全非常重要;同时,设计单位在编制设计文件时,应当结合建设工程的具体特点和实际情况,考虑施工安全作业和安全防护的需要,为施工单位制定安全防护措施提供技术保障。涉及施工安全的重点部位和环节应当在设计文件中注明,施工单位作业前,设计单位应当就设计意图、设计文件向施工单位做出说明和技术交底,并对防范生产安全事故提出指导意见。

(3)采用新结构、新材料、新工艺的工程以及特殊结构的工程,设计单位应当在设计

中提出保障施工作业人员安全和预防生产安全事故的措施建议。如果施工单位对新技术、新工艺和新材料的了解与认识不足,对其安全技术性能掌握不充分,未能及时采取有效的安全防护措施,这些新技术、新工艺和新材料将可能成为导致安全事故发生的重大隐患。因此,当设计单位在工程设计中采用新技术、新工艺和新材料或者设计的结构特殊时,要在设计文件中作出特别说明,并提出安全操作、运用建议,防止施工中发生生产安全事故。

(4)设计单位的责任主要是指由于设计责任造成事故的,设计单位除承担行政责任外,还要对造成的损失进行赔偿;注册执业人员应当在设计文件上签字,对设计文件负责。

四、监理单位的安全生产责任

监理单位和监理人员应当按照法律、法规和工程建设强制性标准实施监理,并对水利工程建设安全生产承担监理责任。建设监理单位应当审查施工组织设计中的安全技术措施或者专项施工方案是否符合工程建设强制性标准。监理单位在实施监理过程中,发现存在生产安全事故隐患的,应当要求施工单位整改;对情况严重的,应当要求施工单位暂时停止施工,并及时向水行政主管部门、流域管理机构或者其委托的安全生产监督机构以及项目法人报告。

(1)监理单位受建设单位的委托,作为公正的第三方承担监理责任,不仅要对建设单位负责,同时,也应当承担国家法律、法规和建设工程监理规范所要求的责任。也就是说,监理单位应当贯彻落实安全生产方针政策,督促施工单位按照施工安全生产法律、法规和标准组织施工,消除施工中的冒险性、盲目性和随意性,落实各项安全技术措施,有效地杜绝各类不安全隐患,杜绝、控制和减少各类伤亡事故,实现安全生产。

(2)监理单位对施工安全的责任主要体现在审查施工组织设计中的安全技术措施或者专项施工方案是否符合工程建设强制性标准。施工组织设计是规划和指导即将建设的工程施工准备到竣工验收全过程的综合性技术经济文件。它既要体现建设工程的设计要求和使用需求,又应当符合建设工程施工的客观规律,对整个施工的全过程起着非常重要的作用。施工组织设计中必须包含安全技术措施和施工现场临时用电方案,对基坑支护与降水工程、土方开挖工程、模板工程、起重吊装工程、脚手架工程、拆除、爆破工程达到一定规模的危险性较大的分部分项工程应当编制专项施工方案。工程监理单位对这些技术措施和专项施工方案进行审查,审查的重点在是否符合工程建设强制性标准,对于达不到强制性标准的,应当要求施工单位进行补充完善。

五、施工单位的安全生产责任

施工单位的安全生产责任主要包括以下几个方面。

(一)依法取得资质和承揽工程

施工单位从事建设工程的新建、扩建、改建和拆除等活动,应当具备国家规定的注册资本、专业技术人员、技术装备和安全生产等条件,依法取得相应等级的资质证书,并在其资质等级许可的范围内承揽工程。

(1)从事建设工程施工的单位,必须取得国家颁发的资质证书,这主要是考虑到这个行业直接关系公共利益，需要确定具备特殊信誉、特殊条件或者特殊技能等，由行政机关对申请人是否具备特定技能作出认定，是为了提高从业水平。因此，对于从事建设工程施工的单位，国家明确规定了资质条件；只有具备这些条件，取得国家的许可后，才能承揽建设工程。

(2)对施工单位进行资质条件的审查时，强调其必须具备基本的安全生产条件。“安全生产条件”是指施工单位的各个系统、设施和设备以及与施工相适应的管理组织、制度和技术措施等，能够满足保障生产经营安全的需要，在正常情况下不会导致人员伤亡和财产损失。具体包括以下内容：

①具备安全生产的管理制度；

②有负责安全生产的机构和人员；

③对于施工单位的管理人员和其他作业人员进行安全培训的制度；

④对已经发生的安全事故的处理情况及整改情况。

施工单位具备了相应的安全生产条件，发生生产安全事故的可能性就会大大降低；相反，施工单位如果不具备相应的安全生产条件，就会存在安全事故隐患，甚至发生安全生产事故。因此，对于不具备安全生产条件的施工单位，不得颁发资质证书，从根本上防止安全事故的发生。

(二)具有安全生产管理机构和人员配备

施工单位应当设立安全生产管理机构，配备专职安全生产管理人员。专职安全生产管理人员负责对安全生产进行现场监督检查。发现安全事故隐患，应当及时向项目负责人和安全生产管理机构报告；对违章指挥、违章操作的，应当立即制止。

根据《安全生产法》的有关规定，矿山、建筑施工单位和危险物品的生产、经营、储存单位，应当设置安全生产管理机构或者配备专职安全生产管理人员。安全生产管理机构是指施工单位专门负责安全生产管理的内设机构，其人员即为专职安全生产管理人员。安全生产管理机构主要负责落实国家有关安全生产的法律法规和工程建设强制性标准，监督安全生产措施的落实，组织施工单位进行内部的安全生产检查活动，及时整改各种安全事故隐患以及日常的安全生产检查。针对建设行业的特点和安全事故多发的情况，本条要求施工单位设立安全生产管理机构，配备专职安全生产管理人员。

(三)建立安全生产制度和操作规程

(1)施工单位应当在施工现场建立消防安全责任制度，确定消防安全责任人，制定用火、用电、使用易燃易爆材料等各项消防安全管理制度和操作规程，设置消防通道、消防水源，配备消防设施和灭火器材，并在施工现场入口处设置明显标志。

实行防火安全责任制行之有效，它有利于增强人们的消防安全意识，调动各方做好消防安全工作的积极性，转变消防工作就是公安消防机构的责任的不正确认识，提高全社会整体抗御火灾的能力。对施工单位来说，首先是单位的主要负责人应当对本单位的消防安全工作全面负责，并在单位内部实行和落实逐级防火责任制、岗位防火责任制。各部门、各班组负责人以及每个岗位人员应当对自己管辖工作范围内的消防安全负责，切实做到“谁主管，谁负责；谁在岗，谁负责”，保证消防法律、法规的贯彻执行，保证消防安全措施落到实处。

施工单位必须制定消防安全制度、消防安全操作规程。如制定用火用电制度、易燃易爆危险物品管理制度、消防安全检查制度、消防设施维护保养制度、消防控制室值班制度、员工消防教育培训制度等等。同时要结合本企业的实际,制定生产、经营、储运、科研过程中预防火灾的操作规程,确保消防安全。

按照国家有关规定配置的消防设施和器材,应当定期组织检验、维修。主要包括两方面内容:一是,任何单位都应按照消防法规和国家工程建筑消防技术标准配置消防设施和器材、设置消防安全标志。各类消防设施、器材和标志均应与建筑物同时验收并投入使用。二是,定期组织对消防设施、器材进行检验、维修,确保完好、有效,这是施工单位的重要职责。建筑消防设施能否发挥预防火灾和扑灭初期火灾的作用,关键是日常的维修保养,应当经常检查,定期维修。

消防安全标志的设置应当按照国家有关标准,主要是:1996 年 2 月 1 日起施行的《消防安全标志设置要求》(GB 15630—1995),1993 年 3 月 1 日起施行的《消防安全标志》(GB 13495—1992)。

(2)施工单位主要负责人依法对本单位的安全生产工作全面负责。施工单位应当建立健全安全生产责任制度和安全生产教育培训制度,制定安全生产规章制度和操作规程,保证本单位安全生产条件所需资金的投入,对所承担的建设工程进行定期和专项安全检查,并做好安全检查记录。

(四)确保安全费用的投入和合理使用

施工单位对列入建设工程概算的安全作业环境及安全施工措施所需费用,应当用于施工安全防护用具及设施的采购和更新、安全施工措施的落实、安全生产条件的改善,不得挪作他用。

安全作业环境及安全施工措施所需费用,是指建设单位在编制建设工程概算时,为保障安全施工确定的费用。这笔费用是由建设单位提供,与施工单位为保证本单位的安全生产条件所支出的费用是不同的。建设单位为保证施工的安全,根据工程项目的特点和实际需要,在工程概算中要确定安全生产费用,并全部、及时地将这笔费用划转给施工单位。只有将安全生产费用足额到位,才能从资金上保证安全生产。

(五)对管理和作业人员实行安全教育培训制度和考核上岗

(1)垂直运输机械作业人员、安装拆卸工、爆破作业人员、起重信号工、登高架设作业人员等特种作业人员,必须按照国家有关规定经过专门的安全作业培训,并取得特种作业操作资格证书后,方可上岗作业。

特种作业人员所从事的岗位,有较大的危险性,容易发生人员伤亡事故,对操作者本人、他人及周围设施的安全有重大危害。因此,特种作业人员工作的好坏直接关系到作业人员的人身安全,也直接关系到施工单位的安全生产工作。《安全生产法》第二十三条规定,特种作业人员必须按照国家有关规定经专门的安全作业培训,取得特种作业资格证书,方可上岗作业。

对于特种作业人员的范围,国务院有关部门作过一些规定。如 1999 年 7 月 12 日国家经贸委发布的《特种作业人员安全技术培训考核管理办法》,明确特种作业包括:电工作业;金属焊接切割作业;起重机械(含电梯)作业;企业内机动车辆驾驶;登高架设作业;

锅炉作业(含水质化验);压力容器操作;制冷作业;爆破作业;矿山通风作业(含瓦斯检验);矿山排水作业(含尾矿坝作业)。

特种作业操作资格证书在全国范围内有效,离开特种作业岗位一定时间后,应当按照规定重新进行实际操作考核,经确认合格后方可上岗作业。

(2)施工单位的主要负责人、项目负责人、专职安全生产管理人员应当经建设行政主管部门或者其他有关部门考核合格后方可任职。

施工单位应当对管理人员和作业人员每年至少进行一次安全生产教育培训,其教育培训情况记入个人工作档案。安全生产教育培训考核不合格的人员,不得上岗。安全教育培训可以促使劳动者充分认识安全工作的重要意义,提高其执行国家职业安全卫生法规自觉性,也是提高劳动者技术素质的一个组成部分。

安全教育培训具有以下几个特点:

①安全教育培训的全员性。安全教育培训的对象是施工单位所有从事生产活动的人员,从施工单位的主要负责人、项目经理、专职安全生产管理人员以及一般作业人员,都必须接受安全教育培训。

②安全教育培训的长期性。安全教育培训是一项长期性的工作,这个长期性体现在三个方面:安全教育培训贯穿于每个工作的全过程;安全教育培训贯穿于每个工程施工的全过程;安全教育培训贯穿于施工企业生产的全过程。

③安全教育培训的专业性。安全生产既有管理性要求,也有技术性知识,使得安全教育培训具有专业性要求。教育培训者既要有充实的理论知识,也要有丰富的实践经验,这样才使安全教育培训做到深入浅出,通俗易懂。

因此,施工单位加强安全教育培训,提高从业人员素质,是控制和减少安全事故的关键措施。施工企业的主要负责人、项目负责人和安全生产管理人员在施工安全方面的知识水平和管理能力直接关系到本单位、本项目的安全生产管理水平。

(3)作业人员进入新的岗位或者新的施工现场前,应当接受安全生产教育培训。未经教育培训或者教育培训考核不合格的人员,不得上岗作业。

(六)明确安全生产责任

建设工程实行施工总承包的,由总承包单位对施工现场的安全生产负总责。总承包单位应当自行完成建设工程主体结构的施工。

总承包单位依法将建设工程分包给其他单位的,分包合同中应当明确各自的安全生产方面的权利、义务。总承包单位和分包单位对分包工程的安全生产承担连带责任。分包单位应当服从总承包单位的安全生产管理,分包单位不服从管理导致生产安全事故的,由分包单位承担主要责任。

(1)施工总承包,是指发包单位将建设工程的施工任务,包括土建施工和有关设施、设备安装调试的施工任务,全部发包给一家具备相应的施工总承包资质条件的承包单位,由该施工总承包单位对全过程向建设单位负责,直到工程竣工,向建设单位交付符合设计要求和合同约定的建设工程的承包方式。实行施工总承包的,施工现场由总承包单位全面统一负责,包括工程质量、建设工期、造价控制、施工组织等,由此,施工现场的安全生产也应当由施工总承包单位负责。

(2)根据《建筑法》第二十九条的规定,施工总承包的,建筑工程主体结构的施工必须由总承包单位自行完成。建筑法作出这样的规定,主要是为了防止一些承包单位在承揽到建设工程项目后以分包的名义倒手转包,使得工程款项并没有真正用在工程建设上,造成工程质量的降低,安全生产事故的频发,从而损害建设单位的利益,破坏建筑市场秩序,给人民生命财产造成重大损失。实行施工总承包的,建设工程的主体结构必须由总承包单位自行完成,不得分包。

(3)总承包单位与分包单位的安全责任的划分,是一个重点,也是一个难点。

分包合同是确定总承包单位与分包单位权利与义务的依据。分包合同是总承包合同的承包人(分包合同的发包人)与分包人之间订立的合同。分包合同中对于分包单位承担的工程任务、工期、款项、质量责任、安全责任等都要依法作出明确约定,这是双方进行工程施工的依据,也是双方确定相应责任的依据。

总承包单位与分包单位对分包合同的安全生产承担连带责任。所谓连带责任,是指按照法律规定或者当事人约定,共同责任人不分份额地共同向权利人或者受害人承担民事责任。就施工总承包而言,对于分包工程发生的安全责任以及违约责任,受损害方可以向总承包单位请求赔偿,也可以向分包单位请求赔偿,总承包单位进行赔偿后,有权对不属于自己的责任赔偿依据分包合同向分包单位追偿;同样地,分包单位先赔偿的,也有权就不属于自己的责任赔偿依据分包合同向总承包单位追偿。这样规定,一方面强化了总承包单位和分包单位的安全责任意识,另一方面有利于保护受损害者的合法权益。

总承包单位既然对施工现场的安全生产负总责,就要求分包单位服从总承包单位的管理。施工现场情况复杂,有的一个施工工地会同时有几个不同的分包单位在施工,因此,针对安全生产来说,就是要服从总承包单位的安全生产管理,包括制定安全生产责任制度,遵守相关的规章制度和操作等。如果由于分包单位不服从总承包单位的管理,导致生产安全事故的发生,应当由分包单位承担主要责任。

(七)对使用安全防护品和施工机具设备的安全管理

施工单位应当向作业人员提供安全防护用具和安全防护服装,并书面告知危险岗位的操作规程和违章操作的危害。

(1)施工单位必须采购、使用具有生产许可证、产品合格的产品,并建立安全防护用具和防护服装的采购、使用、检查、维修、保养的责任制。

(2)建设工程的施工有其特殊性,存在很多危险因素,属于安全事故高发行业。从发生事故的统计情况看,伤亡事故多发生于高处坠落、触电、物体打击、机械和起重伤害四个方面。直接接触这些危险因素的从业人员往往是生产安全事故的直接受害者。如果从业人员知道并且掌握有关安全知识和处理办法,就可以消除许多不安全因素和事故隐患,避免事故发生或者减少人身伤亡。所以,《安全生产法》规定,生产经营单位从业人员有权了解其作业场所和工作岗位存在的危险因素及事故应急措施。要保证从业人员这项权利的行使,施工单位就有义务事前告知有关危险因素和事故应急措施,特别是对于一些危险岗位,应当明确告知操作规程和违章操作的危害,并要求是以书面形式履行告知义务。

(八)编制安全控制措施

施工单位应当在施工组织设计中编制安全技术措施和施工现场临时用电方案,对下列达到一定规模的危险性较大的分部分项工程编制专项施工方案,并附具安全验算结果,经施工单位技术负责人、总监理工程师签字后实施,由专职安全生产管理人员进行现场监督:

基坑支护与降水工程;土方开挖工程;模板工程;起重吊装工程;脚手架工程;拆除、爆破工程;国务院建设行政主管部门或者其他有关部门规定的其他危险性较大的工程。

(1)施工单位在施工前必须编制施工组织设计。施工组织设计是规划和指导施工全过程的综合性技术经济文件,是施工准备工作的重要组成部分,是做好施工准备工作的重要依据和保证。施工组织设计要体现设计的要求,选择最佳施工方案,追求最佳经济效益;同时,它要保证施工准备阶段各项工作的顺利进行和各分包单位、各工种、各类材料构件、机具等的供应时间和顺序,对一些关键部位和需要控制的部位,要提出相应的安全技术措施。

安全技术措施是为了实现安全生产,在防护上、技术上和管理上采取的措施。具体来说,就是在工程施工中,针对工程的特点、施工现场环境、施工方法、劳动组织、作业方法、使用的机械、动力设备、变配电设施、架设工具以及各项安全防护设施等制定的确保安全施工的措施。安全技术措施要有针对性,切不可随意、简单,应付了事。

施工组织设计中还应当包括施工现场临时用电方案。临时用电方案直接关系到用电人员的安全,也关系到施工进度和工程质量。

(2)对于达到一定规模的危险性较大的专项工程,还应当编制专项施工方案,并附具安全验算结果,经施工单位技术负责人、总监理工程师签字后实施,由专职安全生产管理人员进行现场监督。

危险性较大的专项工程包括:

①基坑支护与降水工程。基坑支护是指为确保基坑开挖和基础结构的顺利进行,设计并建造的临时结构和支撑体系,用于承受基坑周围土体的土、水压力,以防止坍塌。降水工程是指基坑开挖时,为创造必要的施工环境和确保基坑边坡的稳定,防止地下水的渗入,所采取的人工降低水位的措施。降水工程主要是阻截土中潜流和降低自然水位。由于改变了地下水流方向,相应地减少了对基坑的渗流,从而保证了边坡的稳定,防止坑底隆起和避免产生流砂。

②土方开挖工程,是指建筑工程中一切土的挖掘、填筑和运输过程以及排水、土壁支撑等准备和辅助工程的总称。

③模板工程,是指为保持浇筑的混凝土符合规定的形状和尺寸,并支持混凝土达到适当强度的临时结构工程,包括模板设计、制备、组装和拆除。模板对混凝土和钢筋混凝土在其硬化前起支持作用。无论是在传统的房屋建筑中作为墙壁和天花板模板,还是在特殊条件下用于桥梁和隧道建筑,在几乎所有的建筑方案中均有模板的用场。

④起重吊装工程,是指利用各类起重机械设备吊运、顶举物料,进行重物提升、移动,工程结构安装工作的总称。

⑤脚手架工程;

⑥拆除、爆破工程。

上述工程在施工中存在很大的危险性,为了保证作业人员的安全,编制的专项施工方案要有针对性，具体可行。

(3)对于结构复杂，危险性较大、特性较多的特殊工程，不仅要按照上述要求编制专项施工方案，还应当组织专家进行论证、审查。这些工程包括：

①深基坑，是指开挖深度超过5m的基坑(槽)，或深度未超过5m但地质情况和周围环境较复杂的基坑(槽)。

②地下暗挖工程，是不扰动上部覆盖层面修建地下工程的一种方法。

③高大模板工程，是指模板支撑系统高度超过8m，或者跨度超过18m，或者施工总荷载大于10kN/m^2，或者集中线荷载大于15kN/m的模板支撑系统。

(九)创建安全文明的施工现场

1. 施工单位应当在施工现场入口处、施工起重机械、临时用电设施、脚手架、出入通道口、楼梯口、电梯井口、孔洞口、桥梁口、隧道口、基坑边沿、爆破物及有害危险气体和液体存放处等危险部位，设置明显的安全警示标志。安全警示标志必须符合国家标准

(1)施工现场的危险部位往往是引发生产安全事故的重要因素。施工现场无小事，如果忽视施工现场的细小环节，就有可能酿成生产安全事故。因此，施工单位不能有任何麻痹思想，不能只重视抓大问题而忽视小细节。

(2)施工单位应当根据建设工程的实际情况，使用的设施设备和材料的情况，存储物品的情况等，具体确定本施工现场的危险部位，并设置明显的安全警示标志。安全警示标志应当设置于明显的地点，让作业人员和其他进入施工现场的人员易于看到。安全警示标志如果是文字，应当易于人们读懂；如果是符号，则应当易于人们理解；如果是灯光，则应当明亮显眼。安全警示标志必须符合国家标准，即《安全标志》(GB 2894—1996)、《安全标志使用导则》(GB 16719—1996)。各种安全警示标志设置后，未经施工单位负责人批准，不得擅自移动或者拆除。

2. 施工单位应当将施工现场的办公、生活区与作业区分开设置，并保持安全距离；办公、生活区的选址应当符合安全性要求。职工的膳食、饮水、休息场所等应当符合卫生标准。施工单位不得在尚未竣工的建筑物内设置员工集体宿舍

(1)施工单位既要做到安全施工，同时也应当做到文明施工。安全施工与文明施工是相辅相成的，只有安全施工才能达到文明施工，文明施工又促进了安全施工。通过不断改进作业环境，提高作业人员的工作和生活条件，创造安全、文明的施工环境，是减少生产安全事故、保证施工企业经济效益的重要措施。

(2)施工现场的办公区和生活区的设置应当符合条例的规定。首先，办公区、生活区应当与作业区分开设置，并保持安全距离。这主要是考虑到办公区、生活区是人们进行办公和日常生活的区域，人员比较多而杂，安全防范措施和意识比较弱，况且一般来说，办公时间与施工时间不完全一致，不同的施工作业人员上岗作业的时间也不完全相同，如果将办公区、生活区与作业区设在一起，势必会造成施工现场的混乱，极易发生生产安全事故。办公区、生活区与作业区的安全距离，应当根据施工现场的实际情况确定，总的原则是分开的、独立的区域，并应当设有明显的指示标志。其次，对于办公区和生活区的选址，有特别要求，即办公用房、生活用房都必须建在安全地带，保证办公用房、生活用房不会因滑坡、泥石流等地质灾害而受到破坏，造成人员伤亡和财产损失。在进行工程勘察时，不仅

对需要进行工程施工的区域进行勘察，还应当对办公用房、生活用房的建设区域进行勘察，详细了解有关情况，保证办公用房、生活用房的建设符合安全性的要求。

(3)施工单位必须对职工的膳食、饮水、休息场所的卫生条件高度重视，根据施工人员的多少，配备必要的食品原料处理、加工、贮存等场所以及上、下水等卫生设施，做到防尘、防蝇等，与污染源保持安全距离。施工单位违反《中华人民共和国食品卫生法》等有关法律、法规的，应当承担相应的法律责任。

(4)所谓未竣工的建筑物，是指未进行竣工验收的建筑物。这类建筑物由于是在施工过程中，条件比较差，如将员工集体宿舍设在其中，则会造成相当大的安全事故隐患。因此，为了保证员工的安全和健康，在未竣工的建筑物内都不得设置员工集体宿舍。

(5)施工现场临时搭建的建筑物应当符合安全使用要求。施工现场使用的装配式活动房屋应当具有产品合格证。由于建设工程的施工阶段要持续一段时间，因此在施工现场需要搭建一些临时建筑，以供生产和生活的需求。一般来说，临时建筑物包括施工现场的办公用房、宿舍、食堂、仓库、卫生间、淋浴室等。虽然是临时建筑，但也必须符合安全要求。临时建筑物要稳固、安全、整洁，并满足消防要求，禁止使用竹棚、石棉瓦、油毡搭建。

3. 施工单位应当遵守有关环境保护法律、法规的规定，在施工现场采取措施，防止或者减少粉尘、废气、废水、固体废物、噪声、振动和施工照明对人和环境的危害和污染

(1)安全生产的含义也不仅仅是不发生伤亡事故，不造成经济损失，而应当重新认识安全，既包括人身财产的安全，也包括人们生存环境的安全。从国际发展趋势看，安全生产的含义也包括减少对环境的污染。《建筑法》第四十一条规定："建筑施工企业应当遵守有关环境保护和安全生产的法律、法规的规定，采取控制和处理施工现场的各种粉尘、废气、废水、固体废物以及噪声、振动对环境的污染和危害的措施。"

(2)施工单位应采取措施控制施工现场的各种粉尘、废水、废气、固体废弃物(建筑垃圾、生活垃圾)以及噪声、振动和施工照明对环境的污染和危害，严格遵守国家的有关法律、法规。

(十)进行安全技术交底

建设工程施工前，施工单位负责项目管理的技术人员应当对有关安全施工的技术要求向施工作业班组、作业人员作出详细说明，并由双方签字确认。

(1)施工前的详细说明制度，就是我们通常说的交底制度，是指在施工前，施工单位的技术负责人将工程概况、施工方法、安全技术措施等情况向作业班组、作业人员进行详细地讲解和说明。这项制度非常有助于作业班组和作业人员尽快了解需要进行施工的具体情况，掌握操作方法和注意事项，保护作业人员的人身安全，减少因安全事故导致的经济损失。实践证明，安全技术措施的交底制度是安全施工的重要保障，对减少生产安全事故起着重要作用。

(2)由双方确定的交底制度，有利于明确双方的安全责任，因此施工单位应当将安全技术措施的交底制度落到实处，而不是敷衍了事，使之真正起到保障安全施工的作用。同时，施工单位负责项目管理的技术人员与接受任务负责人要认真履行签字义务，这是对其行为的一种有效的监督和制约，有利于促使他们提高工作责任心，保证安全技术交底的效果和交底单的真实、准确，签字也为发生生产安全事故时确定和分清责任提供了有效的依

据。施工单位负责项目管理的技术人员与接受任务负责人要对弄虚作假的行为承担相应的法律责任。

(十一)起重机械和架设设施验收

施工单位在使用施工起重机械和整体提升脚手架、模板等自升式架设设施前,应当组织有关单位进行验收,也可以委托具有相应资质的检验检测机构进行验收;使用承租的机械设备和施工机具及配件的,由施工总承包单位、分包单位、出租单位和安装单位共同进行验收。验收合格的方可使用。

(1)建筑行业本身就是一个危险性较高的行业,施工工地上的一切都是动态的,随时都在变化之中。施工现场由于对使用的起重机械、整体提升脚手架、模板(主要指提升或滑升模板)管理不善、缺乏安全装置或使用不当又是造成重大、特大伤亡事故的主要原因,是重大危险源。因此,加强对这些设备设施的管理监控尤为重要。

(2)施工现场使用的起重机械主要指塔吊、外用电梯、龙门架及井字架、汽车吊等;各类提升式脚手架、模板及自升式架设设施在使用前必须进行验收。施工单位可以自己组织有关单位进行验收,也可以委托具有相应资质的检验检测机构进行验收。验收的主要内容包括:基础的制作、架体的垂直度、附墙距离、顶端的自由高度;电气及安全装置的灵敏度;空载试验、额定载荷试验;设备、设施出厂前具有资质的检验检测机构的检验检测报告、出厂合格证等。

对于使用承租的机械设备和施工机具及配件的,应当由施工总承包单位、分包单位、出租单位和安装单位共同进行验收。

六、其他有关单位的安全责任

(一)为建设工程提供机械设备和配件的单位,应当按照安全施工的要求配备齐全有效的保险、限位等安全设施和装置

(1)建设工程施工中需要的机械设备,主要包括起重机械、挖掘机械、土方铲运机械、凿岩机械、基础及凿井机械、钢筋混凝土机械、筑路机械以及其他施工机械设备八类。施工机械设备是施工现场的重要设备,随着工程规模的扩大和施工工艺的提高,其在建筑施工中的地位将越来越突出。生产单位应当将安全保护装置配备齐全,并保证灵敏可靠,以保证施工机械设备安全使用,减少施工机械设备事故的发生。

(2)为建设工程提供机械设备和配件的单位,应当依据国家有关法律法规和安全技术规范进行生产活动。生产单位应当具有与其生产的产品相适应的生产条件、技术力量和产品检测手段,建立健全质量管理制度和安全责任制度。这些单位所生产的产品属于生产许可证或国家强制认证、核准、许可管理范围的,应取得生产许可证或强制性认证、核准、许可证书,在为建设工程提供上述产品时,应同时提供生产许可证或强制性认证、核准、许可证书、产品合格证、产品使用说明书、整机型式检验报告、安全保护装置型式检验合格证等,合格证应注明产品主要技术参数、规格型号和编号等。

施工起重机械的安全保护装置应当符合国家和行业有关技术标准和规范的要求。对配件的生产与制造,应当符合设计要求,并保证质量和安全性能可靠。同时,在施工过程中,严禁拆除机械设备上的自动控制机构、力矩限位器等安全装置,不得拆除监测、指示、仪表、警报器等自动报警、信号装置。

为建设工程提供机械设备和配件的单位,应当对其提供的施工机械设备和配件等产品的质量和安全性能负责,对因产品质量造成生产安全事故的,应当承担相应的法律责任。

(二)出租的机械设备和施工机具及配件,应当具有生产(制造)许可证、产品合格证。出租单位应当对出租的机械设备和施工机具及配件的安全性能进行检测,在签订租赁协议时,应当出具检测合格证明

禁止出租检测不合格的机械设备和施工机具及配件。

(1)目前,建设工程施工过程中,越来越多的施工单位通过租赁方式得到机械设备和施工机具及配件,这对于施工单位减少成本、发挥机械设备和施工机具及配件的使用效率等是有着积极作用的。但同时,也存在出租的机械设备和施工机具及配件的安全责任不明确,造成生产安全事故,无法追究有关单位的责任。

(2)本条对出租机械设备和施工机具及配件的单位明确规定了责任:

①对于出租的机械设备和施工机具及配件必须具有生产(制造)许可证、产品合格证。根据国务院1984年4月7日发布的《工业产品生产许可证试行条例》的规定,凡实施工业产品生产许可证的产品,企业必须取得生产许可证才具有生产该产品的资格。因此,对于实施工业产品生产许可证的机械设备和施工机具及配件,必须有生产(制造)许可证。根据《中华人民共和国产品质量法》(以下简称《产品质量法》)的规定,产品质量应当检验合格,不得以不合格产品冒充合格产品。出租机械设备和施工机具及配件的企业,也必须出租合格的产品,也就是有产品合格证的产品。

②尽管租赁单位在最初是购买了合格的产品,但随着产品的多次使用,其性能是会发生变化的,特别是安全性能,与其出产时的安全性能相比,会有很大的不同。因此,出租单位应当对出租的机械设备和施工机具及配件的安全性能进行检测,以保证出租的产品是合格的,安全性能是符合规定的;同时,要求在签订租赁协议时,出租单位应当出具检测合格证明。这对于发生生产安全事故的责任追究,是至关重要的。

(三)在施工现场安装、拆卸施工起重机械和整体提升脚手架、模板等自升式架设设施,必须由具有相应资质的单位承担

安装、拆卸施工起重机械和整体提升脚手架、模板等自升式架设设施,应当编制拆装方案、制定安全施工措施,并由专业技术人员现场监督。

施工起重机械和整体提升脚手架、模板等自升式架设设施安装完毕后,安装单位应当自检,出具自检合格证明,并向施工单位进行安全使用说明,办理验收手续并签字。

(1)从事施工起重机械和自升式架设设施安装、拆卸活动的单位,必须具有相应的资质。

施工起重机械是指施工中用于垂直升降或者垂直升降并水平移动重物的机械设备;自升式架设设施,是指通过自有装置可将自身升高的架设设施。根据《建筑业企业资质管理规定》(建设部令第87号)的规定,从事起重设备安装、整体提升脚手架等施工的专业队伍应当按照其拥有的注册资本金、净资产、专业技术人员、技术装备和已完成的建筑工程业绩的资质条件申请资质,经审查合格,取得相应资质等级的证书后,方可在其资质等级许可的范围内从事安装、拆卸活动。

按照《建筑业企业资质等级标准》的规定，起重设备安装工程专业承包资质分为一级、二级、三级3个等级标准。一级企业可承担各类起重设备的安装与拆卸；二级企业可承担单项合同额不超过企业注册资本金5倍的1 000kN/m及以下塔吊等起重设备、120t及以下起重机或龙门吊的安装与拆卸；三级企业可承担单项合同额不超过企业注册资本金5倍的800kN/m及以下塔吊等起重设备、60t及以下起重机或龙门吊的安装与拆卸。按照《建筑业企业资质等级标准》的规定，整体提升脚手架专业承包资质分为一级、二级2个等级标准。一级企业可承担各类整体提升脚手架的设计、制作、安装、施工；二级企业可承担80m及以下整体提升脚手架的设计、制作、安装、施工。

自升式模板的安装、拆卸施工，也存在着一定的技术含量，具有一定的危险性。因此，从事这项工作的单位，应建立相对固定的队伍，人员也应相对固定并配备相应的专业技术人员及操作人员，按照有关的技术规范和规程进行施工作业。

(2)安装、拆卸施工起重机械和自升式架设设施，应当编制拆装方案，制定安全措施，并由专业技术人员现场监督。

施工起重机械的安装单位在进行安装、拆卸作业前，应当根据施工起重机械的安全技术标准、使用说明书、施工现场环境、辅助起重机械设备条件等，制定施工方案和安全技术措施。所制定的施工方案和安全技术措施要严格按照国家标准、行业标准和生产厂家使用说明书，并严格按照技术人员制定的安装拆卸工艺和方案进行作业。安装拆卸方案一般主要包括：安装、拆卸施工的作业环境，安装条件、安装拆卸作业前检查、安装制度，安装工艺流程及安装要点，升降及锚固作业工艺，安装后的检验内容和试验方法，拆卸工艺流程及拆卸要点，工序、各部位有关的安全措施，安装、拆卸安全注意事项等。

脚手架在建筑施工中是一项不可缺少的重要工具。脚手架要求有足够的面积，能满足工人操作、材料堆置和运输的需要，同时还要求坚固稳定，能保证施工期间在各种荷载和气候条件下，不变形、不倾斜和不摇晃。脚手架工程属高处作业，制定施工方案时必须有完善的安全防护措施，要按规定设置安全网、安全护栏、安全挡板，操作人员上下架子，要有保证安全的扶梯、爬梯或斜道，必须有良好的外电防电、避雷装置，钢脚手架等均应可靠接地，高于四周建筑物的脚手架应设避雷装置等安全措施。在制定模板工程的安全施工措施时，应当根据不同材质模板和不同型式模板的特殊要求，严格执行有关的技术规范，并要求作业人员按照施工方案进行作业。

起重机械和自升式架设设施施工方案，应当由施工单位技术负责人审批，并在安装拆卸前向全体作业人员按照施工方案要求进行安全技术交底。在安装拆卸施工起重机械和整体提升脚手架、模板等自升式架设设施时，应对现场进行检查和清理，为机械作业提供道路、水电、临时机棚或者停机现场等必要条件，消除对机械作业有防碍或者不安全的因素。如：对现场环境、行驶道路、架空线路、建筑物以及构件重量和分布进行全面了解，并进行封闭施工或者设立隔离区域，以防止无关人员进入作业现场。进场作业的司机、电工、起重工、信号工等作业人员应严格执行各自的安全责任制和安全操作规程，按照施工方案和安全技术措施要求进行施工，并做到持证上岗。安装、拆卸单位专业技术人员应按照自己的职责，在作业现场实行全过程监控。在进行安装、拆卸或上升、下降作业时，要根据专项施工方案的要求，明确施工作业人员的安全责任，专业技术人员必须全过程监控，并在作业过程中进行统一指挥。自升式架设设施控制中心应设专人负责操作，禁止其他人员操作。在安装、拆卸或上升、下降过程中还应当设置安全警戒区域或警戒线。在自升式架设设施下部严禁人员进入，并且应当设专人负责监护。操作人员应当熟悉作业环境和施工条件，听从指挥，遵守现场安全规则。当使用机械设备与安全发生矛盾时，必须服从安全的要求。

(3)施工起重机械和整体提升脚手架、模板等自升式架设设施安装完毕后，安装单位应当自检，出具自检和合格证明，并向施工单位进行安全使用说明，办理验收手续并签字。安装单位应在安装前对零部件、构件、组成、安全保护装置等按照安全技术规范进行严格的安装工程前自检，自检项目包括：电气装置、安全装置（包括各种限位、保险、限制器等）、控制器、照明和信号系统；金属结构、连接件、吊笼、导轨架、附墙架梯子、信道、司机室和走台等；防护装置；传动机构、动力设备、升降动力控制台；制动器、防坠防倾装置、安全器；吊钩、钢丝绳及其连接；滑轮组、滑轮组的轴和固定零件；液压系统；架体结构、架体悬挑长度、架体高度、附着支撑结构、架体的防护；各部位连接紧固件及连接紧固情况等。自检应当有记录，填写检验记录表。自检合格后应当向施工单位出具检验合格证明，并以书面形式将有关安全性能和使用过程中应注意的安全事项向施工单位作出说明，填写安全的技术交底书。施工起重机械和自升式架设设施安装单位自检合格后，安装单位和施工单位应当按照国家有关标准、规程所规定的检验项目进行双方验收，做好验收记录，并由双方负责人签字。

（四）施工起重机械和整体提升脚手架、模板等自升式架设设施的使用达到国家规定的检验检测期限的，必须经具有专业资质的检验检测机构检测。经检测不合格的，不得继续使用

(1)施工起重机械和自升式架设设施在使用过程中，应当按照规定进行定期检测，并及时进行全面检修保养。对于达到国家规定的检验检测期限的，必须经具有专业资质的检验检测机构检测。建设部于2000年10月16日发布了《建筑施工附着升降脚手架管理暂行规定》，规定出现以下情况之一的，必须予以报废：

①焊接件严重变形且无法修复或严重锈蚀；

②导轨、附着支承结构件、水平梁架杆部件、竖向主框架等构件出现严重弯曲；

③螺栓连接件变形、磨损、锈蚀严重或螺栓损坏；

④弹簧件变形、失效；

⑤钢丝绳扭曲、打结，断股，磨损断丝严重达到报废规定；

⑥其他不符合设计要求的情况。其他施工起重机械和自升式架设设施的检验检测期限，国务院有关部门将作出具体规定。

从事施工起重机械定期检验、监督检验的检测机构，应当经国务院特种设备安全监督部门核准，取得核准后方可从事检测检验活动。

(2)施工起重机械和自升式架设设施的检测检验，必须经具有专业资质的检验检测机构进行检测。按照国务院2003年3月11日公布《特种设备安全监察条例》的规定，从事施工起重机械定期检验、监督检验的检验检测机构，应当经国务院特种设备安全监督部门核准,取得核准后方可从事检测检验活动。检验检测机构必须具备与所从事的检验检测工作相适应的检验检测人员,检验检测仪器和设备,有健全的检验检测管理制度和检验检测责任制度。同时,为了确保安全,要求检验检测机构进行检测工作时应当符合安全技术规范的要求,检验检测结果和判断必须科学、合理、可靠,防止随意性,并对检测结果负责。经检测不合格的,不得继续使用。

(五)检验检测机构对检测合格的施工起重机械和整体提升脚手架、模板等自升式架设设施,应当出具安全合格证明文件,并对检测结果负责

(1)检验检测机构是第三方,是经过国家认可的中介组织。按照《特种设备安全监察条例》第十七条的规定,施工起重机械和整体提升脚手架、模板等自升式架设设施都必须经过检验检测机构的检测。检验检测机构应当认真履行职责,遵循诚信的原则和方便企业的原则,为施工单位提供可靠、便捷的检测服务。检测工作应当符合安全技术规范的要求,不受任何单位的影响和左右,检验检测机构出具的结果必须是公正、客观的;检测人员应当严格按照国家有关法律、法规,根据国家有关的安全技术标准、规范,公正、客观、及时地出具检测结果、鉴定结论,并应当真实、准确,经检测人员签字后,由检验检测机构负责人签发。检验检测机构应当将检测结果书面通知施工单位,检测合格的,应当出具合格证明文件。

(2)检验检测机构在从事检测工作中,不得将所承担的检测工作转包给其他检验检测机构,应当指派持有检验检测人员证的人员从事相应的检验检测工作。检验检测机构对涉及的受检单位的商业秘密,负有保密义务。此外,检验检测机构还应当建立健全现场检测安全制度,落实安全责任,加强检验检测人员安全教育,督促检验检测人员遵章守纪,严格按照操作规程实施检验检测,保证检验检测人员自身安全与健康。

检验检测机构及其工作人员违反法律、法规的规定,伪造检测结果或者出具虚假的检测结果,都要承担相应的法律责任,包括行政责任、民事责任和刑事责任。

第三节 建设工程安全生产监督管理

建设工程安全生产关系到人民群众的生命和财产安全,国家应当加强对建设工程安全生产的监督管理。政府对公共事务的监督管理有多种形式,可以事前监督,也可以事后监督;可以主要运用行政手段监督,也可以主要运用法律、经济手段监督。政府的监督管理形式应当和经济社会发展需要相适应,在我国现阶段,要强调和发展社会主义市场经济的要求相一致。这就要求政府的监督管理应当主要运用经济和法律手段,主要通过事后监督来实现。政府监督管理的目的是要充分发挥市场主体的积极性和创造性,营造健康有序的市场环境。

一、建设工程安全生产的监督管理制度

1. 国务院负责安全生产监督管理的部门依照《安全生产法》的规定,对全国建设工程安全生产工作实施综合监督管理

县级以上地方人民政府负责安全生产监督管理的部门依照《安全生产法》的规定,对

本行政区域内建设工程安全生产工作实施综合监督管理。

(1)综合监督管理主要有以下内容:

①依照有关法律、法规的规定,对有关涉及安全生产的事项进行审批、验收;

②依法对生产经营单位执行有关安全生产的法律、法规和国家标准或者行业标准的情况进行监督检查;

③按照国务院规定的权限组织对重大事故的调查处理;

④对违反安全生产法的行为依法给予行政处罚。

(2)综合监督管理实际上涉及到两个层次的监督管理,一是对市场主体的监督管理;二是对管理者的监督管理。在综合监督管理的内部,也存在着分级负责的问题,即国务院负责安全生产监督管理的部门对全国的建设工程安全生产工作实施综合监督管理,同时,地方人民政府负责安全生产监督管理的部门对其管辖的行政区域内的建设工程安全生产工作实施综合监督管理。

2. 国务院建设行政主管部门对全国的建设工程安全生产实施监督管理。国务院铁路、交通、水利等有关部门按照国务院规定的职责分工,负责有关专业建设工程安全生产的监督管理

县级以上地方人民政府建设行政主管部门对本行政区域内的建设工程安全生产实施监督管理。县级以上地方人民政府交通、水利等有关部门在各自的职责范围内,负责本行政区域内的专业建设工程安全生产的监督管理。

二、安全施工条件的审查

建设行政主管部门在审核发放施工许可证时,应当对建设工程是否有安全施工措施进行审查,对没有安全施工措施的,不得颁发施工许可证。

建设行政主管部门或者其他有关部门对建设工程是否有安全施工措施进行审查时,不得收取费用。

三、行政部门的安全生产监督管理

(一)监督管理的权力

为了保证建设工程安全生产的监督管理正常进行,《建设工程安全管理条例》赋予了县级以上人民政府负有建设工程安全生产监督管理职责的部门在各自的职责范围内履行安全监督检查职责时,有权采取的一系列的广泛的措施,主要有:

(1)获得有关文件和资料的权力。建设工程安全生产的很多工作都是需要进行文字记载的,这些文件资料是行政部门了解有关安全措施及其实施情况的重要依据,或者说,这些文件和资料是监督管理最基本的形式。这里的文件包括被检查单位从行政管理部门获得的有关批准文件,也包括被检查单位的内部管理的文件。这里的资料主要是指被检查单位的生产情况记载。

(2)现场检查的权力。监督检查必须到现场,否则就无法了解真实的情况。根据这一规定,检查单位可以进入施工现场进行检查,包括施工现场的办公区域和施工作业区域。可以向有关单位和人员了解情况,包括被检查单位的负责人和其他人员,也包括其他

了解情况的单位和人员。

(3)纠正违法行为的权力。对施工中违反安全生产要求的行为有权利进行纠正,有些可以当场进行纠正,包括违章指挥或者违章操作,未按照要求佩带、使用劳动防护用品等。对于难以立即纠正的,如未建立安全生产责任制,未按照要求设立安全生产管理机构、配备管理人员,安全生产资金投入不到位等,有权要求被检查单位在一定期限内纠正。同时,对于依法应当给予处罚的,还应当依据有关法律、法规的规定进行处罚。这里所说的法律、法规,不仅仅包括安全生产方面的法律、法规,还包括行政处罚等专门规范政府共同行政行为的法律、法规。

(4)事故隐患的处理权力。监督检查的目的之一就是要发现事故隐患并及时处理。因此,负有安全生产监督检查管理职责的部门对检查中发现的事故隐患,有权并应当责令被检查单位立即采取措施,予以排除;对于重大的、有现实危险性的事故隐患,在排除前或者排除过程中无法保证安全的,有权并应当责令从危险区域内撤出作业人员或者暂时停止施工。这里的暂时停止施工,并不是行政处罚,而是一种临时性的行政强制措施。因此,不需要经过行政处罚的相关程序,而应当遵守国家对行政强制措施的有关规定。

(二)监督管理应注意的事项

需要注意的是,监督检查的目的是保证生产经营活动的正常进行,因此监督检查不得影响被检查单位正常的生产经营活动,应当是负有安全生产监督检查管理职责的部门的一项义务。根据这一要求,负有建设工程安全生产监督管理职责的部门在履行监督检查职责时,应当注意以下几点:

(1)检查内容应当严格限制在涉及安全生产的事项上。对于被检查单位和安全生产无关的生产经营方面的其他事项,不能予以干涉,同时,不得对被检查单位提出与检查无关的其他要求。

(2)检查要讲究方式、方法。

(3)作出有关处理决定时,要慎重,要严格依照有关规定。特别是不能在没有根据的情况下随意作出对被检查单位的生产经营活动有重大影响的查封、扣押或者责令暂时停产停业等决定。

四、施工现场的监督检查

建设行政主管部门或者其他有关部门可以将施工现场的监督检查委托给建设工程安全监督机构具体实施。

(1)行政机关应当根据法律、法规的要求行使自己的权力,履行自己的义务。但是对于一些特殊的事项,比如一些专业性、技术性很强的事项,行政机关本身很难完成,因此法律、法规会允许行政机关将一些特定的事项委托给专业部门完成。委托在行政法中是一个很重要的制度,行政机关不能任意委托,一般来说只能在法律、法规明确允许的情况下才能委托。被委托机关必须在委托的权限范围内行为,被委托机关并不因为委托而获得行政主体的资格,他只能以委托机关的名义行为,被委托机关行为的法律责任由委托机关承担。

(2)委托给建设工程安全监督机构行使的行政权力只能是施工现场的监督检查,这是对于委托范围的限制性规定。行政管理从根本上来说是行政机关不可推卸的责任和义务,只有在行政机关力所难及的领域或者不宜由行政机关直接从事的工作,才可以委托其他事业组织代为履行一部分职责。具体到建设工程安全生产而言,只有那些日常的、具体的、技术性的监督检查事项,是行政机关难以凭借自身力量完成,而必须进行委托的。除此之外的其他事项,属于纯粹的行政管理事项,比如安全施工条件的审查、企业资质的评定等等,只能由行政机关作出。

行政权委托以后,行政机关仍然必须履行监督管理的职责,仍然要对被委托机构的行为负责。因此,行政机关应当加强对这些安全监督机构本身的管理和监督,提高其人员的素质,规范其执法行为。

五、淘汰有可能危及施工安全的工艺、设备、材料

国家对严重危及施工安全的工艺、设备、材料实行淘汰制度。具体目录由国务院建设行政主管部门会同国务院其他有关部门制定并公布。

(1)严重危及施工安全的工艺、设备、材料是指不符合生产安全要求,极有可能导致生产安全事故发生,致使人民群众生命和财产安全遭受重大损失的工艺、设备和材料。只要是使用了严重危及施工安全的工艺、设备和材料,即使安全管理措施再严格,人的作用发挥得再充分,也仍然难以避免安全生产事故的发生。因此,工艺、设备和材料与建设施工安全息息相关。为了保障人民群众生命和财产安全,国家对严重危及施工安全的工艺、设备和材料实行淘汰制度。这一方面有利于保障安全生产,另一方面也体现了优胜劣汰的市场经济规律,有利于提高生产经营单位的工艺水平,促进设备更新。

(2)对严重危及施工安全的工艺、设备和材料,实行淘汰制度,需要国务院建设行政主管部门会同国务院其他有关部门,在认真分析研究的基础上,确定哪些是严重危及施工安全的工艺、设备和材料,并且以明示的方法予以公布。对于已经公布的严重危及施工安全的工艺、设备和材料,建设单位和施工单位都应当严格遵守和执行,不得继续使用此类工艺和设备,也不得转让他人使用。否则,就要承担相应的法律责任。

第四节　建设工程安全生产法律责任

一般来说,法律责任按主体违反法律规范的不同可以分为刑事责任、民事责任和行政责任三大类。其具体承担方式,又可分为人身责任、财产责任、行为(能力)责任等等。究竟采用哪一种或几种法律责任形式,应当根据法律调整对象、方式的不同,违法行为人所侵害的社会关系的性质、特点以及侵害的程度等多种因素来确定。

一、刑事责任

刑事责任是指法律关系主体违反国家刑事法律规范,所应承担的应当给予刑罚制裁的法律责任。刑事责任是最为严厉的法律责任,只能由国家审判机关、检察机关依法予以追究。根据我国刑法规定,我国刑罚分为主刑和附加刑两大类。主刑主要有管制、拘役、有期徒刑、无期徒刑、死刑;附加刑主要有罚金、剥夺政治权利、没收财产。

二、民事责任

民事责任是指法律关系主体违反民事法律规范，所应承担的应当给予民事制裁的法律责任。根据《中华人民共和国民法通则》、《中华人民共和国合同法》、《中华人民共和国担保法》等法律的规定，我国民事责任的形式主要有停止侵害、排除妨碍、消除危险、返还财产、赔偿损失、消除影响、恢复名誉、赔礼道歉等。

三、行政责任

行政责任又称为行政法律责任，是指法律关系主体由于违反行政法律规范，所应承担的一种行政法律后果。根据追究的机关不同，行政责任可分为行政处罚和行政处分。

四、各单位安全生产法律责任

根据《建设工程安全生产管理条例》，对各单位承担的责任规定如下。

(1)县级以上人民政府建设行政主管部门或者其他有关行政管理部门的工作人员，有下列行为之一的，给予降级或者撤职的行政处分；构成犯罪的，依照刑法有关规定追究刑事责任：

①对不具备安全生产条件的施工单位颁发资质证书的；

②对没有安全施工措施的建设工程颁发施工许可证的；

③发现违法行为不予查处的；

④不依法履行监督管理职责的其他行为。

(2)建设单位未提供建设工程安全生产作业环境及安全施工措施所需费用的，责令限期改正；逾期未改正的，责令该建设工程停止施工。建设单位未将保证安全施工的措施或者拆除工程的有关资料报送有关部门备案的，责令限期改正，给予警告。

(3)建设单位有下列行为之一的，责令限期改正，处20万元以上50万元以下的罚款；造成重大安全事故，构成犯罪的，对直接责任人员，依照刑法有关规定追究刑事责任；造成损失的，依法承担赔偿责任：

①对勘察、设计、施工、工程监理等单位提出不符合安全生产法律、法规和强制性标准规定的要求的；

②要求施工单位压缩合同约定的工期的；

③将拆除工程发包给不具有相应资质等级的施工单位的。

(4)勘察单位、设计单位有下列行为之一的，责令限期改正，处10万元以上30万元以下的罚款；情节严重的，责令停业整顿，降低资质等级，直至吊销资质证书；造成重大安全事故，构成犯罪的，对直接责任人员依照刑法有关规定追究刑事责任；造成损失的，依法承担赔偿责任：

①未按照法律、法规和工程建设强制性标准进行勘察、设计的；

②采用新结构、新材料、新工艺的建设工程和特殊结构的建设工程，设计单位未在设计中提出保障施工作业人员安全和预防生产安全事故的措施建议的。

(5)工程监理单位有下列行为之一的，责令限期改正；逾期未改正的，责令停业整顿，并处 10 万元以上 30 万元以下的罚款；情节严重的，降低资质等级，直至吊销资质证书；造成重大安全事故，构成犯罪的，对直接责任人员，依照刑法有关规定追究刑事责任；造成损失的，依法承担赔偿责任：

①未对施工组织设计中的安全技术措施或者专项施工方案进行审查的；

②发现安全事故隐患未及时要求施工单位整改或者暂时停止施工的；

③施工单位拒不整改或者不停止施工，未及时向有关主管部门报告的；

④未依照法律、法规和工程建设强制性标准实施监理的。

(6) 注册执业人员未执行法律、法规和工程建设强制性标准的，责令停止执业 3 个月以上 1 年以下；情节严重的，吊销执业资格证书，5 年内不予注册；造成重大安全事故的，终身不予注册；构成犯罪的，依照刑法有关规定追究刑事责任。

(7) 为建设工程提供机械设备和配件的单位，未按照安全施工的要求配备齐全有效的保险、限位等安全设施和装置的，责令限期改正，处合同价款 1 倍以上 3 倍以下的罚款；造成损失的，依法承担赔偿责任。

(8) 出租单位出租未经安全性能检测或者经检测不合格的机械设备和施工机具及配件的，责令停业整顿，并处 5 万元以上 10 万元以下的罚款；造成损失的，依法承担赔偿责任。

(9) 施工起重机械和整体提升脚手架、模板等自升式架设设施安装、拆卸单位有下列行为之一的，责令限期改正，处 5 万元以上 10 万元以下的罚款；情节严重的，责令停业整顿，降低资质等级，直至吊销资质证书；造成损失的，依法承担赔偿责任：

①未编制拆装方案、制定安全施工措施的；

②未由专业技术人员现场监督的；

③未出具自检合格证明或者出具虚假证明的；

④未向施工单位进行安全使用说明，办理移交手续的。

施工起重机械和整体提升脚手架、模板等自升式架设设施安装、拆卸单位有前款规定的第①项、第③项行为，经有关部门或者单位职工提出后，对事故隐患仍不采取措施，因而发生重大伤亡事故或者造成其他严重后果，构成犯罪的，对直接责任人员依照刑法有关规定追究刑事责任。

(10) 施工单位挪用列入建设工程概算的安全生产作业环境及安全施工措施所需费用的，责令限期改正，处挪用费用 20% 以上 50% 以下的罚款；造成损失的，依法承担赔偿责任。

(11) 施工单位有下列行为之一的，责令限期改正；逾期未改正的，责令停业整顿，并处 5 万元以上 10 万元以下的罚款；造成重大安全事故，构成犯罪的，对直接责任人员依照刑法有关规定追究刑事责任：

①施工前未对有关安全施工的技术要求作出详细说明的；

②未根据不同施工阶段和周围环境及季节、气候的变化，在施工现场采取相应的安全施工措施，或者在城市市区内的建设工程的施工现场未实行封闭围挡的；

③在尚未竣工的建筑物内设置员工集体宿舍的；

④施工现场临时搭建的建筑物不符合安全使用要求的；

⑤未对因建设工程施工可能造成损害的毗邻建筑物、构筑物和地下管线等采取专项防护措施的。

施工单位有前款规定第④项、第⑤项行为，造成损失的，依法承担赔偿责任。

(12)施工单位有下列行为之一的，责令限期改正；逾期未改正的，责令停业整顿，并处10万元以上30万元以下的罚款；情节严重的，降低资质等级，直至吊销资质证书；造成重大安全事故，构成犯罪的，对直接责任人员依照刑法有关规定追究刑事责任；造成损失的，依法承担赔偿责任：

①安全防护用具、机械设备、施工机具及配件在进入施工现场前未经查验或者查验不合格即投入使用的；

②使用未经验收或者验收不合格的施工起重机械和整体提升脚手架、模板等自升式架设设施的；

③委托不具有相应资质的单位承担施工现场安装、拆卸施工起重机械和整体提升脚手架、模板等自升式架设设施的；

④在施工组织设计中未编制安全技术措施、施工现场临时用电方案或者专项施工方案的。

(13)施工单位的主要负责人、项目负责人未履行安全生产管理职责的，责令限期改正；逾期未改正的，责令施工单位停业整顿；造成重大安全事故、重大伤亡事故或者其他严重后果，构成犯罪的，依照刑法有关规定追究刑事责任。

作业人员不服从管理、违反规章制度和操作规程冒险作业，造成重大伤亡事故或者其他严重后果，构成犯罪的，依照刑法有关规定追究刑事责任。

施工单位的主要负责人、项目负责人有违法行为，尚不够刑事处罚的，处2万元以上20万元以下的罚款或者按照管理权限给予撤职处分；自刑罚执行完毕或者受处分之日起，5年内不得担任任何施工单位的主要负责人、项目负责人。

(14)施工单位取得资质证书后，降低安全生产条件的，责令限期改正；经整改仍未达到与其资质等级相适应的安全生产条件的，责令停业整顿，降低其资质等级直至吊销资质证书。

(15)行政处罚，由建设行政主管部门或者其他有关部门依照法定职权决定。违反消防安全管理规定的行为，由公安消防机构依法处罚。有关法律、行政法规对建设工程安全生产违法行为的行政处罚决定机关另有规定的，从其规定。

第五节　生产安全事故报告和调查处理

为了规范生产安全事故的报告和调查处理，落实生产安全事故责任追究制度，防止和减少生产安全事故，2007年6月1号国家实施了《生产安全事故报告和调查处理条例》(国务院第493号令)。

一、生产安全事故的等级划分

根据生产安全事故(以下简称事故)造成的人员伤亡或者直接经济损失，事故一般分为以下等级：

(1)特别重大事故，是指造成30人以上死亡，或者100人以上重伤(包括急性工业中毒，下同)，或者1亿元以上直接经济损失的事故；

(2)重大事故，是指造成10人以上30人以下死亡，或者50人以上100人以下重伤，或者5 000万元以上1亿元以下直接经济损失的事故；

(3)较大事故，是指造成3人以上10人以下死亡，或者10人以上50人以下重伤，或者1 000万元以上5 000万元以下直接经济损失的事故；

(4)一般事故，是指造成3人以下死亡，或者10人以下重伤，或者1 000万元以下直接经济损失的事故。

国务院安全生产监督管理部门可以会同国务院有关部门，制定事故等级划分的补充性规定。

事故分类中"以上"包括本数，所称的"以下"不包括本数。

二、生产安全事故的报告制度

(1)事故发生后，事故现场有关人员应当立即向本单位负责人报告；单位负责人接到报告后，应当于1小时内向事故发生地县级以上人民政府安全生产监督管理部门和负有安全生产监督管理职责的有关部门报告。

情况紧急时，事故现场有关人员可以直接向事故发生地县级以上人民政府安全生产监督管理部门和负有安全生产监督管理职责的有关部门报告。

(2)安全生产监督管理部门和负有安全生产监督管理职责的有关部门接到事故报告后，应当依照下列规定上报事故情况，并通知公安机关、劳动保障行政部门、工会和人民检察院：

①特别重大事故、重大事故逐级上报至国务院安全生产监督管理部门和负有安全生产监督管理职责的有关部门；

②较大事故逐级上报至省、自治区、直辖市人民政府安全生产监督管理部门和负有安全生产监督管理职责的有关部门；

③一般事故上报至设区的市级人民政府安全生产监督管理部门和负有安全生产监督管理职责的有关部门。

安全生产监督管理部门和负有安全生产监督管理职责的有关部门依照前款规定上报事故情况，应当同时报告本级人民政府。国务院安全生产监督管理部门和负有安全生产监督管理职责的有关部门以及省级人民政府接到发生特别重大事故、重大事故的报告后，应当立即报告国务院。

必要时，安全生产监督管理部门和负有安全生产监督管理职责的有关部门可以越级上报事故情况。

安全生产监督管理部门和负有安全生产监督管理职责的有关部门逐级上报事故情况，每级上报的时间不得超过2小时。

(3)报告事故应当包括下列内容：

①事故发生单位概况；

②事故发生的时间、地点以及事故现场情况；

③事故的简要经过；

④事故已经造成或者可能造成的伤亡人数(包括下落不明的人数)和初步估计的直接经济损失；

⑤已经采取的措施；

⑥其他应当报告的情况。

(4)事故报告后出现新情况的,应当及时补报。自事故发生之日起30日内,事故造成的伤亡人数发生变化的,应当及时补报。道路交通事故、火灾事故自发生之日起7日内,事故造成的伤亡人数发生变化的,应当及时补报。

(5)事故发生单位负责人接到事故报告后,应当立即启动事故相应应急预案,或者采取有效措施,组织抢救,防止事故扩大,减少人员伤亡和财产损失。

(6)事故发生后,有关单位和人员应当妥善保护事故现场以及相关证据,任何单位和个人不得破坏事故现场、毁灭相关证据。因抢救人员、防止事故扩大以及疏通交通等原因,需要移动事故现场物件的,应当做出标志,绘制现场简图并做出书面记录,妥善保存现场重要痕迹、物证。

三、生产安全事故调查

(1)特别重大事故由国务院或者国务院授权有关部门组织事故调查组进行调查。重大事故、较大事故、一般事故分别由事故发生地省级人民政府、设区的市级人民政府、县级人民政府负责调查。省级人民政府、设区的市级人民政府、县级人民政府可以直接组织事故调查组进行调查,也可以授权或者委托有关部门组织事故调查组进行调查。未造成人员伤亡的一般事故,县级人民政府也可以委托事故发生单位组织事故调查组进行调查。

(2)特别重大事故以下等级事故,事故发生地与事故发生单位不在同一个县级以上行政区域的,由事故发生地人民政府负责调查,事故发生单位所在地人民政府应当派人参加。

(3)根据事故的具体情况,事故调查组由有关人民政府、安全生产监督管理部门、负有安全生产监督管理职责的有关部门、监察机关、公安机关以及工会派人组成,并应当邀请人民检察院派人参加。事故调查组可以聘请有关专家参与调查。

(4)事故调查组组长由负责事故调查的人民政府指定。事故调查组组长主持事故调查组的工作。事故调查组成员应当具有事故调查所需要的知识和专长,并与所调查的事故没有直接利害关系。

(5)事故调查组履行下列职责:

①查明事故发生的经过、原因、人员伤亡情况及直接经济损失；

②认定事故的性质和事故责任；

③提出对事故责任者的处理建议；

④总结事故教训,提出防范和整改措施；

⑤提交事故调查报告。

(6)事故调查组有权向有关单位和个人了解与事故有关的情况,并要求其提供相关文件、资料,有关单位和个人不得拒绝。事故发生单位的负责人和有关人员在事故调查期间不得擅离职守,并应当随时接受事故调查组的询问,如实提供有关情况。事故调查中发现涉嫌犯罪的,事故调查组应当及时将有关材料或者其复印件移交司法机关处理。

(7)事故调查组应当自事故发生之日起60日内提交事故调查报告;特殊情况下,经负责事故调查的人民政府批准,提交事故调查报告的期限可以适当延长,但延长的期限最长不超过60日。

(8)事故调查报告应当包括下列内容:

①事故发生单位概况;

②事故发生经过和事故救援情况;

③事故造成的人员伤亡和直接经济损失;

④事故发生的原因和事故性质;

⑤事故责任的认定以及对事故责任者的处理建议;

⑥事故防范和整改措施。

事故调查报告应当附具有关证据材料。事故调查组成员应当在事故调查报告上签名。

(9)事故调查报告报送负责事故调查的人民政府后,事故调查工作即告结束。事故调查的有关资料应当归档保存。

四、生产安全事故处理

(1)重大事故、较大事故、一般事故,负责事故调查的人民政府应当自收到事故调查报告之日起15日内做出批复;特别重大事故,30日内作出批复,特殊情况下,批复时间可以适当延长,但延长的时间最长不超过30日。

有关机关应当按照人民政府的批复,依照法律、行政法规规定的权限和程序,对事故发生单位和有关人员进行行政处罚,对负有事故责任的国家工作人员进行处分。事故发生单位应当按照负责事故调查的人民政府的批复,对本单位负有事故责任的人员进行处理。负有事故责任的人员涉嫌犯罪的,依法追究刑事责任。

(2)事故发生单位应当认真吸取事故教训,落实防范和整改措施,防止事故再次发生。防范和整改措施的落实情况应当接受工会和职工的监督。安全生产监督管理部门和负有安全生产监督管理职责的有关部门应当对事故发生单位落实防范和整改措施的情况进行监督检查。

(3)事故处理的情况由负责事故调查的人民政府或者其授权的有关部门、机构向社会公布,依法应当保密的除外。

五、法律责任

(1)事故发生单位主要负责人有下列行为之一的,处上一年年收入40%至80%的罚款;属于国家工作人员的,并依法给予处分;构成犯罪的,依法追究刑事责任:

①不立即组织事故抢救的;

②迟报或者漏报事故的;

③在事故调查处理期间擅离职守的。

(2)事故发生单位及其有关人员有下列行为之一的,对事故发生单位处100万元以上500万元以下的罚款;对主要负责人、直接负责的主管人员和其他直接责任人员处上一年年收入60%至100%的罚款;属于国家工作人员的,并依法给予处分;构成违反治安管理行为的,由公安机关依法给予治安管理处罚;构成犯罪的,依法追究刑事责任:

①谎报或者瞒报事故的;

②伪造或者故意破坏事故现场的;

③转移、隐匿资金、财产,或者销毁有关证据、资料的;

④拒绝接受调查或者拒绝提供有关情况和资料的;

⑤在事故调查中作伪证或者指使他人作伪证的;

⑥事故发生后逃匿的。

(3)事故发生单位对事故发生负有责任的,依照下列规定处以罚款:

①发生一般事故的,处10万元以上20万元以下的罚款;

②发生较大事故的,处20万元以上50万元以下的罚款;

③发生重大事故的,处50万元以上200万元以下的罚款;

④发生特别重大事故的,处200万元以上500万元以下的罚款。

(4)事故发生单位主要负责人未依法履行安全生产管理职责,导致事故发生的,依照下列规定处以罚款;属于国家工作人员的,并依法给予处分;构成犯罪的,依法追究刑事责任:

①发生一般事故的,处上一年年收入30%的罚款;

②发生较大事故的,处上一年年收入40%的罚款;

③发生重大事故的,处上一年年收入60%的罚款;

④发生特别重大事故的,处上一年年收入80%的罚款。

(5)有关地方人民政府、安全生产监督管理部门和负有安全生产监督管理职责的有关部门有下列行为之一的,对直接负责的主管人员和其他直接责任人员依法给予处分;构成犯罪的,依法追究刑事责任:

①不立即组织事故抢救的;

②迟报、漏报、谎报或者瞒报事故的;

③阻碍、干涉事故调查工作的;

④在事故调查中作伪证或者指使他人作伪证的。

(6)事故发生单位对事故发生负有责任的,由有关部门依法暂扣或者吊销其有关证照;对事故发生单位负有事故责任的有关人员,依法暂停或者撤销其与安全生产有关的执业资格、岗位证书;事故发生单位主要负责人受到刑事处罚或者撤职处分的,自刑罚执行完毕或者受处分之日起,5年内不得担任任何生产经营单位的主要负责人。

为发生事故的单位提供虚假证明的中介机构,由有关部门依法暂扣或者吊销其有关证照及其相关人员的执业资格;构成犯罪的,依法追究刑事责任。

(7)参与事故调查的人员在事故调查中有下列行为之一的,依法给予处分;构成犯罪的,依法追究刑事责任:

①对事故调查工作不负责任,致使事故调查工作有重大疏漏的;

②包庇、袒护负有事故责任的人员或者借机打击报复的。

思考题

1. 监理单位的安全生产责任是什么?

2. 施工单位的安全生产责任是什么?

3. 建设单位的安全生产责任是什么?

附录 4-1 建设工程质量管理条例

建设工程质量管理条例

国务院令第 279 号

第一章 总 则

第一条 为了加强对建设工程质量的管理,保证建设工程质量,保护人民生命和财产安全,根据《中华人民共和国建筑法》,制定本条例。

第二条 凡在中华人民共和国境内从事建设工程的新建、扩建、改建等有关活动及实施对建设工程质量监督管理的,必须遵守本条例。

本条例所称建设工程,是指土木工程、建筑工程、线路管道和设备安装工程及装修工程。

第三条 建设单位、勘察单位、设计单位、施工单位、工程监理单位依法对建设工程质量负责。

第四条 县级以上人民政府建设行政主管部门和其他有关部门应当加强对建设工程质量的监督管理。

第五条 从事建设工程活动,必须严格执行基本建设程序,坚持先勘察、后设计、再施工的原则。

县级以上人民政府及其有关部门不得超越权限审批建设项目或者擅自简化基本建设程序。

第六条 国家鼓励采用先进的科学技术和管理方法,提高建设工程质量。

第二章 建设单位的质量责任和义务

第七条 建设单位应当将工程发包给具有相应资质等级的单位。

建设单位不得将建设工程肢解发包。

第八条 建设单位应当依法对工程建设项目的勘察、设计、施工、监理以及与工程建设有关的重要设备、材料等的采购进行招标。

第九条 建设单位必须向有关的勘察、设计、施工、工程监理等单位提供与建设工程有关的原始资料。

原始资料必须真实、准确、齐全。

第十条 建设工程发包单位不得迫使承包方以低于成本的价格竞标,不得任意压缩合理工期。

建设单位不得明示或者暗示设计单位或者施工单位违反工程建设强制性标准,降低建设工程质量。

第十一条 建设单位应当将施工图设计文件报县级以上人民政府建设行政主管部门

或者其他有关部门审查。施工图设计文件审查的具体办法,由国务院建设行政主管部门会同国务院其他有关部门制定。

施工图设计文件未经审查批准的,不得使用。

第十二条　实行监理的建设工程,建设单位应当委托具有相应资质等级的工程监理单位进行监理,也可以委托具有工程监理相应资质等级并与被监理工程的施工承包单位没有隶属关系或者其他利害关系的该工程的设计单位进行监理。

下列建设工程必须实行监理:

(一)国家重点建设工程;

(二)大中型公用事业工程;

(三)成片开发建设的住宅小区工程;

(四)利用外国政府或者国际组织贷款、援助资金的工程;

(五)国家规定必须实行监理的其他工程。

第十三条　建设单位在领取施工许可证或者开工报告前,应当按照国家有关规定办理工程质量监督手续。

第十四条　按照合同约定,由建设单位采购建筑材料、建筑构配件和设备的,建设单位应当保证建筑材料、建筑构配件和设备符合设计文件和合同要求。

建设单位不得明示或者暗示施工单位使用不合格的建筑材料、建筑构配件和设备。

第十五条　涉及建筑主体和承重结构变动的装修工程,建设单位应当在施工前委托原设计单位或者具有相应资质等级的设计单位提出设计方案;没有设计方案的,不得施工。

房屋建筑使用者在装修过程中,不得擅自变动房屋建筑主体和承重结构。

第十六条　建设单位收到建设工程竣工报告后,应当组织设计、施工、工程监理等有关单位进行竣工验收。

建设工程竣工验收应当具备下列条件:

(一)完成建设工程设计和合同约定的各项内容;

(二)有完整的技术档案和施工管理资料;

(三)有工程使用的主要建筑材料、建筑构配件和设备的进场试验报告;

(四)有勘察、设计、施工、工程监理等单位分别签署的质量合格文件;

(五)有施工单位签署的工程保修书。

建设工程经验收合格的,方可交付使用。

第十七条　建设单位应当严格按照国家有关档案管理的规定,及时收集、整理建设项目各环节的文件资料,建立、健全建设项目档案,并在建设工程竣工验收后,及时向建设行政主管部门或者其他有关部门移交建设项目档案。

第三章　勘察、设计单位的质量责任和义务

第十八条　从事建设工程勘察、设计的单位应当依法取得相应等级的资质证书,并在其资质等级许可的范围内承揽工程。

禁止勘察、设计单位超越其资质等级许可的范围或者以其他勘察、设计单位的名义承

揽工程。禁止勘察、设计单位允许其他单位或者个人以本单位的名义承揽工程。

勘察、设计单位不得转包或者违法分包所承揽的工程。

第十九条　勘察、设计单位必须按照工程建设强制性标准进行勘察、设计，并对其勘察、设计的质量负责。

注册建筑师、注册结构工程师等注册执业人员应当在设计文件上签字，对设计文件负责。

第二十条　勘察单位提供的地质、测量、水文等勘察成果必须真实、准确。

第二十一条　设计单位应当根据勘察成果文件进行建设工程设计。

设计文件应当符合国家规定的设计深度要求，注明工程合理使用年限。

第二十二条　设计单位在设计文件中选用的建筑材料、建筑构配件和设备，应当注明规格、型号、性能等技术指标，其质量要求必须符合国家规定的标准。

除有特殊要求的建筑材料、专用设备、工艺生产线等外，设计单位不得指定生产厂、供应商。

第二十三条　设计单位应当就审查合格的施工图设计文件向施工单位作出详细说明。

第二十四条　设计单位应当参与建设工程质量事故分析，并对因设计造成的质量事故，提出相应的技术处理方案。

第四章　施工单位的质量责任和义务

第二十五条　施工单位应当依法取得相应等级的资质证书，并在其资质等级许可的范围内承揽工程。

禁止施工单位超越本单位资质等级许可的业务范围或者以其他施工单位的名义承揽工程。禁止施工单位允许其他单位或者个人以本单位的名义承揽工程。

施工单位不得转包或者违法分包工程。

第二十六条　施工单位对建设工程的施工质量负责。

施工单位应当建立质量责任制，确定工程项目的项目经理、技术负责人和施工管理负责人。

建设工程实行总承包的，总承包单位应当对全部建设工程质量负责；建设工程勘察、设计、施工、设备采购的一项或者多项实行总承包的，总承包单位应当对其承包的建设工程或者采购的设备的质量负责。

第二十七条　总承包单位依法将建设工程分包给其他单位的，分包单位应当按照分包合同的约定对其分包工程的质量向总承包单位负责，总承包单位与分包单位对分包工程的质量承担连带责任。

第二十八条　施工单位必须按照工程设计图纸和施工技术标准施工，不得擅自修改工程设计，不得偷工减料。

施工单位在施工过程中发现设计文件和图纸有差错的，应当及时提出意见和建议。

第二十九条　施工单位必须按照工程设计要求、施工技术标准和合同约定，对建筑材料、建筑构配件、设备和商品混凝土进行检验，检验应当有书面记录和专人签字；未经检验或者检验不合格的，不得使用。

第三十条 施工单位必须建立、健全施工质量的检验制度，严格工序管理，做好隐蔽工程的质量检查和记录。隐蔽工程在隐蔽前，施工单位应当通知建设单位和建设工程质量监督机构。

第三十一条 施工人员对涉及结构安全的试块、试件以及有关材料，应当在建设单位或者工程监理单位监督下现场取样，并送具有相应资质等级的质量检测单位进行检测。

第三十二条 施工单位对施工中出现质量问题的建设工程或者竣工验收不合格的建设工程，应当负责返修。

第三十三条 施工单位应当建立、健全教育培训制度，加强对职工的教育培训；未经教育培训或者考核不合格的人员，不得上岗作业。

第五章 工程监理单位的质量责任和义务

第三十四条 工程监理单位应当依法取得相应等级的资质证书，并在其资质等级许可的范围内承担工程监理业务。

禁止工程监理单位超越本单位资质等级许可的范围或者以其他工程监理单位的名义承担工程监理业务。禁止工程监理单位允许其他单位或者个人以本单位的名义承担工程监理业务。

工程监理单位不得转让工程监理业务。

第三十五条 工程监理单位与被监理工程的施工承包单位以及建筑材料、建筑构配件和设备供应单位有隶属关系或者其他利害关系的，不得承担该项建设工程的监理业务。

第三十六条 工程监理单位应当依照法律、法规以及有关技术标准、设计文件和建设工程承包合同，代表建设单位对施工质量实施监理，并对施工质量承担监理责任。

第三十七条 工程监理单位应当选派具备相应资格的总监理工程师和监理工程师进驻施工现场。

未经监理工程师签字，建筑材料、建筑构配件和设备不得在工程上使用或者安装，施工单位不得进行下一道工序的施工。未经总监理工程师签字，建设单位不拨付工程款，不进行竣工验收。

第三十八条 监理工程师应当按照工程监理规范的要求，采取旁站、巡视和平行检验等形式，对建设工程实施监理。

第六章 建设工程质量保修

第三十九条 建设工程实行质量保修制度。

建设工程承包单位在向建设单位提交工程竣工验收报告时，应当向建设单位出具质量保修书。质量保修书中应当明确建设工程的保修范围、保修期限和保修责任等。

第四十条 在正常使用条件下，建设工程的最低保修期限为：

（一）基础设施工程、房屋建筑的地基基础工程和主体结构工程，为设计文件规定的该工程的合理使用年限；

（二）屋面防水工程、有防水要求的卫生间、房间和外墙面的防渗漏，为5年；

（三）供热与供冷系统，为2个采暖期、供冷期；

（四）电气管线、给排水管道、设备安装和装修工程，为2年。

其他项目的保修期限由发包方与承包方约定。

建设工程的保修期，自竣工验收合格之日起计算。

第四十一条　建设工程在保修范围和保修期限内发生质量问题的，施工单位应当履行保修义务，并对造成的损失承担赔偿责任。

第四十二条　建设工程在超过合理使用年限后需要继续使用的，产权所有人应当委托具有相应资质等级的勘察、设计单位鉴定，并根据鉴定结果采取加固、维修等措施，重新界定使用期。

第七章　监督管理

第四十三条　国家实行建设工程质量监督管理制度。

国务院建设行政主管部门对全国的建设工程质量实施统一监督管理。国务院铁路、交通、水利等有关部门按照国务院规定的职责分工，负责对全国的有关专业建设工程质量的监督管理。

县级以上地方人民政府建设行政主管部门对本行政区域内的建设工程质量实施监督管理。县级以上地方人民政府交通、水利等有关部门在各自的职责范围内，负责对本行政区域内的专业建设工程质量的监督管理。

第四十四条　国务院建设行政主管部门和国务院铁路、交通、水利等有关部门应当加强对有关建设工程质量的法律、法规和强制性标准执行情况的监督检查。

第四十五条　国务院发展计划部门按照国务院规定的职责，组织稽察特派员，对国家出资的重大建设项目实施监督检查。

国务院经济贸易主管部门按照国务院规定的职责，对国家重大技术改造项目实施监督检查。

第四十六条　建设工程质量监督管理，可以由建设行政主管部门或者其他有关部门委托的建设工程质量监督机构具体实施。

从事房屋建筑工程和市政基础设施工程质量监督的机构，必须按照国家有关规定经国务院建设行政主管部门或者省、自治区、直辖市人民政府建设行政主管部门考核；从事专业建设工程质量监督的机构，必须按照国家有关规定经国务院有关部门或者省、自治区、直辖市人民政府有关部门考核。经考核合格后，方可实施质量监督。

第四十七条　县级以上地方人民政府建设行政主管部门和其他有关部门应当加强对有关建设工程质量的法律、法规和强制性标准执行情况的监督检查。

第四十八条　县级以上人民政府建设行政主管部门和其他有关部门履行监督检查职责时，有权采取下列措施：

（一）要求被检查的单位提供有关工程质量的文件和资料；

（二）进入被检查单位的施工现场进行检查；

（三）发现有影响工程质量的问题时，责令改正。

第四十九条　建设单位应当自建设工程竣工验收合格之日起15日内，将建设工程竣工验收报告和规划、公安消防、环保等部门出具的认可文件或者准许使用文件报建设行政主管部门或者其他有关部门备案。

建设行政主管部门或者其他有关部门发现建设单位在竣工验收过程中有违反国家有关建设工程质量管理规定行为的，责令停止使用，重新组织竣工验收。

第五十条 有关单位和个人对县级以上人民政府建设行政主管部门和其他有关部门进行的监督检查应当支持与配合，不得拒绝或者阻碍建设工程质量监督检查人员依法执行职务。

第五十一条 供水、供电、供气、公安消防等部门或者单位不得明示或者暗示建设单位、施工单位购买其指定的生产供应单位的建筑材料、建筑构配件和设备。

第五十二条 建设工程发生质量事故，有关单位应当在24小时内向当地建设行政主管部门和其他有关部门报告。对重大质量事故，事故发生地的建设行政主管部门和其他有关部门应当按照事故类别和等级向当地人民政府和上级建设行政主管部门和其他有关部门报告。

特别重大质量事故的调查程序按照国务院有关规定办理。

第五十三条 任何单位和个人对建设工程的质量事故、质量缺陷都有权检举、控告、投诉。

第八章 罚 则

第五十四条 违反本条例规定，建设单位将建设工程发包给不具有相应资质等级的勘察、设计、施工单位或者委托给不具有相应资质等级的工程监理单位的，责令改正，处50万元以上100万元以下的罚款。

第五十五条 违反本条例规定，建设单位将建设工程肢解发包的，责令改正，处工程合同价款百分之零点五以上百分之一以下的罚款；对全部或者部分使用国有资金的项目，并可以暂停项目执行或者暂停资金拨付。

第五十六条 违反本条例规定，建设单位有下列行为之一的，责令改正，处20万元以上50万元以下的罚款：

（一）迫使承包方以低于成本的价格竞标的；

（二）任意压缩合理工期的；

（三）明示或者暗示设计单位或者施工单位违反工程建设强制性标准，降低工程质量的；

（四）施工图设计文件未经审查或者审查不合格，擅自施工的；

（五）建设项目必须实行工程监理而未实行工程监理的；

（六）未按照国家规定办理工程质量监督手续的；

（七）明示或者暗示施工单位使用不合格的建筑材料、建筑构配件和设备的；

（八）未按照国家规定将竣工验收报告、有关认可文件或者准许使用文件报送备案的。

第五十七条 违反本条例规定，建设单位未取得施工许可证或者开工报告未经批准，擅自施工的，责令停止施工，限期改正，处工程合同价款百分之一以上百分之二以下的罚款。

第五十八条　违反本条例规定，建设单位有下列行为之一的，责令改正，处工程合同价款百分之二以上百分之四以下的罚款；造成损失的，依法承担赔偿责任：

（一）未组织竣工验收，擅自交付使用的；

（二）验收不合格，擅自交付使用的；

（三）对不合格的建设工程按照合格工程验收的。

第五十九条　违反本条例规定，建设工程竣工验收后，建设单位未向建设行政主管部门或者其他有关部门移交建设项目档案的，责令改正，处1万元以上10万元以下的罚款。

第六十条　违反本条例规定，勘察、设计、施工、工程监理单位超越本单位资质等级承揽工程的，责令停止违法行为，对勘察、设计单位或者工程监理单位处合同约定的勘察费、设计费或者监理酬金1倍以上2倍以下的罚款；对施工单位处工程合同价款百分之二以上百分之四以下的罚款，可以责令停业整顿，降低资质等级；情节严重的，吊销资质证书；有违法所得的，予以没收。

未取得资质证书承揽工程的，予以取缔，依照前款规定处以罚款；有违法所得的，予以没收。

以欺骗手段取得资质证书承揽工程的，吊销资质证书，依照本条第一款规定处以罚款；有违法所得的，予以没收。

第六十一条　违反本条例规定，勘察、设计、施工、工程监理单位允许其他单位或者个人以本单位名义承揽工程的，责令改正，没收违法所得，对勘察、设计单位和工程监理单位处合同约定的勘察费、设计费和监理酬金1倍以上2倍以下的罚款；对施工单位处工程合同价款百分之二以上百分之四以下的罚款；可以责令停业整顿，降低资质等级；情节严重的，吊销资质证书。

第六十二条　违反本条例规定，承包单位将承包的工程转包或者违法分包的，责令改正，没收违法所得，对勘察、设计单位处合同约定的勘察费、设计费百分之二十五以上百分之五十以下的罚款；对施工单位处工程合同价款百分之零点五以上百分之一以下的罚款；可以责令停业整顿，降低资质等级；情节严重的，吊销资质证书。

工程监理单位转让工程监理业务的，责令改正，没收违法所得，处合同约定的监理酬金百分之二十五以上百分之五十以下的罚款；可以责令停业整顿，降低资质等级；情节严重的，吊销资质证书。

第六十三条　违反本条例规定，有下列行为之一的，责令改正，处10万元以上30万元以下的罚款：

（一）勘察单位未按照工程建设强制性标准进行勘察的；

（二）设计单位未根据勘察成果文件进行工程设计的；

（三）设计单位指定建筑材料、建筑构配件的生产厂、供应商的；

（四）设计单位未按照工程建设强制性标准进行设计的。

有前款所列行为，造成工程质量事故的，责令停业整顿，降低资质等级；情节严重的，吊销资质证书；造成损失的，依法承担赔偿责任。

第六十四条　违反本条例规定，施工单位在施工中偷工减料的，使用不合格的建筑材料、建筑构配件和设备的，或者有不按照工程设计图纸或者施工技术标准施工的其他行为的，责令改正，处工程合同价款百分之二以上百分之四以下的罚款；造成建设工程质量不符合规定的质量标准的，负责返工、修理，并赔偿因此造成的损失；情节严重的，责令停业整顿，降低资质等级或者吊销资质证书。

第六十五条　违反本条例规定，施工单位未对建筑材料、建筑构配件、设备和商品混凝土进行检验，或者未对涉及结构安全的试块、试件以及有关材料取样检测的，责令改正，处10万元以上20万元以下的罚款；情节严重的，责令停业整顿，降低资质等级或者吊销资质证书；造成损失的，依法承担赔偿责任。

第六十六条　违反本条例规定，施工单位不履行保修义务或者拖延履行保修义务的，责令改正，处10万元以上20万元以下的罚款，并对在保修期内因质量缺陷造成的损失承担赔偿责任。

第六十七条　工程监理单位有下列行为之一的，责令改正，处50万元以上100万元以下的罚款，降低资质等级或者吊销资质证书；有违法所得的，予以没收；造成损失的，承担连带赔偿责任：

（一）与建设单位或者施工单位串通，弄虚作假、降低工程质量的；

（二）将不合格的建设工程、建筑材料、建筑构配件和设备按照合格签字的。

第六十八条　违反本条例规定，工程监理单位与被监理工程的施工承包单位以及建筑材料、建筑构配件和设备供应单位有隶属关系或者其他利害关系承担该项建设工程的监理业务的，责令改正，处5万元以上10万元以下的罚款，降低资质等级或者吊销资质证书；有违法所得的，予以没收。

第六十九条　违反本条例规定，涉及建筑主体或者承重结构变动的装修工程，没有设计方案擅自施工的，责令改正，处50万元以上100万元以下的罚款；房屋建筑使用者在装修过程中擅自变动房屋建筑主体和承重结构的，责令改正，处5万元以上10万元以下的罚款。

有前款所列行为，造成损失的，依法承担赔偿责任。

第七十条　发生重大工程质量事故隐瞒不报、谎报或者拖延报告期限的，对直接负责的主管人员和其他责任人员依法给予行政处分。

第七十一条　违反本条例规定，供水、供电、供气、公安消防等部门或者单位明示或者暗示建设单位或者施工单位购买其指定的生产供应单位的建筑材料、建筑构配件和设备的，责令改正。

第七十二条　违反本条例规定，注册建筑师、注册结构工程师、监理工程师等注册执业人员因过错造成质量事故的，责令停止执业1年；造成重大质量事故的，吊销执业资格证书，5年以内不予注册；情节特别恶劣的，终身不予注册。

第七十三条　依照本条例规定，给予单位罚款处罚的，对单位直接负责的主管人员和其他直接责任人员处单位罚款数额百分之五以上百分之十以下的罚款。

第七十四条　建设单位、设计单位、施工单位、工程监理单位违反国家规定，降低工程质量标准，造成重大安全事故，构成犯罪的，对直接责任人员依法追究刑事责任。

第七十五条　本条例规定的责令停业整顿，降低资质等级和吊销资质证书的行政处罚，由颁发资质证书的机关决定；其他行政处罚，由建设行政主管部门或者其他有关部门依照法定职权决定。

依照本条例规定被吊销资质证书的，由工商行政管理部门吊销其营业执照。

第七十六条　国家机关工作人员在建设工程质量监督管理工作中玩忽职守、滥用职权、徇私舞弊，构成犯罪的，依法追究刑事责任；尚不构成犯罪的，依法给予行政处分。

第七十七条　建设、勘察、设计、施工、工程监理单位的工作人员因调动工作、退休等原因离开该单位后，被发现在该单位工作期间违反国家有关建设工程质量管理规定，造成重大工程质量事故的，仍应当依法追究法律责任。

第九章　附　则

第七十八条　本条例所称肢解发包，是指建设单位将应当由一个承包单位完成的建设工程分解成若干部分发包给不同的承包单位的行为。本条例所称违法分包，是指下列行为：

（一）总承包单位将建设工程分包给不具备相应资质条件的单位的；

（二）建设工程总承包合同中未有约定，又未经建设单位认可，承包单位将其承包的部分建设工程交由其他单位完成的；

（三）施工总承包单位将建设工程主体结构的施工分包给其他单位的；

（四）分包单位将其承包的建设工程再分包的。

本条例所称转包，是指承包单位承包建设工程后，不履行合同约定的责任和义务，将其承包的全部建设工程转给他人或者将其承包的全部建设工程肢解以后以分包的名义分别转给其他单位承包的行为。

第七十九条　本条例规定的罚款和没收的违法所得，必须全部上缴国库。

第八十条　抢险救灾及其他临时性房屋建筑和农民自建低层住宅的建设活动，不适用本条例。

第八十一条　军事建设工程的管理，按照中央军事委员会的有关规定执行。

第八十二条　本条例自发布之日起施行。

附《刑法》有关条款

第一百三十七条　建设单位、设计单位、施工单位、工程监理单位违反国家规定，降低工程质量标准，造成重大安全事故的，对直接责任人员处五年以下有期徒刑或者拘役，并处罚金；后果特别严重的，处五年以上十年以下有期徒刑，并处罚金。

附录 4-2　水利工程质量管理规定

水利工程质量管理规定

1997 年 12 月 21 日水利部令第 7 号

第一章　总　则

第一条　根据国务院《质量振兴纲要(1996 年—2010 年)》和有关规定,为了加强对水利工程的质量管理,保证工程质量,制定本规定。

第二条　凡在中华人民共和国境内从事水利工程建设活动的单位(包括项目法人(建设单位)、监理、设计、施工等单位)或个人,必须遵守本规定。

第三条　本规定所称水利工程是指由国家投资、中央和地方合资、地方投资以及其他投资方式兴建的防洪、除涝灌溉、水力发电、供水、围垦等(包括配套与附属工程)各类水利工程。

第四条　本规定所称水利工程质量是指在国家和水利行业现行的有关法律、法规、技术标准和批准的设计文件及工程合同中,对兴建的水利工程的安全、适用、经济、美观等特性的综合要求。

第五条　水利部负责全国水利工程质量管理工作。

各流域机构受水利部的委托负责本流域由流域机构管辖的水利工程的质量管理工作,指导地方水行政主管部门的质量管理工作。

各省、自治区、直辖市水行政主管部门负责本行政区域内水利工程质量管理工作。

第六条　水利工程质量实行项目法人(建设单位)负责、监理单位控制、施工单位保证和政府监督相结合的质量管理体制。

水利工程质量由项目法人(建设单位)负全面责任。监理、施工、设计单位按照合同及有关规定对各自承担的工作负责。质量监督机构履行政府部门监督职能,不代替项目法人(建设单位)、监理、设计、施工单位的质量管理工作。水利工程建设各方均有责任和权利向有关部门和质量监督机构反映工程质量问题。

第七条　水利工程项目法人(建设单位)、监理、设计、施工等单位的负责人,对本单位的质量工作负领导责任。各单位在工程现场的项目负责人对本单位在工程现场的质量工作负直接领导责任。各单位的工程技术负责人对质量工作负技术责任。具体工作人员为直接责任人。

第八条　水利工程建设各单位要积极推行全面质量管理,采用先进的质量管理模式和管理手段,推广先进的科学技术和施工工艺,依靠科技进步和加强管理,努力创建优质工程,不断提高工程质量。

各级水行政主管部门要对提高工程质量做出贡献的单位和个人实行奖励。

第九条　水利工程建设各单位要加强质量法制教育,增强质量法制观念,把提高劳动者的素质作为提高质量的重要环节,加强对管理人员和职工的质量意识和质量管理知识的教育,建立和完善质量管理的激励机制,积极开展群众性质量管理和合理化建议活动。

第二章　工程质量监督管理

第十条　政府对水利工程的质量实行监督的制度。

水利工程按照分级管理的原则由相应水行政主管部门授权的质量监督机构实施质量监督。

第十一条　水利工程质量监督机构,必须按照水利部有关规定设立,经省级以上水行政主管部门资质审查合格,方可承担水利工程的质量监督工作。

各级水利工程质量监督机构,必须建立健全质量监督工作机制,完善监督手段,增强质量监督的权威性和有效性。

各级水利工程质量监督机构,要加强对贯彻执行国家和水利部有关质量法规、规范情况的检查,坚决查处有法不依、执法不严、违法不究以及滥用职权的行为。

第十二条　水利部水利工程质量监督机构负责对流域机构、省级水利工程质量监督机构和水利工程质量检测单位进行统一规划、管理和资质审查。

各省、自治区、直辖市设立的水利工程质量监督机构负责本行政区域内省级以下水利工程质量监督机构和水利工程质量检测单位统一规划管理和资质审查。

第十三条　水利工程质量监督机构负责监督设计、监理、施工单位在其资质等级允许范围内从事水利工程建设的质量工作;负责检查、督促建设、监理、设计、施工单位建立健全质量体系。

水利工程质量监督机构,按照国家和水利行业有关工程建设法规、技术标准和设计文件实施工程质量监督,对施工现场影响工程质量的行为进行监督检查。

第十四条　水利工程质量监督实施以抽查为主的监督方式,运用法律和行政手段,做好监督抽查后的处理工作。工程竣工验收时,质量监督机构应对工程质量等级进行核定。未经质量核定或核定不合格的工程,施工单位不得交验,工程主管部门不能验收,工程不得投入使用。

第十五条　根据需要,质量监督机构可委托经计量认证合格的检测单位,对水利工程有关部位以及所采用的建筑材料和工程设备进行抽样检测。

水利部水利工程质量监督机构认定的水利工程质量检测机构出具的数据是全国水利系统的最终检测。

各省级水利工程质量监督机构认定的水利工程质量检测机构所出具的检测数据是本行政区域内水利系统的最高检测。

第三章　项目法人(建设单位)质量管理

第十六条　项目法人(建设单位)应根据国家和水利部有关规定依法设立,主动接受水利工程质量监督机构对其质量体系的监督检查。

第十七条　项目法人(建设单位)应根据工程规模和工程特点,按照水利部有关规定,通过资质审查招标选择勘测设计、施工、监理单位并实行合同管理。在合同文件中,必须有工程质量条款,明确图纸、资料、工程、材料、设备等的质量标准及合同双方的质量责任。

第十八条　项目法人(建设单位)要加强工程质量管理,建立健全施工质量检查体系,根据工程特点建立质量管理机构和质量管理制度。

第十九条　项目法人(建设单位)在工程开工前,应按规定向水利工程质量监督机构办理工程质量监督手续。在工程施工过程中,应主动接受质量监督机构对工程质量的监督检查。

第二十条　项目法人(建设单位)应组织设计和施工单位进行设计交底;施工中应对工程质量进行检查,工程完工后,应及时组织有关单位进行工程质量验收、签证。

第四章　监理单位质量管理

第二十一条　监理单位必须持有水利部颁发的监理单位资格等级证书,依照核定的监理范围承担相应水利工程的监理任务。监理单位必须接受水利工程质量监督机构对其监理资格质量检查体系及质量监理工作的监督检查。

第二十二条　监理单位必须严格执行国家法律、水利行业法规、技术标准,严格履行监理合同。

第二十三条　监理单位根据所承担的监理任务向水利工程施工现场派出相应的监理机构,人员配备必须满足项目要求。监理工程师上岗必须持有水利部颁发的监理工程师岗位证书,一般监理人员上岗要经过岗前培训。

第二十四条　监理单位应根据监理合同参与招标工作,从保证工程质量全面履行工程承建合同出发,签发施工图纸;审查施工单位的施工组织设计和技术措施;指导监督合同中有关质量标准、要求的实施;参加工程质量检查、工程质量事故调查处理和工程验收工作。

第五章　设计单位质量管理

第二十五条　设计单位必须按其资质等级及业务范围承担勘测设计任务,并应主动接受水利工程质量监督机构对其资质等级及质量体系的监督检查。

第二十六条　设计单位必须建立健全设计质量保证体系,加强设计过程质量控制,健全设计文件的审核、会签批准制度,做好设计文件的技术交底工作。

第二十七条　设计文件必须符合下列基本要求:

(一)设计文件应当符合国家、水利行业有关工程建设法规、工程勘测设计技术规程、标准和合同的要求。

(二)设计依据的基本资料应完整、准确、可靠,设计论证充分,计算成果可靠。

(三)设计文件的深度应满足相应设计阶段有关规定要求,设计质量必须满足工程质量、安全需要并符合设计规范的要求。

第二十八条　设计单位应按合同规定及时提供设计文件及施工图纸,在施工过程中要随时掌握施工现场情况,优化设计,解决有关设计问题。对大中型工程,设计单位应按合同规定在施工现场设立设计代表机构或派驻设计代表。

第二十九条　设计单位应按水利部有关规定在阶段验收、单位工程验收和竣工验收中，对施工质量是否满足设计要求提出评价意见。

第六章　施工单位质量管理

第三十条　施工单位必须按其资质等级和业务范围承揽工程施工任务，接受水利工程质量监督机构对其资质和质量保证体系的监督检查。

第三十一条　施工单位必须依据国家、水利行业有关工程建设法规、技术规程、技术标准的规定以及设计文件和施工合同的要求进行施工，并对其施工的工程质量负责。

第三十二条　施工单位不得将其承接的水利建设项目的主体工程进行转包。对工程的分包，分包单位必须具备相应资质等级，并对其分包工程的施工质量向总包单位负责，总包单位对全部工程质量向项目法人(建设单位)负责。工程分包必须经过项目法人(建设单位)的认可。

第三十三条　施工单位要推行全面质量管理，建立健全质量保证体系，制定和完善岗位质量规范、质量责任及考核办法，落实质量责任制。在施工过程中要加强质量检验工作，认真执行"三检制"，切实做好工程质量的全过程控制。

第三十四条　工程发生质量事故，施工单位必须按照有关规定向监理单位、项目法人(建设单位)及有关部门报告，并保护好现场，接受工程质量事故调查，认真进行事故处理。

第三十五条　竣工工程质量必须符合国家和水利行业现行的工程标准及设计文件要求，并应向项目法人(建设单位)提交完整的技术档案、试验成果及有关资料。

第七章　建筑材料、设备采购的质量管理和工程保修

第三十六条　建筑材料和工程设备的质量由采购单位承担相应责任。凡进入施工现场的建筑材料和工程设备均应按有关规定进行检验。经检验不合格的产品不得用于工程。

第三十七条　建筑材料和工程设备的采购单位具有按合同规定自主采购的权利，其他单位或个人不得干预。

第三十八条　建筑材料或工程设备应当符合下列要求：

(一)有产品质量检验合格证明；

(二)有中文标明的产品名称、生产厂名和厂址；

(三)产品包装和商标式样符合国家有关规定和标准要求；

(四)工程设备应有产品详细的使用说明书，电气设备还应附有线路图；

(五)实施生产许可证或实行质量认证的产品，应当具有相应的许可证或认证证书。

第三十九条　水利工程保修期从工程移交证书写明的工程完工日起一般不少于一年。有特殊要求的工程，其保修期限在合同中规定。

工程质量出现永久性缺陷的，承担责任的期限不受以上保修期限制。

第四十条　水利工程在规定的保修期内，出现工程质量问题，一般由原施工单位承担保修，所需费用由责任方承担。

第八章　罚　则

第四十一条　水利工程发生重大工程质量事故,应严肃处理。对责任单位予以通报批评、降低资质等级或收缴资质证书;对责任人给予行政纪律处分,构成犯罪的,移交司法机关进行处理。

第四十二条　因水利工程质量事故造成人身伤亡及财产损失的,责任单位应按有关规定,给予受损方经济赔偿。

第四十三条　项目法人(建设单位)有下列行为之一的,由其主管部门予以通报批评或其他纪律处理:

(一)未按规定选择相应资质等级的勘测设计、施工、监理单位的;

(二)未按规定办理工程质量监督手续的;

(三)未按规定及时进行已完工程验收就进行下一阶段施工和未经竣工或阶段验收,而将工程交付使用的;

(四)发生重大工程质量事故没有按有关规定及时向有关部门报告的。

第四十四条　勘测设计、施工、监理单位有下列行为之一的,根据情节轻重,予以通报批评、降低资质等级直至收缴资质证书,经济处理按合同规定办理,触犯法律的,按国家有关法律处理:

(一)无证或超越资质等级承接任务的;

(二)不接受水利工程质量监督机构监督的;

(三)设计文件不符合本规定第二十七条要求的;

(四)竣工交付使用的工程不符合本规定第三十五条要求的;

(五)未按规定实行质量保修的;

(六)使用未经检验或检验不合格的建筑材料和工程设备,或在工程施工中粗制滥造、偷工减料、伪造记录的;

(七)发生重大工程质量事故没有及时按有关规定向有关部门报告的;

(八)经水利工程质量监督机构核定工程质量等级为不合格或工程需加固或拆除的。

第四十五条　检测单位伪造检验数据或伪造检验结论的,根据情节轻重,予以通报批评、降低资质等级直至收缴资质证书。因伪造行为造成严重后果的,按国家有关规定处理。

第四十六条　对不认真履行水利工程质量监督职责的质量监督机构,由相应水行政主管部门或其上一级水利工程质量监督机构给予通报批评、撤换负责人或撤销授权并进行机构改组。

从事工程质量监督的工作人员执法不严,违法不究或者滥用职权、贪污受贿,由其所在单位或上级主管部门给予行政处分,构成犯罪的,依法追究刑事责任。

第九章　附　则

第四十七条　本规定由水利部负责解释。

第四十八条　本规定自发布之日起施行。

附录4-3　建设工程安全生产管理条例

中华人民共和国国务院令

第393号

《建设工程安全生产管理条例》已经2003年11月12日国务院第28次常务会议通过，现予公布，自2004年2月1日起施行。

总理　温家宝

二〇〇三年十一月二十四日

建设工程安全生产管理条例

第一章　总　则

第一条　为了加强建设工程安全生产监督管理，保障人民群众生命和财产安全，根据《中华人民共和国建筑法》、《中华人民共和国安全生产法》，制定本条例。

第二条　在中华人民共和国境内从事建设工程的新建、扩建、改建和拆除等有关活动及实施对建设工程安全生产的监督管理，必须遵守本条例。本条例所称建设工程，是指土木工程、建筑工程、线路管道和设备安装工程及装修工程。

第三条　建设工程安全生产管理，坚持安全第一、预防为主的方针。

第四条　建设单位、勘察单位、设计单位、施工单位、工程监理单位及其他与建设工程安全生产有关的单位，必须遵守安全生产法律、法规的规定，保证建设工程安全生产，依法承担建设工程安全生产责任。

第五条　国家鼓励建设工程安全生产的科学技术研究和先进技术的推广应用，推进建设工程安全生产的科学管理。

第二章　建设单位的安全责任

第六条　建设单位应当向施工单位提供施工现场及毗邻区域内供水、排水、供电、供气、供热、通信、广播电视等地下管线资料，气象和水文观测资料，相邻建筑物和构筑物、地下工程的有关资料，并保证资料的真实、准确、完整。

建设单位因建设工程需要，向有关部门或者单位查询前款规定的资料时，有关部门或者单位应当及时提供。

第七条 建设单位不得对勘察、设计、施工、工程监理等单位提出不符合建设工程安全生产法律、法规和强制性标准规定的要求,不得压缩合同约定的工期。

第八条 建设单位在编制工程概算时,应当确定建设工程安全作业环境及安全施工措施所需费用。

第九条 建设单位不得明示或者暗示施工单位购买、租赁、使用不符合安全施工要求的安全防护用具、机械设备、施工机具及配件、消防设施和器材。

第十条 建设单位在申请领取施工许可证时,应当提供建设工程有关安全施工措施的资料。

依法批准开工报告的建设工程,建设单位应当自开工报告批准之日起15日内,将保证安全施工的措施报送建设工程所在地的县级以上地方人民政府建设行政主管部门或者其他有关部门备案。

第十一条 建设单位应当将拆除工程发包给具有相应资质等级的施工单位。

建设单位应当在拆除工程施工15日前,将下列资料报送建设工程所在地的县级以上地方人民政府建设行政主管部门或者其他有关部门备案:

(一)施工单位资质等级证明;

(二)拟拆除建筑物、构筑物及可能危及毗邻建筑的说明;

(三)拆除施工组织方案;

(四)堆放、清除废弃物的措施。

实施爆破作业的,应当遵守国家有关民用爆炸物品管理的规定。

第三章 勘察、设计、工程监理及其他有关单位的安全责任

第十二条 勘察单位应当按照法律、法规和工程建设强制性标准进行勘察,提供的勘察文件应当真实、准确,满足建设工程安全生产的需要。

勘察单位在勘察作业时,应当严格执行操作规程,采取措施保证各类管线、设施和周边建筑物、构筑物的安全。

第十三条 设计单位应当按照法律、法规和工程建设强制性标准进行设计,防止因设计不合理导致生产安全事故的发生。

设计单位应当考虑施工安全操作和防护的需要,对涉及施工安全的重点部位和环节在设计文件中注明,并对防范生产安全事故提出指导意见。

采用新结构、新材料、新工艺的建设工程和特殊结构的建设工程,设计单位应当在设计中提出保障施工作业人员安全和预防生产安全事故的措施建议。

设计单位和注册建筑师等注册执业人员应当对其设计负责。

第十四条 工程监理单位应当审查施工组织设计中的安全技术措施或者专项施工方案是否符合工程建设强制性标准。

工程监理单位在实施监理过程中,发现存在安全事故隐患的,应当要求施工单位整改;情况严重的,应当要求施工单位暂时停止施工,并及时报告建设单位。施工单位拒不整改或者不停止施工的,工程监理单位应当及时向有关主管部门报告。

工程监理单位和监理工程师应当按照法律、法规和工程建设强制性标准实施监理,并

对建设工程安全生产承担监理责任。

第十五条 为建设工程提供机械设备和配件的单位,应当按照安全施工的要求配备齐全有效的保险、限位等安全设施和装置。

第十六条 出租的机械设备和施工机具及配件,应当具有生产(制造)许可证、产品合格证。

出租单位应当对出租的机械设备和施工机具及配件的安全性能进行检测,在签订租赁协议时,应当出具检测合格证明。

禁止出租检测不合格的机械设备和施工机具及配件。

第十七条 在施工现场安装、拆卸施工起重机械和整体提升脚手架、模板等自升式架设设施,必须由具有相应资质的单位承担。

安装、拆卸施工起重机械和整体提升脚手架、模板等自升式架设设施,应当编制拆装方案、制定安全施工措施,并由专业技术人员现场监督。

施工起重机械和整体提升脚手架、模板等自升式架设设施安装完毕后,安装单位应当自检,出具自检合格证明,并向施工单位进行安全使用说明,办理验收手续并签字。

第十八条 施工起重机械和整体提升脚手架、模板等自升式架设设施的使用达到国家规定的检验检测期限的,必须经具有专业资质的检验检测机构检测。经检测不合格的,不得继续使用。

第十九条 检验检测机构对检测合格的施工起重机械和整体提升脚手架、模板等自升式架设设施,应当出具安全合格证明文件,并对检测结果负责。

第四章 施工单位的安全责任

第二十条 施工单位从事建设工程的新建、扩建、改建和拆除等活动,应当具备国家规定的注册资本、专业技术人员、技术装备和安全生产等条件,依法取得相应等级的资质证书,并在其资质等级许可的范围内承揽工程。

第二十一条 施工单位主要负责人依法对本单位的安全生产工作全面负责。施工单位应当建立健全安全生产责任制度和安全生产教育培训制度,制定安全生产规章制度和操作规程,保证本单位安全生产条件所需资金的投入,对所承担的建设工程进行定期和专项安全检查,并做好安全检查记录。

施工单位的项目负责人应当由取得相应执业资格的人员担任,对建设工程项目的安全施工负责,落实安全生产责任制度、安全生产规章制度和操作规程,确保安全生产费用的有效使用,并根据工程的特点组织制定安全施工措施,消除安全事故隐患,及时、如实报告生产安全事故。

第二十二条 施工单位对列入建设工程概算的安全作业环境及安全施工措施所需费用,应当用于施工安全防护用具及设施的采购和更新、安全施工措施的落实、安全生产条件的改善,不得挪作他用。

第二十三条 施工单位应当设立安全生产管理机构,配备专职安全生产管理人员。

专职安全生产管理人员负责对安全生产进行现场监督检查。发现安全事故隐患,应当及时向项目负责人和安全生产管理机构报告;对违章指挥、违章操作的,应当立即制止。

专职安全生产管理人员的配备办法由国务院建设行政主管部门会同国务院其他有关部门制定。

第二十四条 建设工程实行施工总承包的,由总承包单位对施工现场的安全生产负总责。

总承包单位应当自行完成建设工程主体结构的施工。

总承包单位依法将建设工程分包给其他单位的,分包合同中应当明确各自的安全生产方面的权利、义务。总承包单位和分包单位对分包工程的安全生产承担连带责任。

分包单位应当服从总承包单位的安全生产管理,分包单位不服从管理导致生产安全事故的,由分包单位承担主要责任。

第二十五条 垂直运输机械作业人员、安装拆卸工、爆破作业人员、起重信号工、登高架设作业人员等特种作业人员,必须按照国家有关规定经过专门的安全作业培训,并取得特种作业操作资格证书后,方可上岗作业。

第二十六条 施工单位应当在施工组织设计中编制安全技术措施和施工现场临时用电方案,对下列达到一定规模的危险性较大的分部分项工程编制专项施工方案,并附具安全验算结果,经施工单位技术负责人、总监理工程师签字后实施,由专职安全生产管理人员进行现场监督:

(一)基坑支护与降水工程;

(二)土方开挖工程;

(三)模板工程;

(四)起重吊装工程;

(五)脚手架工程;

(六)拆除、爆破工程;

(七)国务院建设行政主管部门或者其他有关部门规定的其他危险性较大的工程。

对前款所列工程中涉及深基坑、地下暗挖工程、高大模板工程的专项施工方案,施工单位还应当组织专家进行论证、审查。

本条第一款规定的达到一定规模的危险性较大工程的标准,由国务院建设行政主管部门会同国务院其他有关部门制定。

第二十七条 建设工程施工前,施工单位负责项目管理的技术人员应当对有关安全施工的技术要求向施工作业班组、作业人员做出详细说明,并由双方签字确认。

第二十八条 施工单位应当在施工现场入口处、施工起重机械、临时用电设施、脚手架、出入通道口、楼梯口、电梯井口、孔洞口、桥梁口、隧道口、基坑边沿、爆破物及有害危险气体和液体存放处等危险部位,设置明显的安全警示标志。安全警示标志必须符合国家标准。

施工单位应当根据不同施工阶段和周围环境及季节、气候的变化,在施工现场采取相应的安全施工措施。施工现场暂时停止施工的,施工单位应当做好现场防护,所需费用由责任方承担,或者按照合同约定执行。

第二十九条 施工单位应当将施工现场的办公、生活区与作业区分开设置,并保持安全距离;办公、生活区的选址应当符合安全性要求。职工的膳食、饮水、休息场所等应当符合卫生标准。施工单位不得在尚未竣工的建筑物内设置员工集体宿舍。

施工现场临时搭建的建筑物应当符合安全使用要求。施工现场使用的装配式活动房屋应当具有产品合格证。

第三十条 施工单位对因建设工程施工可能造成损害的毗邻建筑物、构筑物和地下管线等,应当采取专项防护措施。

施工单位应当遵守有关环境保护法律、法规的规定,在施工现场采取措施,防止或者减少粉尘、废气、废水、固体废物、噪声、振动和施工照明对人和环境的危害和污染。

在城市市区内的建设工程,施工单位应当对施工现场实行封闭围挡。

第三十一条 施工单位应当在施工现场建立消防安全责任制度,确定消防安全责任人,制定用火、用电、使用易燃易爆材料等各项消防安全管理制度和操作规程,设置消防通道、消防水源,配备消防设施和灭火器材,并在施工现场入口处设置明显标志。

第三十二条 施工单位应当向作业人员提供安全防护用具和安全防护服装,并书面告知危险岗位的操作规程和违章操作的危害。

作业人员有权对施工现场的作业条件、作业程序和作业方式中存在的安全问题提出批评、检举和控告,有权拒绝违章指挥和强令冒险作业。

在施工中发生危及人身安全的紧急情况时,作业人员有权立即停止作业或者在采取必要的应急措施后撤离危险区域。

第三十三条 作业人员应当遵守安全施工的强制性标准、规章制度和操作规程,正确使用安全防护用具、机械设备等。

第三十四条 施工单位采购、租赁的安全防护用具、机械设备、施工机具及配件,应当具有生产(制造)许可证、产品合格证,并在进入施工现场前进行查验。

施工现场的安全防护用具、机械设备、施工机具及配件必须由专人管理,定期进行检查、维修和保养,建立相应的资料档案,并按照国家有关规定及时报废。

第三十五条 施工单位在使用施工起重机械和整体提升脚手架、模板等自升式架设设施前,应当组织有关单位进行验收,也可以委托具有相应资质的检验检测机构进行验收;使用承租的机械设备和施工机具及配件的,由施工总承包单位、分包单位、出租单位和安装单位共同进行验收。验收合格的方可使用。《特种设备安全监察条例》规定的施工起重机械,在验收前应当经有相应资质的检验检测机构监督检验合格。

施工单位应当自施工起重机械和整体提升脚手架、模板等自升式架设设施验收合格之日起30日内,向建设行政主管部门或者其他有关部门登记。登记标志应当置于或者附着于该设备的显著位置。

第三十六条 施工单位的主要负责人、项目负责人、专职安全生产管理人员应当经建设行政主管部门或者其他有关部门考核合格后方可任职。

施工单位应当对管理人员和作业人员每年至少进行一次安全生产教育培训,其教育培训情况记入个人工作档案。安全生产教育培训考核不合格的人员,不得上岗。

第三十七条 作业人员进入新的岗位或者新的施工现场前,应当接受安全生产教育培训。未经教育培训或者教育培训考核不合格的人员,不得上岗作业。

施工单位在采用新技术、新工艺、新设备、新材料时,应当对作业人员进行相应的安全生产教育培训。

第三十八条　施工单位应当为施工现场从事危险作业的人员办理意外伤害保险。

意外伤害保险费由施工单位支付。实行施工总承包的,由总承包单位支付意外伤害保险费。意外伤害保险期限自建设工程开工之日起至竣工验收合格止。

第五章　监督管理

第三十九条　国务院负责安全生产监督管理的部门依照《中华人民共和国安全生产法》的规定,对全国建设工程安全生产工作实施综合监督管理。

县级以上地方人民政府负责安全生产监督管理的部门依照《中华人民共和国安全生产法》的规定,对本行政区域内建设工程安全生产工作实施综合监督管理。

第四十条　国务院建设行政主管部门对全国的建设工程安全生产实施监督管理。国务院铁路、交通、水利等有关部门按照国务院规定的职责分工,负责有关专业建设工程安全生产的监督管理。

县级以上地方人民政府建设行政主管部门对本行政区域内的建设工程安全生产实施监督管理。县级以上地方人民政府交通、水利等有关部门在各自的职责范围内,负责本行政区域内的专业建设工程安全生产的监督管理。

第四十一条　建设行政主管部门和其他有关部门应当将本条例第十条、第十一条规定的有关资料的主要内容抄送同级负责安全生产监督管理的部门。

第四十二条　建设行政主管部门在审核发放施工许可证时,应当对建设工程是否有安全施工措施进行审查,对没有安全施工措施的,不得颁发施工许可证。

建设行政主管部门或者其他有关部门对建设工程是否有安全施工措施进行审查时,不得收取费用。

第四十三条　县级以上人民政府负有建设工程安全生产监督管理职责的部门在各自的职责范围内履行安全监督检查职责时,有权采取下列措施:

(一)要求被检查单位提供有关建设工程安全生产的文件和资料;

(二)进入被检查单位施工现场进行检查;

(三)纠正施工中违反安全生产要求的行为;

(四)对检查中发现的安全事故隐患,责令立即排除;重大安全事故隐患排除前或者排除过程中无法保证安全的,责令从危险区域内撤出作业人员或者暂时停止施工。

第四十四条　建设行政主管部门或者其他有关部门可以将施工现场的监督检查委托给建设工程安全监督机构具体实施。

第四十五条　国家对严重危及施工安全的工艺、设备、材料实行淘汰制度。具体目录由国务院建设行政主管部门会同国务院其他有关部门制定并公布。

第四十六条　县级以上人民政府建设行政主管部门和其他有关部门应当及时受理对建设工程生产安全事故及安全事故隐患的检举、控告和投诉。

第六章　生产安全事故的应急救援和调查处理

第四十七条　县级以上地方人民政府建设行政主管部门应当根据本级人民政府的要

求,制定本行政区域内建设工程特大生产安全事故应急救援预案。

第四十八条　施工单位应当制定本单位生产安全事故应急救援预案,建立应急救援组织或者配备应急救援人员,配备必要的应急救援器材、设备,并定期组织演练。

第四十九条　施工单位应当根据建设工程施工的特点、范围,对施工现场易发生重大事故的部位、环节进行监控,制定施工现场生产安全事故应急救援预案。实行施工总承包的,由总承包单位统一组织编制建设工程生产安全事故应急救援预案,工程总承包单位和分包单位按照应急救援预案,各自建立应急救援组织或者配备应急救援人员,配备救援器材、设备,并定期组织演练。

第五十条　施工单位发生生产安全事故,应当按照国家有关伤亡事故报告和调查处理的规定,及时、如实地向负责安全生产监督管理的部门、建设行政主管部门或者其他有关部门报告;特种设备发生事故的,还应当同时向特种设备安全监督管理部门报告。接到报告的部门应当按照国家有关规定,如实上报。

实行施工总承包的建设工程,由总承包单位负责上报事故。

第五十一条　发生生产安全事故后,施工单位应当采取措施防止事故扩大,保护事故现场。需要移动现场物品时,应当做出标记和书面记录,妥善保管有关证物。

第五十二条　建设工程生产安全事故的调查、对事故责任单位和责任人的处罚与处理,按照有关法律、法规的规定执行。

第七章　法律责任

第五十三条　违反本条例的规定,县级以上人民政府建设行政主管部门或者其他有关行政管理部门的工作人员,有下列行为之一的,给予降级或者撤职的行政处分;构成犯罪的,依照刑法有关规定追究刑事责任:

(一)对不具备安全生产条件的施工单位颁发资质证书的;

(二)对没有安全施工措施的建设工程颁发施工许可证的;

(三)发现违法行为不予查处的;

(四)不依法履行监督管理职责的其他行为。

第五十四条　违反本条例的规定,建设单位未提供建设工程安全生产作业环境及安全施工措施所需费用的,责令限期改正;逾期未改正的,责令该建设工程停止施工。

建设单位未将保证安全施工的措施或者拆除工程的有关资料报送有关部门备案的,责令限期改正,给予警告。

第五十五条　违反本条例的规定,建设单位有下列行为之一的,责令限期改正,处20万元以上50万元以下的罚款;造成重大安全事故,构成犯罪的,对直接责任人员,依照刑法有关规定追究刑事责任;造成损失的,依法承担赔偿责任:

(一)对勘察、设计、施工、工程监理等单位提出不符合安全生产法律、法规和强制性标准规定的要求的;

(二)要求施工单位压缩合同约定的工期的;

(三)将拆除工程发包给不具有相应资质等级的施工单位的。

第五十六条　违反本条例的规定,勘察单位、设计单位有下列行为之一的,责令限期改正,处 10 万元以上 30 万元以下的罚款;情节严重的,责令停业整顿,降低资质等级,直至吊销资质证书;造成重大安全事故,构成犯罪的,对直接责任人员,依照刑法有关规定追究刑事责任;造成损失的,依法承担赔偿责任:

(一)未按照法律、法规和工程建设强制性标准进行勘察、设计的;

(二)采用新结构、新材料、新工艺的建设工程和特殊结构的建设工程,设计单位未在设计中提出保障施工作业人员安全和预防生产安全事故的措施建议的。

第五十七条 违反本条例的规定,工程监理单位有下列行为之一的,责令限期改正;逾期未改正的,责令停业整顿,并处 10 万元以上 30 万元以下的罚款;情节严重的,降低资质等级,直至吊销资质证书;造成重大安全事故,构成犯罪的,对直接责任人员,依照刑法有关规定追究刑事责任;造成损失的,依法承担赔偿责任:

(一)未对施工组织设计中的安全技术措施或者专项施工方案进行审查的;

(二)发现安全事故隐患未及时要求施工单位整改或者暂时停止施工的;

(三)施工单位拒不整改或者不停止施工,未及时向有关主管部门报告的;

(四)未依照法律、法规和工程建设强制性标准实施监理的。

第五十八条 注册执业人员未执行法律、法规和工程建设强制性标准的,责令停止执业 3 个月以上 1 年以下;情节严重的,吊销执业资格证书,5 年内不予注册;造成重大安全事故的,终身不予注册;构成犯罪的,依照刑法有关规定追究刑事责任。

第五十九条 违反本条例的规定,为建设工程提供机械设备和配件的单位,未按照安全施工的要求配备齐全有效的保险、限位等安全设施和装置的,责令限期改正,处合同价款 1 倍以上 3 倍以下的罚款;造成损失的,依法承担赔偿责任。

第六十条 违反本条例的规定,出租单位出租未经安全性能检测或者经检测不合格的机械设备和施工机具及配件的,责令停业整顿,并处 5 万元以上 10 万元以下的罚款;造成损失的,依法承担赔偿责任。

第六十一条 违反本条例的规定,施工起重机械和整体提升脚手架、模板等自升式架设设施安装、拆卸单位有下列行为之一的,责令限期改正,处 5 万元以上 10 万元以下的罚款;情节严重的,责令停业整顿,降低资质等级,直至吊销资质证书;造成损失的,依法承担赔偿责任:

(一)未编制拆装方案、制定安全施工措施的;

(二)未由专业技术人员现场监督的;

(三)未出具自检合格证明或者出具虚假证明的;

(四)未向施工单位进行安全使用说明,办理移交手续的。

施工起重机械和整体提升脚手架、模板等自升式架设设施安装、拆卸单位有前款规定的第(一)项、第(三)项行为,经有关部门或者单位职工提出后,对事故隐患仍不采取措施,因而发生重大伤亡事故或者造成其他严重后果,构成犯罪的,对直接责任人员,依照刑法有关规定追究刑事责任。

第六十二条 违反本条例的规定,施工单位有下列行为之一的,责令限期改正;逾期未改正的,责令停业整顿,依照《中华人民共和国安全生产法》的有关规定处以罚款;造成重大安全事故,构成犯罪的,对直接责任人员,依照刑法有关规定追究刑事责任:

(一)未设立安全生产管理机构、配备专职安全生产管理人员或者分部分项工程施工时无专职安全生产管理人员现场监督的;

(二)施工单位的主要负责人、项目负责人、专职安全生产管理人员、作业人员或者特种作业人员,未经安全教育培训或者经考核不合格即从事相关工作的;

(三)未在施工现场的危险部位设置明显的安全警示标志,或者未按照国家有关规定在施工现场设置消防通道、消防水源、配备消防设施和灭火器材的;

(四)未向作业人员提供安全防护用具和安全防护服装的;

(五)未按照规定在施工起重机械和整体提升脚手架、模板等自升式架设设施验收合格后登记的;

(六)使用国家明令淘汰、禁止使用的危及施工安全的工艺、设备、材料的。

第六十三条 违反本条例的规定,施工单位挪用列入建设工程概算的安全生产作业环境及安全施工措施所需费用的,责令限期改正,处挪用费用20%以上50%以下的罚款;造成损失的,依法承担赔偿责任。

第六十四条 违反本条例的规定,施工单位有下列行为之一的,责令限期改正;逾期未改正的,责令停业整顿,并处5万元以上10万元以下的罚款;造成重大安全事故,构成犯罪的,对直接责任人员,依照刑法有关规定追究刑事责任:

(一)施工前未对有关安全施工的技术要求做出详细说明的;

(二)未根据不同施工阶段和周围环境及季节、气候的变化,在施工现场采取相应的安全施工措施,或者在城市市区内的建设工程的施工现场未实行封闭围挡的;

(三)在尚未竣工的建筑物内设置员工集体宿舍的;

(四)施工现场临时搭建的建筑物不符合安全使用要求的;

(五)未对因建设工程施工可能造成损害的毗邻建筑物、构筑物和地下管线等采取专项防护措施的。

施工单位有前款规定第(四)项、第(五)项行为,造成损失的,依法承担赔偿责任。

第六十五条 违反本条例的规定,施工单位有下列行为之一的,责令限期改正;逾期未改正的,责令停业整顿,并处10万元以上30万元以下的罚款;情节严重的,降低资质等级,直至吊销资质证书;造成重大安全事故,构成犯罪的,对直接责任人员,依照刑法有关规定追究刑事责任;造成损失的,依法承担赔偿责任:

(一)安全防护用具、机械设备、施工机具及配件在进入施工现场前未经查验或者查验不合格即投入使用的;

(二)使用未经验收或者验收不合格的施工起重机械和整体提升脚手架、模板等自升式架设设施的;

(三)委托不具有相应资质的单位承担施工现场安装、拆卸施工起重机械和整体提升脚手架、模板等自升式架设设施的;

(四)在施工组织设计中未编制安全技术措施、施工现场临时用电方案或者专项施工方案的。

第六十六条 违反本条例的规定,施工单位的主要负责人、项目负责人未履行安全生产管理职责的,责令限期改正;逾期未改正的,责令施工单位停业整顿;造成重大安全事故、重大伤亡事故或者其他严重后果,构成犯罪的,依照刑法有关规定追究刑事责任。

作业人员不服管理、违反规章制度和操作规程冒险作业造成重大伤亡事故或者其他严重后果,构成犯罪的,依照刑法有关规定追究刑事责任。

施工单位的主要负责人、项目负责人有前款违法行为,尚不够刑事处罚的,处2万元以上20万元以下的罚款或者按照管理权限给予撤职处分;自刑罚执行完毕或者受处分之日起,5年内不得担任任何施工单位的主要负责人、项目负责人。

第六十七条 施工单位取得资质证书后,降低安全生产条件的,责令限期改正;经整改仍未达到与其资质等级相适应的安全生产条件的,责令停业整顿,降低其资质等级直至吊销资质证书。

第六十八条 本条例规定的行政处罚,由建设行政主管部门或者其他有关部门依照法定职权决定。

违反消防安全管理规定的行为,由公安消防机构依法处罚。

有关法律、行政法规对建设工程安全生产违法行为的行政处罚决定机关另有规定的,从其规定。

第八章 附 则

第六十九条 抢险救灾和农民自建低层住宅的安全生产管理,不适用本条例。

第七十条 军事建设工程的安全生产管理,按照中央军事委员会的有关规定执行。

第七十一条 本条例自2004年2月1日起施行。

附录 4-4　生产安全事故报告和调查处理条例

中华人民共和国国务院令

第 493 号

《生产安全事故报告和调查处理条例》已经 2007 年 3 月 28 日国务院第 172 次常务会议通过，现予公布，自 2007 年 6 月 1 日起施行。

总理　温家宝

二○○七年四月九日

生产安全事故报告和调查处理条例

第一章　总　则

第一条　为了规范生产安全事故的报告和调查处理，落实生产安全事故责任追究制度，防止和减少生产安全事故，根据《中华人民共和国安全生产法》和有关法律，制定本条例。

第二条　生产经营活动中发生的造成人身伤亡或者直接经济损失的生产安全事故的报告和调查处理，适用本条例；环境污染事故、核设施事故、国防科研生产事故的报告和调查处理不适用本条例。

第三条　根据生产安全事故（以下简称事故）造成的人员伤亡或者直接经济损失，事故一般分为以下等级：

（一）特别重大事故，是指造成 30 人以上死亡，或者 100 人以上重伤（包括急性工业中毒，下同），或者 1 亿元以上直接经济损失的事故；

（二）重大事故，是指造成 10 人以上 30 人以下死亡，或者 50 人以上 100 人以下重伤，或者 5 000 万元以上 1 亿元以下直接经济损失的事故；

（三）较大事故，是指造成 3 人以上 10 人以下死亡，或者 10 人以上 50 人以下重伤，或者 1 000 万元以上 5 000 万元以下直接经济损失的事故；

（四）一般事故，是指造成 3 人以下死亡，或者 10 人以下重伤，或者 1 000 万元以下直接经济损失的事故。

国务院安全生产监督管理部门可以会同国务院有关部门，制定事故等级划分的补充性规定。

本条第一款所称的“以上”包括本数，所称的“以下”不包括本数。

第四条　事故报告应当及时、准确、完整,任何单位和个人对事故不得迟报、漏报、谎报或者瞒报。

事故调查处理应当坚持实事求是、尊重科学的原则,及时、准确地查清事故经过、事故原因和事故损失,查明事故性质,认定事故责任,总结事故教训,提出整改措施,并对事故责任者依法追究责任。

第五条　县级以上人民政府应当依照本条例的规定,严格履行职责,及时、准确地完成事故调查处理工作。

事故发生地有关地方人民政府应当支持、配合上级人民政府或者有关部门的事故调查处理工作,并提供必要的便利条件。

参加事故调查处理的部门和单位应当互相配合,提高事故调查处理工作的效率。

第六条　工会依法参加事故调查处理,有权向有关部门提出处理意见。

第七条　任何单位和个人不得阻挠和干涉对事故的报告和依法调查处理。

第八条　对事故报告和调查处理中的违法行为,任何单位和个人有权向安全生产监督管理部门、监察机关或者其他有关部门举报,接到举报的部门应当依法及时处理。

第二章　事故报告

第九条　事故发生后,事故现场有关人员应当立即向本单位负责人报告;单位负责人接到报告后,应当于1小时内向事故发生地县级以上人民政府安全生产监督管理部门和负有安全生产监督管理职责的有关部门报告。

情况紧急时,事故现场有关人员可以直接向事故发生地县级以上人民政府安全生产监督管理部门和负有安全生产监督管理职责的有关部门报告。

第十条　安全生产监督管理部门和负有安全生产监督管理职责的有关部门接到事故报告后,应当依照下列规定上报事故情况,并通知公安机关、劳动保障行政部门、工会和人民检察院:

(一)特别重大事故、重大事故逐级上报至国务院安全生产监督管理部门和负有安全生产监督管理职责的有关部门;

(二)较大事故逐级上报至省、自治区、直辖市人民政府安全生产监督管理部门和负有安全生产监督管理职责的有关部门;

(三)一般事故上报至设区的市级人民政府安全生产监督管理部门和负有安全生产监督管理职责的有关部门。

安全生产监督管理部门和负有安全生产监督管理职责的有关部门依照前款规定上报事故情况,应当同时报告本级人民政府。国务院安全生产监督管理部门和负有安全生产监督管理职责的有关部门以及省级人民政府接到发生特别重大事故、重大事故的报告后,应当立即报告国务院。

必要时,安全生产监督管理部门和负有安全生产监督管理职责的有关部门可以越级上报事故情况。

第十一条　安全生产监督管理部门和负有安全生产监督管理职责的有关部门逐级上报事故情况,每级上报的时间不得超过2小时。

第十二条　报告事故应当包括下列内容：

（一）事故发生单位概况；

（二）事故发生的时间、地点以及事故现场情况；

（三）事故的简要经过；

（四）事故已经造成或者可能造成的伤亡人数（包括下落不明的人数）和初步估计的直接经济损失；

（五）已经采取的措施；

（六）其他应当报告的情况。

第十三条　事故报告后出现新情况的，应当及时补报。

自事故发生之日起30日内，事故造成的伤亡人数发生变化的，应当及时补报。道路交通事故、火灾事故自发生之日起7日内，事故造成的伤亡人数发生变化的，应当及时补报。

第十四条　事故发生单位负责人接到事故报告后，应当立即启动事故相应应急预案，或者采取有效措施，组织抢救，防止事故扩大，减少人员伤亡和财产损失。

第十五条　事故发生地有关地方人民政府、安全生产监督管理部门和负有安全生产监督管理职责的有关部门接到事故报告后，其负责人应当立即赶赴事故现场，组织事故救援。

第十六条　事故发生后，有关单位和人员应当妥善保护事故现场以及相关证据，任何单位和个人不得破坏事故现场、毁灭相关证据。

因抢救人员、防止事故扩大以及疏通交通等原因，需要移动事故现场物件的，应当作出标志，绘制现场简图并作出书面记录，妥善保存现场重要痕迹、物证。

第十七条　事故发生地公安机关根据事故的情况，对涉嫌犯罪的，应当依法立案侦查，采取强制措施和侦查措施。犯罪嫌疑人逃匿的，公安机关应当迅速追捕归案。

第十八条　安全生产监督管理部门和负有安全生产监督管理职责的有关部门应当建立值班制度，并向社会公布值班电话，受理事故报告和举报。

第三章　事故调查

第十九条　特别重大事故由国务院或者国务院授权有关部门组织事故调查组进行调查。

重大事故、较大事故、一般事故分别由事故发生地省级人民政府、设区的市级人民政府、县级人民政府负责调查。省级人民政府、设区的市级人民政府、县级人民政府可以直接组织事故调查组进行调查，也可以授权或者委托有关部门组织事故调查组进行调查。

未造成人员伤亡的一般事故，县级人民政府也可以委托事故发生单位组织事故调查组进行调查。

第二十条　上级人民政府认为必要时，可以调查由下级人民政府负责调查的事故。

自事故发生之日起30日内（道路交通事故、火灾事故自发生之日起7日内），因事故伤亡人数变化导致事故等级发生变化，依照本条例规定应当由上级人民政府负责调查的，上级人民政府可以另行组织事故调查组进行调查。

第二十一条 特别重大事故以下等级事故,事故发生地与事故发生单位不在同一个县级以上行政区域的,由事故发生地人民政府负责调查,事故发生单位所在地人民政府应当派人参加。

第二十二条 事故调查组的组成应当遵循精简、效能的原则。

根据事故的具体情况,事故调查组由有关人民政府、安全生产监督管理部门、负有安全生产监督管理职责的有关部门、监察机关、公安机关以及工会派人组成,并应当邀请人民检察院派人参加。

事故调查组可以聘请有关专家参与调查。

第二十三条 事故调查组成员应当具有事故调查所需要的知识和专长,并与所调查的事故没有直接利害关系。

第二十四条 事故调查组组长由负责事故调查的人民政府指定。事故调查组组长主持事故调查组的工作。

第二十五条 事故调查组履行下列职责:

(一)查明事故发生的经过、原因、人员伤亡情况及直接经济损失;

(二)认定事故的性质和事故责任;

(三)提出对事故责任者的处理建议;

(四)总结事故教训,提出防范和整改措施;

(五)提交事故调查报告。

第二十六条 事故调查组有权向有关单位和个人了解与事故有关的情况,并要求其提供相关文件、资料,有关单位和个人不得拒绝。

事故发生单位的负责人和有关人员在事故调查期间不得擅离职守,并应当随时接受事故调查组的询问,如实提供有关情况。

事故调查中发现涉嫌犯罪的,事故调查组应当及时将有关材料或者其复印件移交司法机关处理。

第二十七条 事故调查中需要进行技术鉴定的,事故调查组应当委托具有国家规定资质的单位进行技术鉴定。必要时,事故调查组可以直接组织专家进行技术鉴定。技术鉴定所需时间不计入事故调查期限。

第二十八条 事故调查组成员在事故调查工作中应当诚信公正、恪尽职守,遵守事故调查组的纪律,保守事故调查的秘密。

未经事故调查组组长允许,事故调查组成员不得擅自发布有关事故的信息。

第二十九条 事故调查组应当自事故发生之日起60日内提交事故调查报告;特殊情况下,经负责事故调查的人民政府批准,提交事故调查报告的期限可以适当延长,但延长的期限最长不超过60日。

第三十条 事故调查报告应当包括下列内容:

(一)事故发生单位概况;

(二)事故发生经过和事故救援情况;

(三)事故造成的人员伤亡和直接经济损失;

(四)事故发生的原因和事故性质;

（五）事故责任的认定以及对事故责任者的处理建议；

（六）事故防范和整改措施。

事故调查报告应当附具有关证据材料。事故调查组成员应当在事故调查报告上签名。

第三十一条 事故调查报告报送负责事故调查的人民政府后，事故调查工作即告结束。事故调查的有关资料应当归档保存。

第四章 事故处理

第三十二条 重大事故、较大事故、一般事故，负责事故调查的人民政府应当自收到事故调查报告之日起15日内作出批复；特别重大事故，30日内作出批复，特殊情况下，批复时间可以适当延长，但延长的时间最长不超过30日。

有关机关应当按照人民政府的批复，依照法律、行政法规规定的权限和程序，对事故发生单位和有关人员进行行政处罚，对负有事故责任的国家工作人员进行处分。

事故发生单位应当按照负责事故调查的人民政府的批复，对本单位负有事故责任的人员进行处理。

负有事故责任的人员涉嫌犯罪的，依法追究刑事责任。

第三十三条 事故发生单位应当认真吸取事故教训，落实防范和整改措施，防止事故再次发生。防范和整改措施的落实情况应当接受工会和职工的监督。

安全生产监督管理部门和负有安全生产监督管理职责的有关部门应当对事故发生单位落实防范和整改措施的情况进行监督检查。

第三十四条 事故处理的情况由负责事故调查的人民政府或者其授权的有关部门、机构向社会公布，依法应当保密的除外。

第五章 法律责任

第三十五条 事故发生单位主要负责人有下列行为之一的，处上一年年收入40%至80%的罚款；属于国家工作人员的，并依法给予处分；构成犯罪的，依法追究刑事责任：

（一）不立即组织事故抢救的；

（二）迟报或者漏报事故的；

（三）在事故调查处理期间擅离职守的。

第三十六条 事故发生单位及其有关人员有下列行为之一的，对事故发生单位处100万元以上500万元以下的罚款；对主要负责人、直接负责的主管人员和其他直接责任人员处上一年年收入60%至100%的罚款；属于国家工作人员的，并依法给予处分；构成违反治安管理行为的，由公安机关依法给予治安管理处罚；构成犯罪的，依法追究刑事责任：

（一）谎报或者瞒报事故的；

（二）伪造或者故意破坏事故现场的；

（三）转移、隐匿资金、财产，或者销毁有关证据、资料的；

（四）拒绝接受调查或者拒绝提供有关情况和资料的；

（五）在事故调查中作伪证或者指使他人作伪证的；

（六）事故发生后逃匿的。

第三十七条 事故发生单位对事故发生负有责任的，依照下列规定处以罚款：

（一）发生一般事故的，处10万元以上20万元以下的罚款；

（二）发生较大事故的，处20万元以上50万元以下的罚款；

（三）发生重大事故的，处50万元以上200万元以下的罚款；

（四）发生特别重大事故的，处200万元以上500万元以下的罚款。

第三十八条 事故发生单位主要负责人未依法履行安全生产管理职责，导致事故发生的，依照下列规定处以罚款；属于国家工作人员的，并依法给予处分；构成犯罪的，依法追究刑事责任：

（一）发生一般事故的，处上一年年收入30%的罚款；

（二）发生较大事故的，处上一年年收入40%的罚款；

（三）发生重大事故的，处上一年年收入60%的罚款；

（四）发生特别重大事故的，处上一年年收入80%的罚款。

第三十九条 有关地方人民政府、安全生产监督管理部门和负有安全生产监督管理职责的有关部门有下列行为之一的，对直接负责的主管人员和其他直接责任人员依法给予处分；构成犯罪的，依法追究刑事责任：

（一）不立即组织事故抢救的；

（二）迟报、漏报、谎报或者瞒报事故的；

（三）阻碍、干涉事故调查工作的；

（四）在事故调查中作伪证或者指使他人作伪证的。

第四十条 事故发生单位对事故发生负有责任的，由有关部门依法暂扣或者吊销其有关证照；对事故发生单位负有事故责任的有关人员，依法暂停或者撤销其与安全生产有关的执业资格、岗位证书；事故发生单位主要负责人受到刑事处罚或者撤职处分的，自刑罚执行完毕或者受处分之日起，5年内不得担任任何生产经营单位的主要负责人。

为发生事故的单位提供虚假证明的中介机构，由有关部门依法暂扣或者吊销其有关证照及其相关人员的执业资格；构成犯罪的，依法追究刑事责任。

第四十一条 参与事故调查的人员在事故调查中有下列行为之一的，依法给予处分；构成犯罪的，依法追究刑事责任：

（一）对事故调查工作不负责任，致使事故调查工作有重大疏漏的；

（二）包庇、袒护负有事故责任的人员或者借机打击报复的。

第四十二条 违反本条例规定，有关地方人民政府或者有关部门故意拖延或者拒绝落实经批复的对事故责任人的处理意见的，由监察机关对有关责任人员依法给予处分。

第四十三条 本条例规定的罚款的行政处罚，由安全生产监督管理部门决定。

法律、行政法规对行政处罚的种类、幅度和决定机关另有规定的，依照其规定。

第六章 附 则

第四十四条 没有造成人员伤亡，但是社会影响恶劣的事故，国务院或者有关地方人民政府认为需要调查处理的,依照本条例的有关规定执行。

国家机关、事业单位、人民团体发生的事故的报告和调查处理,参照本条例的规定执行。

第四十五条 特别重大事故以下等级事故的报告和调查处理,有关法律、行政法规或者国务院另有规定的,依照其规定。

第四十六条 本条例自 2007 年 6 月 1 日起施行。国务院 1989 年 3 月 29 日公布的《特别重大事故调查程序暂行规定》和 1991 年 2 月 22 日公布的《企业职工伤亡事故报告和处理规定》同时废止。

第五章 水利工程质量评定和验收管理

第一节 水利工程质量评定

工程质量评定是依据某一质量评定的标准和方法,对照施工质量的具体情况,确定质量等级的过程。为了提高水利水电工程的施工质量水平,保证工程质量符合设计和合同条款的规定,同时也是为了衡量施工单位的施工质量水平,全面评价工程的施工质量,对水利水电工程进行评优和创优工作,在工程交工和正式验收前,应按照合同要求和国家有关的工程质量评定标准和规定,对工程质量进行评定,以鉴定工程是否达到合同要求,能否进行验收,以及作为评优的依据。

一、工程质量评定的依据

(一)水利工程质量评定的依据

水利工程质量评定的主要依据有:

(1)国家及相关行业技术标准;

(2)《水利水电工程施工质量评定规程》;

(3)《单元工程评定标准》;

(4)经批准的设计文件、施工图纸、金属结构设计图样与技术条件、设计修改通知书、厂家提供的设备安装说明书及有关技术文件;

(5)工程承发包合同中约定的技术标准;

(6)工程施工期及试运行期的试验和观测分析成果。

(二)《水利水电工程施工质量评定规程》

1995年水利部建设司、水利部水利工程质量监督总站联合颁发了《水利水电工程施工质量评定表》(以下简称《评定表》),将《单元工程评定标准》的内容进行了表格化,便于执行,增强了《单元工程评定标准》的可操作性。

1996年9月,水利部颁发了《水利水电工程施工质量评定规程》(SL 176—1996),在总结10来年施行的基础上,于2007年修订印发了《水利水电工程施工质量检验与评定规程》,同时,《水利水电工程施工质量评定规程》(SL 176—1996)废止。

1999年水利部针对1998年大水后堤防工程建设任务重的紧迫形势,专门下发了《堤防工程施工质量评定与验收规程》(SL 239—1999),进一步规范了水利水电工程施工质量评定和检验工作。《堤防工程施工质量评定与验收规程》的适用范围是1、2、3级堤防工程,4、5级堤防工程可参照执行。但水利水电工程中厂房道路生活设施等工程应参照国家和其他行业的质量检验评定标准进行评定。《单元工程评定规程》的适用范围,限于大中型水利水电工程,小型水利水电工程可参照执行。

2002年水利部颁发了《水利水电工程施工质量评定表填表说明与示例》(以下简称《填表说明与示例》),它不仅涵盖了《评定表》的所有内容及表格,还包括《堤防工程施工质量评定与验收规程》(SL 239—1999)中的评定表格和新补充的表格内容。

(三)《单元工程评定标准》

为了加强水利水电工程的质量管理,开展质量评定和评优工作,使有关的规程、规范和有关的技术标准得到有效的贯彻落实,提高水利水电建设工程质量,水利部组织制定了相应的评定标准。

1988年,水利电力部颁发了《水利水电基本建设工程单元工程质量等级评定标准》(SDJ 249—88)(以下简称《评定标准(一)》),主要适用于大、中型水利水电工程的水工建筑工程,小型工程和其他工程亦可参照执行。这部分内容包括土石方开挖、混凝土工程、水泥灌浆、基础排水、锚喷支护、地基加固、河道疏浚工程等。1988年12月,水利部、能源部联合颁发了SDJ 249.2—88(金属结构及启闭机械安装工程)(以下简称《评定标准(二)》),主要适用于水利水电建设工程中的金属结构制作安装和启闭机安装。这部分内容包括压力钢管、平面闸门、弧形闸门、人字闸门、拦污栅制造与安装工程以及桥式启闭机、门式启闭机、固定卷扬式启闭机、螺杆式启闭机、油压启闭机安装工程等。SDJ 249.3—88(水轮发电机组安装工程)(以下简称《评定标准(三)》),主要适用于单机容量为3MW及其以上;水轮机为轴流式、斜流式、贯流式,转轮名义直径在1.4m及其以上;水轮机为混流式、冲击式时,转轮名义直径在1.0m及其以上的水轮发电机组安装工程。这部分内容主要包括:立式反击式水轮机安装、贯流式水轮机安装、冲击式水轮机安装、调速器及油压装置安装、立式水轮发电机安装、卧式水轮发电机安装、灯泡式水轮发电机组安装、主阀及附属设备安装、机组管路安装及水轮发电机组试运行检查试验等。小型水轮发电机组安装工程亦可参照执行。SDJ 249.4—88(水力机械辅助设备安装工程)(以下简称《评定标准(四)》),适用于总装机容量在25MW及其以上,单机容量为3MW及其以上的水力机械辅助设备安装工程。总装机容量在25MW以下的水力机械辅助设备安装工程可参照执行。这部分内容主要包括辅助设备安装及系统管路安装工程。SDJ 249.5—88(发电电气设备安装工程)(以下简称《评定标准(五)》),适用于大、中型水电站电气设备安装。小型电站同类设备安装可参照执行。这部分内容主要包括电气一次设备和电气二次设备安装工程。SDJ 249.6—88(升压变电电气设备安装工程)(以下简称《评定标准(六)》),适用于大、中型电站(35~330kV)主变压器及户外高压电气设备安装工程。小型电站同类设备安装亦可参照执行。这部分内容主要包括主变压器安装和其他电气设备安装工程。1992年水利部颁发了SL 38—92(碾压式土石坝和浆砌石坝工程)(以下简称《评定标准(七)》)适用于大、中型碾压土石坝和浆砌石坝工程。小型工程亦可参照执行。这部分内容主要包括碾压土石坝工程的坝基及岸坡处理、防渗体工程、坝体填筑工程、细部工程以及浆砌石坝的砌筑体、防渗体、砂浆勾缝、溢流面砌筑和浆砌石墩墙工程等。

二、项目划分

水利水电工程质量检验与评定应进行项目划分。项目按级划分为单位工程、分部工程、单元(工序)工程等三级。单元工程是进行日常考核和质量评定的基本单位。水利水电工程项目划分应结合工程结构特点、施工部署及施工合同要求进行，划分结果应有利于保证施工质量以及施工质量管理。

（一）单位工程划分原则

单位工程，指具有独立发挥作用或独立施工条件的建筑物。单位工程通常可以是一项独立的工程，也可以是独立工程的一部分，一般按设计及施工部署划分，一般应遵循如下原则。

(1)枢纽工程，以每座独立的建筑物为一个单位工程。工程规模大时，也可将一个建筑物中具有独立施工条件的一部分划为一个单位工程。如发电工程可以划分为：地面发电厂房、地下厂房、坝内式发电厂房。

(2)堤防工程，按招标标段或工程结构划分单位工程。规模较大的交叉联结建筑物及管理设施以每座独立的建筑物为一个单位工程。

(3)引水（渠道）工程，按招标标段或工程结构划分单位工程。大、中型引水（渠道）建筑物以每座独立的建筑物为一个单位工程。

(4)除险加固工程，按招标标段或加固内容，并结合工程量划分单位工程。

（二）分部工程划分

分部工程划分，指在一个建筑物内能组合发挥一种功能的建筑安装工程，是组成单位工程的部分。对单位工程安全性、使用功能或效益起决定性作用的分部工程称为主要分部工程。

现行的水利水电工程施工质量等级评定标准是以优良个数占总数的百分率计算的。分部工程的划分主要是依据建筑物的组成特点及施工质量检验评定的需要来进行划分。分部工程划分是否恰当，对单位工程质量等级的评定影响很大。因此，分部工程的划分应遵循如下原则。

(1)枢纽工程，土建部分按设计的主要组成部分划分；金属结构及启闭机安装工程和机电设备安装工程按组合功能划分。

(2)堤防工程，按长度或功能划分。

(3)引水（渠道）工程中的河（渠）道按施工部署或长度划分，大、中型建筑物按工程结构主要组成部分划分。

(4)除险加固工程，按加固内容或部位划分。

(5)同一单位工程中，各个分部工程的工程量（或投资）不宜相差太大，每个单位工程中的分部工程数目不宜少于5个。

（三）单元工程划分

单元工程划分，指在分部工程中由几个工序（或工种）施工完成的最小综合体，是日常质量考核的基本单位。

单元工程的划分应遵循如下原则。

(1)按《水利建设工程单元工程施工质量验收评定标准》（以下简称《单元工程评定标准》）规定进行划分。

(2)河（渠）道开挖、填筑及衬砌单元工程划分界限宜设在变形缝或结构缝处，长度一般不大于100m。同一分部工程中各单元工程的工程量（或投资）不宜相差太大。

(3)《单元工程评定标准》中未涉及的单元工程可依据工程结构、施工部署或质量考核要求,按层、块、段进行划分,具体如下。

①岩石边坡开挖工程:按设计或施工检查验收的区、段划分,每一个区、段为一个单元工程。

②岩石地基开挖工程:按相应混凝土浇筑仓块划分,每一块为一个单元工程;两岸边坡地基开挖也可按施工检查验收区划分,每一验收区为一个单元工程。

③岩石洞室开挖工程:混凝土衬砌部位按设计分缝确定的块划分;锚喷支护部位按一次锚喷区划分;不衬砌部位可按施工检查验收段划分,每一块、区、段为一个单元工程。

④软基和岸坡开挖工程:按施工检查验收区、段划分,每一区、段为一个单元工程。

⑤混凝土工程:按混凝土浇筑仓号,每一仓号为一个单元工程。

⑥钢筋混凝土预制构件安装工程:按施工检查质量评定的根、套、组划分,每一根、套、组预制构件安装为一个单元工程。

⑦混凝土坝接缝和回填水泥灌浆工程:按设计或施工确定的灌浆区、段划分,每一灌浆区、段为一个单元工程。

⑧岩石地基水泥灌浆工程:帷幕灌浆以同序相邻的10～20孔为一单元工程;固结灌浆按混凝土浇筑块、段划分,每一块、段的固结灌浆为一个单元工程。

⑨基础排水工程:按施工质量考核要求划分的基础排水区确定,每一区为一个单元工程。

⑩锚喷支护工程:按一次锚喷支护施工区、段划分,每一区、段为一个单元工程。

⑪振冲地基加固工程:按独立建筑物地基或同一建筑物地基范围内不同振冲要求的区划分,每一独立建筑物地基或不同要求区的振冲工程为一个单元工程。

⑫混凝土防渗墙工程:每一槽孔为一个单元工程。

⑬造孔灌注桩基础工程:按柱(墩)基础划分,每一柱(墩)下的灌注桩基础为一个单元工程。

⑭河道疏浚工程:按设计或施工控制质量要求的段划分,每一疏浚河段为一个单元工程。

⑮堤防工程:对不同的堤防工程按不同的原则划分单元工程。如土方填筑按层、段划分;吹填工程按围堰仓、段划分;防护工程按施工段划分等。

不要将单元工程与国标中的分项工程相混淆。国标中的分项工程完成后不一定形成工程实体,如模板分项工程、钢筋焊接、钢筋绑扎分项工程、钢结构件焊接制作分项工程等。

三、项目划分程序

水利工程在施工质量评定项目划分程序如下:

(1)由项目法人组织监理、设计及施工等单位进行工程项目划分,并确定主要单位工程、主要分部工程、重要隐蔽单元工程和关键部位单元工程。项目法人在主体工程开工前将项目划分表及说明书面报相应工程质量监督机构确认。

(2)工程质量监督机构收到项目划分书面报告后,应在14个工作日内对项目划分进行确认并将确认结果书面通知项目法人。

(3)工程实施过程中,需对单位工程、主要分部工程、重要隐蔽单元工程和关键部位单元工程的项目划分进行调整时,项目法人应重新报送工程质量监督机构确认。

四、工程质量评定

质量评定时,应从低层到高层的顺序依次进行,这样可以从微观上按照施工工序和有关规定,在施工过程中把好质量关,由低层到高层逐级进行工程质量控制和质量检验。其评定的顺序是:单元工程、分部工程、单位工程、工程项目。

水利工程施工质量评定等级分为合格和优良两个等级。合格标准是工程验收标准。不合格工程必须进行处理且达到合格标准后,才能进行后续工程施工或验收。优良等级是为工程项目质量创优而设置。

(一)单元工程质量评定标准

单元工程质量分为合格和优良两个等级。

单元工程质量等级标准是进行工程质量等级评定的基本尺度。由于工程类别不一样,单元工程质量评定标准的内容、项目的名称和合格率标准等也不一样。

(1)《评定标准(一)》将工程质量检查内容分为主要检查项目、检测项目和其他检查项目、其他检测项目,并在说明中把单元工程质量等级标准分为土建工程、金属结构和机电设备安装工程三类。

a. 土建工程

合格:主要检查项目、检测项目全部符合要求,其他检查项目基本符合要求,其他检测项目70%及其以上符合要求。

优良:主要检查项目、检测项目全部符合要求,其他检查项目符合要求,其他检测项目90%及其以上符合要求。

b. 金属结构工程

合格:主要检查项目、检测项目全部符合要求,其他检查项目符合要求,其他检测项目80%及其以上符合要求。

优良:主要检查项目、检测项目全部符合要求,其他检查项目符合要求,其他检测项目95%及其以上符合要求。

c. 机电设备安装工程

各检查项目全部符合质量标准,实测点的偏差符合规定者,评为合格;重要检测点的偏差小于规定者评为优良。

(2)《评定标准(二)》、《评定标准(三)》、《评定标准(四)》将质量检查内容分为主要检查项目和一般检查项目。对单元工程质量等级评定标准的规定也基本相同。

合格:主要项目必须全部符合标准规定,一般检查项目的实测点有90%及其以上符合标准,其余基本符合标准。

优良:在合格的基础上,优良项目占全部项目的50%及其以上。

(3)《评定标准(七)》将质量检查内容分为保证项目、基本项目和允许偏差项目。

合格:保证项目符合相应的质量标准;基本项目符合相应合格的标准;允许偏差项目

每项应有不小于70%测点在相应允许偏差质量标准范围内。

优良:保证项目符合相应的质量标准;基本项目必须有不小于50%达到优良质量标准,其余达到合格(或优良);允许偏差项目每项有不小于90%测点在相应的允许偏差质量标准的范围内。

(4)《堤防评定与验收规程》将质量检查内容分为检查项目和检测项目,其中也有主要检查项目和检测项目,质量标准对于不同的工作内容有不同的要求。

对于《评定标准(七)》中保证项目、基本项目和允许偏差项目下面分别解释。

a. 保证项目

保证项目是指关系到结构或构造的安全和使用功能的关键环节。保证项目是必须达到的指标内容,是保证工程安全和使用功能的重要检验项目。检验标准中采用“必须”或“严禁”等词表示,以突出其重要性。保证项目不仅要达到合格,还要达到优良的标准要求。如:①基底或前一单元必须符合设计或规范要求的质量标准;②原材料都必须符合质量标准。

b. 基本项目

基本项目是保证工程安全或使用性能的基本要求。检验标准中采用“应”或“不应”表示。其指标分为“合格”和“优良”两个等级,并给出量的规定。虽不像保证项目那么重要,但是也会对使用安全、使用性能和外观产生很大影响,允许有一定的偏差和缺陷,是评定单元工程优良质量等级的条件之一,如对不能确定偏差值而又允许出现一定缺陷的项目。

c. 允许偏差项目

允许偏差项目是单元工程质量检验中,规定有允许偏差范围的项目。检验时允许有少量检查点的测量值略超过允许偏差的范围,并以其所占比例作为单元工程优良和合格等级的条件之一。

当达不到合格标准时,应及时处理。处理后的质量等级按下列规定重新确定:

(1)全部返工重做的,可重新评定质量等级。

(2)经加固补强并经设计和监理单位鉴定能达到设计要求时,其质量评为合格。

(3)处理后的工程部分质量指标仍达不到设计要求时,经设计复核,项目法人及监理单位确认能满足安全和使用功能要求,可不再进行处理;或经加固补强后,改变了外形尺寸或造成工程永久性缺陷的,经项目法人、监理及设计单位确认能基本满足设计要求,其质量可定为合格,但应按规定进行质量缺陷备案。

(二)水利水电工程项目优良品率的计算

1. 分部工程的单元工程优良品率

$$分部工程的单元工程优良品率=\frac{单元工程优良个数}{单元工程总数}\times100\%$$

2. 单位工程的分部工程优良品率

$$单位工程的分部工程优良品率=\frac{分部工程优良个数}{分部工程总数}\times100\%$$

3. 水利工程项目的单位工程优良品率

$$水利工程项目的单位工程优良品率=\frac{单位工程优良个数}{单位工程总数}\times100\%$$

(三)分部工程质量评定等级标准

合格标准:

(1)所含单元工程的质量全部合格。质量事故及质量缺陷已按要求处理,并经检验合格。

(2)原材料、中间产品及混凝土(砂浆)试件质量全部合格,金属结构及启闭机制造质量合格,机电产品质量合格。

优良标准:

(1)所含单元工程质量全部合格,其中70%以上达到优良等级,重要隐蔽单元工程和关键部位单元工程质量优良率达90%以上,且未发生过质量事故。

(2)中间产品质量全部合格,混凝土(砂浆)试件质量达到优良等级(当试件组数小于30时,试件质量合格)。原材料质量、金属结构及启闭机制造质量合格,机电产品质量合格。

(四)单位工程外观质量评定

单位工程完工后,项目法人组织监理、设计、施工及工程运行管理等单位组成工程外观质量评定组,现场进行工程外观质量检验评定并将评定结论报工程质量监督机构核定。参加工程外观质量评定的人员应具有工程师以上技术职称或相应执业资格。评定组人数应不少于5人,大型工程不宜少于7人。

外观质量评定工作如下。

(1)确定检测数量。全面检查后,抽测25%,且各项不少于10点。

(2)评定等级标准。测点中符合质量标准的点数占总测点数的百分率为100%,评为一级。合格率为90%~99.9%时,评为二级。合格率70%~89.9%时,评为三级。合格率小于70%时,评为四级。每项评分得分按下式计算:

各项评定得分=该项标准分×该项得分百分率

(3)第13项混凝土表面缺陷指混凝土表面的蜂窝、麻面、挂帘、裙边、小于3cm的错台、局部凸凹表面裂缝等。如无上述缺陷,该项得分率为100%,缺陷面积超过总面积5%者,该项得分为0。

(4)带括号的标准分为工作量大时的标准分。

(五)单位工程质量评定标准

合格标准:

(1)所含分部工程质量全部合格。

(2)质量事故已按要求进行处理。

(3)工程外观质量得分率达到70%以上。

(4)单位工程施工质量检验与评定资料基本齐全。

(5)工程施工期及试运行期,单位工程观测资料分析结果符合国家和行业技术标准以及合同约定的标准要求。

优良标准:

(1)所含分部工程质量全部合格,其中70%以上达到优良等级,主要分部工程质量全部优良,且施工中未发生过较大质量事故。

(2)质量事故已按要求进行处理。

(3)外观质量得分率达到85%以上。

(4)单位工程施工质量检验与评定资料齐全。

(5)工程施工期及试运行期,单位工程观测资料分析结果符合国家和行业技术标准以及合同约定的标准要求。

(六)工程项目质量评定标准

合格标准:

(1)单位工程质量全部合格。

(2)工程施工期及试运行期,各单位工程观测资料分析结果均符合国家和行业技术标准以及合同约定的标准要求。

优良标准:

(1)单位工程质量全部合格,其中70%以上单位工程质量达到优良等级,且主要单位工程质量全部优良。

(2)工程施工期及试运行期,各单位工程观测资料分析结果均符合国家和行业技术标准以及合同约定的标准要求。

(七)质量评定工作的组织与管理

(1)单元(工序)工程质量在施工单位自评合格后,报监理单位复核,由监理工程师核定质量等级并签证认可。

(2)重要隐蔽单元工程及关键部位单元工程质量经施工单位自评合格、监理单位抽检后,由项目法人(或委托监理)、监理、设计、施工、工程运行管理(施工阶段已经有时)等单位组成联合小组,共同检查核定其质量等级并填写签证表,报工程质量监督机构核备。

(3)分部工程质量,在施工单位自评合格后,报监理单位复核,项目法人认定。分部工程验收的质量结论由项目法人报工程质量监督机构核备。大型枢纽工程主要建筑物的分部工程验收的质量结论由项目法人报工程质量监督机构核定。

(4)单位工程质量,在施工单位自评合格后,由监理单位复核,项目法人认定。单位工程验收的质量结论由项目法人报工程质量监督机构核定。

(5)工程项目质量,在单位工程质量评定合格后,由监理单位进行统计并评定工程项目质量等级,经项目法人认定后,报工程质量监督机构核定。

(6)阶段验收前,工程质量监督机构应提交工程质量评价意见。

(7)工程质量监督机构应按有关规定在工程竣工验收前提交工程质量监督报告,工程质量监督报告应有工程质量是否合格的明确结论。

第二节　水利工程建设项目验收管理

一、颁发《水利工程建设项目验收管理规定》的必要性

水利工程建设项目大多以社会效益为主,主要使用政府投资建设,直接涉及公共安全和公共利益,必须加强政府的监督管理。水利工程建设项目验收时政府依法设立的基本

建设程序的重要环节,是保证工程建设质量、安全和投资效益的重要措施。自 20 世纪 80 年代至 90 年代末,我国的水利工程验收逐步形成了一套比较完整的技术标准体系。特别是《水利水电建设工程验收规程》(SL 223—1999)颁布施行以来,水利工程验收工作进一步规范化、制度化,对于保证工程建设质量、安全和投资效益发挥了重要作用。但是,随着社会主义市场经济体制的不断完善、政府职能的转变以及水利工程建设管理体制的不断深化,特别是国家对依法行政要求的不断提高,现在的验收规程已经不能适应水利工程建设的需要。首先,验收管理作为一项重要的行政管理工作,在《水利工程建设项目验收管理规定》(水利部令第 30 号)颁发前还没有一部部门规章作为法律依据,技术标准的法律效力不足,不能满足依法行政的要求。其次,水利工程验收工作也存在一些突出的问题,主要表现在:一是验收主体不够明确,特别是由政府主持的各类验收,验收主持单位往往是工程完工后临时研究确定的,不利于对工程建设全过程实施监督管理;二是验收工作中普遍存在验收时间短、工作深度不够等问题,部分项目验收流于形式,验收质量有待提高;三是验收相关单位和人员的验收责任不够明确,验收出现问题时难以落实责任追究制度。因此,为了加强水利工程建设项目验收管理,明确验收责任,规范验收行为,结合水利工程建设项目的特点,制定并以部长令发布《水利工程建设项目验收管理规定》,对验收工作中涉及行政管理的相关内容做出具体规定,有利于规范基本建设程序,强化政府监督,明确管理职责,保证工程建设质量,充分发挥投资效益。

《水利工程建设项目验收管理规定》适用于由中央或者地方财政全部投资或者部分投资建设的大中型水利工程建设项目(含 1、2、3 级堤防工程)的验收活动。

二、水利工程建设项目验收监督管理职责

(1)水利部负责全国水利工程建设项目验收的监督管理工作。

(2)水利部所属流域管理机构按照水利部授权,负责流域内水利工程建设项目验收的监督管理工作。

(3)县级以上地方人民政府水行政主管部门按照规定权限负责本行政区域内水利工程建设项目验收的监督管理工作。

法人验收监督管理机关对项目的法人验收工作实施监督管理。由水行政主管部门或者流域管理机构组建项目法人的,该水行政主管部门或者流域管理机构是本项目的法人验收监督管理机关;由地方人民政府组建项目法人的,该地方人民政府水行政主管部门是本项目的法人验收监督管理机关。

三、验收类别

水利工程建设项目验收,按验收主持单位性质不同分为法人验收和政府验收两类。法人验收是指在项目建设过程中由项目法人(包括实行代建制项目中,经项目法人委托的项目代建机构)组织进行的验收。法人验收是政府验收的基础。政府验收是指由有关人民政府、水行政主管部门或者其他有关部门组织进行的验收,包括专项验收、阶段验收和竣工验收。

水利工程建设项目具备验收条件时,应当及时组织验收。未经验收或者验收不合格

的，不得交付使用或者进行后续工程施工（水利工程建设项目验收应当具备的条件、验收程序、验收主要工作以及有关验收资料和成果性文件等具体要求，按照有关验收规程执行）。

四、水利工程建设项目验收的依据

水利工程建设项目验收的依据是：

（1）国家有关法律、法规、规章和技术标准；

（2）有关主管部门的规定；

（3）经批准的工程立项文件、初步设计文件、调整概算文件；

（4）经批准的设计文件及相应的工程变更文件；

（5）施工图纸及主要设备技术说明书等。

需要说明的是，当项目法人验收时，除了依据上述规定外，还应当以施工合同为验收依据。

五、水利工程建设项目法人验收

法人验收包括工程建设完成分部工程、单位工程、单项合同工程、中间机组启动验收等。项目法人可以根据工程建设的需要增设法人验收的环节。

项目法人应当在开工报告批准后60个工作日内，制定法人验收工作计划，报法人验收监督管理机关和竣工验收主持单位备案。

施工单位在完成相应工程后，应当向项目法人提出验收申请。项目法人经检查认为建设项目具备相应的验收条件的，应当及时组织验收。

分部工程验收的质量结论应当报该项目的质量监督机构核备；未经核备的，项目法人不得组织下一阶段的验收。

单位工程以及大型枢纽主要建筑物的分部工程验收的质量结论应当报该项目的质量监督机构核定；未经核定的，项目法人不得通过法人验收；核定不合格的，项目法人应当重新组织验收。质量监督机构应当自收到核定材料之日起20个工作日内完成核定。

项目法人验收工作组由项目法人、设计、施工、监理等单位的代表组成；必要时可以邀请工程运行管理单位等参建单位以外的代表及专家参加。法人验收由项目法人主持。项目法人可以委托监理单位主持分部工程验收，有关委托权限应当在监理合同或者委托书中明确。

项目法人应当自法人验收通过之日起30个工作日内，制作法人验收鉴定书，发送参加验收单位并报送法人验收监督管理机关备案。法人验收鉴定书是政府验收的备查资料。

单位工程投入使用验收和单项合同工程完工验收通过后，项目法人应当与施工单位办理工程的有关交接手续。

工程保修期从通过单项合同工程完工验收之日算起，保修期限按合同约定执行。

六、水利工程建设项目政府验收

水利工程建设项目政府验收包括专项验收、阶段验收和竣工验收。

（一）专项验收

枢纽工程导（截）流、水库下闸蓄水等阶段验收前，涉及移民安置的，应当完成相应的移民安置专项验收。工程竣工验收前，应当按照国家有关规定，进行环境保护、水土保持、移民安置以及工程档案等专项验收。经商有关部门同意，专项验收可以与竣工验收一并进行。项目法人应当自收到专项验收成果文件之日起 10 个工作日内，将专项验收成果文件报送竣工验收主持单位备案。专项验收成果文件是阶段验收或者竣工验收成果文件的组成部分。

（二）阶段验收

工程建设进入枢纽工程导（截）流、水库下闸蓄水、引（调）排水工程通水、首（末）台机组启动等关键阶段，应当组织进行阶段验收。竣工验收主持单位根据工程建设的实际需要，可以增设阶段验收的环节。工程参建单位是被验收单位，应当派代表参加阶段验收工作。

大型水利工程在进行阶段验收前，可以根据需要进行技术预验收。技术预验收参照有关竣工技术预验收的规定进行。水库下闸蓄水验收前，项目法人应当按照有关规定完成蓄水安全鉴定。验收主持单位应当自阶段验收通过之日起 30 个工作日内，制作阶段验收鉴定书，发送参加验收的单位并报送竣工验收主持单位备案。阶段验收鉴定书是竣工验收的备查资料。

（三）竣工验收

竣工验收应当在工程建设项目全部完成并满足一定运行条件后 1 年内进行。不能按期进行竣工验收的，经竣工验收主持单位同意，可以适当延长期限，但最长不得超过 6 个月。逾期仍不能进行竣工验收的，项目法人应当向竣工验收主持单位做出专题报告。

竣工财务决算应当由竣工验收主持单位组织审查和审计。竣工财务决算审计通过 15 日后，方可进行竣工验收。

工程具备竣工验收条件的，项目法人应当提出竣工验收申请，经法人验收监督管理机关审查后报竣工验收主持单位。竣工验收主持单位应当自收到竣工验收申请之日起 20 个工作日内决定是否同意进行竣工验收。

竣工验收原则上按照经批准的初步设计所确定的标准和内容进行。项目有总体初步设计又有单项工程初步设计的，原则上按照总体初步设计的标准和内容进行，也可以先进行单项工程竣工验收，最后按照总体初步设计进行总体竣工验收。项目有总体可行性研究但没有总体初步设计而有单项工程初步设计的，原则上按照单项工程初步设计的标准和内容进行竣工验收。建设周期长或者因故无法继续实施的项目，对已完成的部分工程可以按单项工程或者分期进行竣工验收。

竣工验收分为竣工技术预验收和竣工验收两个阶段。

大型水利工程在竣工技术预验收前，项目法人应当按照有关规定对工程建设情况进行竣工验收技术鉴定。中型水利工程在竣工技术预验收前，竣工验收主持单位可以根据需要决定是否进行竣工验收技术鉴定。

竣工技术预验收由竣工验收主持单位以及有关专家组成的技术预验收专家组负责。工程参建单位的代表应当参加技术预验收,汇报并解答有关问题。

阶段验收的验收委员会由验收主持单位、该项目的质量监督机构和安全监督机构、运行管理单位的代表以及有关专家组成;必要时,应当邀请项目所在地的地方人民政府以及有关部门参加。竣工验收的验收委员会由竣工验收主持单位、有关水行政主管部门和流域管理机构、有关地方人民政府和部门、该项目的质量监督机构和安全监督机构、工程运行管理单位的代表以及有关专家组成。工程投资方代表可以参加竣工验收委员会。

阶段验收、竣工验收由竣工验收主持单位主持。竣工验收主持单位可以根据工作需要委托其他单位主持阶段验收。国家重点水利工程建设项目,竣工验收主持单位依照国家有关规定确定。在国家确定的重要江河、湖泊建设的流域控制性工程、流域重大骨干工程建设项目,竣工验收主持单位为水利部。其他水利工程建设项目,竣工验收主持单位按照以下原则确定。

(1)水利部或者流域管理机构负责初步设计审批的中央项目,竣工验收主持单位为水利部或者流域管理机构。

(2)水利部负责初步设计审批的地方项目,以中央投资为主的,竣工验收主持单位为水利部或者流域管理机构,以地方投资为主的,竣工验收主持单位为省级人民政府(或者其委托的单位)或者省级人民政府水行政主管部门(或者其委托的单位)。

(3)地方负责初步设计审批的项目,竣工验收主持单位为省级人民政府水行政主管部门(或者其委托的单位)。

(4)竣工验收主持单位为水利部或者流域管理机构的,可以根据工程实际情况,会同省级人民政府或者有关部门共同主持。

(5)竣工验收主持单位应当在工程开工报告的批准文件中明确。

竣工验收主持单位可以根据竣工验收的需要,委托具有相应资质的工程质量检测机构对工程质量进行检测。

项目法人全面负责竣工验收前的各项准备工作,设计、施工、监理等工程参建单位应当做好有关验收准备和配合工作,派代表出席竣工验收会议,负责解答验收委员会提出的问题,并作为被验收单位在竣工验收鉴定书上签字。竣工验收主持单位应当自竣工验收通过之日起30个工作日内,制作竣工验收鉴定书,并发送有关单位。竣工验收鉴定书是项目法人完成工程建设任务的凭据。

七、验收遗留问题处理与工程移交

项目法人和其他有关单位应当按照竣工验收鉴定书的要求妥善处理竣工验收遗留问题和完成尾工。

验收遗留问题处理完毕和尾工完成并通过验收后,项目法人应当将处理情况和验收成果报送竣工验收主持单位。

工程通过竣工验收,验收遗留问题处理完毕和尾工完成并通过验收的,竣工验收主持单位向项目法人颁发工程竣工证书。

工程竣工证书格式由水利部统一制定。

项目法人与工程运行管理单位不同的,工程通过竣工验收后,应当及时办理移交手续。

工程移交后,项目法人以及其他参建单位应当按照法律法规的规定和合同约定,承担后续的相关质量责任。项目法人已经撤销的,由撤销该项目法人的部门承接相关的责任。

验收结论应当经三分之二以上验收委员会成员同意。验收委员会成员应当在验收鉴定书上签字。验收委员会成员对验收结论持有异议的,应当将保留意见在验收鉴定书上明确记载并签字。

验收中发现的问题,其处理原则由验收委员会协商确定。主任委员(组长)对争议问题有裁决权。但是,半数以上验收委员会成员不同意裁决意见的,法人验收应当报请验收监督管理机关决定,政府验收应当报请竣工验收主持单位决定。

验收委员会对工程验收不予通过的,应当明确不予通过的理由并提出整改意见。有关单位应当及时组织处理有关问题,完成整改,并按照程序重新申请验收。

项目法人以及其他参建单位应当提交真实、完整的验收资料,并对提交的资料负责。

八、罚则

违反《水利工程建设项目验收管理规定》,项目法人不按时限要求组织法人验收或者不具备验收条件而组织法人验收的,由法人验收监督管理机关责令改正。

项目法人以及其他参建单位提交验收资料不真实导致验收结论有误的,由提交不真实验收资料的单位承担责任。竣工验收主持单位收回验收鉴定书,对责任单位予以通报批评;造成严重后果的,依照有关法律法规处罚。

参加验收的专家在验收工作中玩忽职守、徇私舞弊的,由验收监督管理机关予以通报批评;情节严重的,取消其参加验收的资格;构成犯罪的,依法追究刑事责任。

国家机关工作人员在验收工作中玩忽职守、滥用职权、徇私舞弊,尚不构成犯罪的,依法给予行政处分;构成犯罪的,依法追究刑事责任。

思考题

1. 水利工程质量评定的依据是什么?
2. 水利工程质量评定如何进行项目划分?
3. 水利工程建设项目验收的依据是什么?
4. 法人验收和政府验收的主要内容是什么?

附录 5-1 水利水电工程施工质量检验与评定规程

1 总 则

1.0.1 为加强水利水电工程建设质量管理,保证工程施工质量,统一施工质量检验与评定方法,使施工质量检验与评定工作标准化、规范化,特制定本规程。

1.0.2 本规程适用于大、中型水利水电工程及符合下列条件的小型水利水电工程施工质量检验与评定。其他小型工程可参照执行。

(1)坝高 30m 以上的水利枢纽工程;

(2)4 级以上的堤防工程;

(3)总装机 10MW 以上的水电站;

(4)小(1)型水闸工程。

1.0.3 水利水电工程施工质量等级分为“合格”、“优良”两级。

1.0.4 项目法人(含建设单位、代建机构,下同)、监理单位(含监理机构,下同)、勘测单位、设计单位、施工单位等工程参建单位及工程质量检测机构等,应按国家和行业有关规定,建立健全工程质量管理体系,做好工程建设质量管理工作。

1.0.5 水行政主管部门及其委托的工程质量监督机构对水利水电工程施工质量检验与评定工作进行监督。

1.0.6 本规程引用的主要标准如下:

《质量管理体系——基础和术语》GB/T 19000—2000(idt ISO9000:2000)《数值修约规则》GB 8170—87

《建筑工程施工质量验收统一标准》GB 50300—2001

《锚杆喷射混凝土支护技术规范》GB 50086—2001

《混凝土强度检验评定标准》GBJ 107—87

《水工混凝土施工规范》SDJ 207—82

《水工碾压混凝土施工规范》SL 53—94

《水闸施工规范》SL 27—91

《水利工程建设项目施工监理规范》SL 288—2003

《测量误差及数据处理》JJG 1027—91

《测量不确定度评定与表示》JJF 1059—1999

《公路工程质量检验评定标准》(土建工程)JTG F80/1—2004

《公路工程质量检验评定标准》(机电工程)JTG F80/2—2004

1.0.7 水利水电工程施工质量检验与评定,除应符合本规程要求外,还应符合国家和行业现行有关标准的规定。

2 术 语

2.0.1 水利水电工程质量 quality of hydraulic and hydroelectric engineering

工程满足国家和水利行业相关标准及合同约定要求的程度，在安全、功能、适用、外观及环境保护等方面的特性总和。

2.0.2　质量检验 quality inspection

通过检查、量测、试验等方法，对工程质量特性进行的符合性评价。

2.0.3　质量评定 quality assessment

将质量检验结果与国家和行业技术标准以及合同约定的质量标准所进行的比较活动。

2.0.4　单位工程 unit project

指具有独立发挥作用或独立施工条件的建筑物。

2.0.5　分部工程 separated part project

指在一个建筑物内能组合发挥一种功能的建筑安装工程，是组成单位工程的部分。对单位工程安全性、使用功能或效益起决定性作用的分部工程称为主要分部工程。

2.0.6　单元工程 separated item project

指在分部工程中由几个工序(或工种)施工完成的最小综合体，是日常质量考核的基本单位。

2.0.7　关键部位单元工程 separated item project of critical position

指对工程安全性、或效益、或使用功能有显著影响的单元工程。

2.0.8　重要隐蔽单元工程 separated item project of crucial concealment

指主要建筑物的地基开挖、地下洞室开挖、地基防渗、加固处理和排水等隐蔽工程中，对工程安全或使用功能有严重影响的单元工程。

2.0.9　主要建筑物及主要单位工程 main structure & main unit porject

主要建筑物，指其失事后将造成下游灾害或严重影响工程效益的建筑物，如堤坝、泄洪建筑物、输水建筑物、电站厂房及泵站等。属于主要建筑物的单位工程称为主要单位工程。

2.0.10　中间产品 intermediate product

指工程施工中使用的砂石骨料、石料、混凝土拌和物、砂浆拌和物、混凝土预制构件等土建类工程的成品及半成品。

2.0.11　见证取样 evidential testing

在监理单位或项目法人监督下，由施工单位有关人员现场取样，并送到具有相应资质等级的工程质量检测机构所进行的检测。

2.0.12　外观质量 quality of appearance

通过检查和必要的量测所反映的工程外表质量。

2.0.13　质量事故 accident due to poor quality

在水利水电工程建设过程中，由于建设管理、监理、勘测、设计、咨询、施工、材料、设备等原因造成工程质量不符合国家和行业相关标准以及合同约定的质量标准，影响工程使用寿命和对工程安全运行造成隐患和危害的事件。

2.0.14　质量缺陷 defect of constructional quality

指对工程质量有影响，但小于一般质量事故的质量问题。

3　项目划分

3.1　项目名称

3.1.1　水利水电工程质量检验与评定应进行项目划分。项目按级划分为单位工程、分部工程、单元(工序)工程等三级。

3.1.2　工程中永久性房屋(管理设施用房)、专用公路、专用铁路等工程项目,可按相关行业标准划分和确定项目名称。

3.2　项目划分原则

3.2.1　水利水电工程项目划分应结合工程结构特点、施工部署及施工合同要求进行,划分结果应有利于保证施工质量以及施工质量管理。

3.2.2　单位工程项目的划分应按下列原则确定:

(1)枢纽工程,一般以每座独立的建筑物为一个单位工程。当工程规模大时,可将一个建筑物中具有独立施工条件的一部分划分为一个单位工程。

(2)堤防工程,按招标标段或工程结构划分单位工程。规模较大的交叉联结建筑物及管理设施以每座独立的建筑物为一个单位工程。

(3)引水(渠道)工程,按招标标段或工程结构划分单位工程。大、中型引水(渠道)建筑物以每座独立的建筑物为一个单位工程。

(4)除险加固工程,按招标标段或加固内容,并结合工程量划分单位工程。

3.2.3　分部工程项目的划分应按下列原则确定:

(1)枢纽工程,土建部分按设计的主要组成部分划分;金属结构及启闭机安装工程和机电设备安装工程按组合功能划分。

(2)堤防工程,按长度或功能划分。

(3)引水(渠道)工程中的河(渠)道按施工部署或长度划分。大、中型建筑物按工程结构主要组成部分划分。

(4)除险加固工程,按加固内容或部位划分。

(5)同一单位工程中,各个分部工程的工程量(或投资)不宜相差太大,每个单位工程中的分部工程数目,不宜少于5个。

3.2.4　单元工程项目的划分应按下列原则确定:

(1)按《水利建设工程单元工程施工质量验收评定标准》(以下简称《单元工程评定标准》)规定进行划分。

(2)河(渠)道开挖、填筑及衬砌单元工程划分界限宜设在变形缝或结构缝处,长度一般不大于100m。同一分部工程中各单元工程的工程量(或投资)不宜相差太大。

(3)《单元工程评定标准》中未涉及的单元工程可依据工程结构、施工部署或质量考核要求,按层、块、段进行划分。

3.3　项目划分程序

3.3.1　由项目法人组织监理、设计及施工等单位进行工程项目划分,并确定主要单位工程、主要分部工程、重要隐蔽单元工程和关键部位单元工程。项目法人在主体工程开工前将项目划分表及说明书面报相应工程质量监督机构确认。

3.3.2　工程质量监督机构收到项目划分书面报告后,应在 14 个工作日内对项目划分进行确认并将确认结果书面通知项目法人。

3.3.3　工程实施过程中,需对单位工程、主要分部工程、重要隐蔽单元工程和关键部位单元工程的项目划分进行调整时,项目法人应重新报送工程质量监督机构确认。

4　施工质量检验

4.1　基本规定

4.1.1　承担工程检测业务的检测机构应具有水行政主管部门颁发的资质证书。其设备和人员的配备应与所承担的任务相适应,有健全的管理制度。

4.1.2　工程施工质量检验中使用的计量器具、试验仪器仪表及设备应定期进行检定,并具备有效的检定证书。国家规定需强制检定的计量器具应经县级以上计量行政部门认定的计量检定机构或其授权设置的计量检定机构进行检定。

4.1.3　检测人员应熟悉检测业务,了解被检测对象性质和所用仪器设备性能,经考核合格后,持证上岗。参与中间产品及混凝土(砂浆)试件质量资料复核的人员应具有工程师以上工程系列技术职称,并从事过相关试验工作。

4.1.4　工程质量检验项目和数量应符合《单元工程评定标准》规定。

4.1.5　工程质量检验方法,应符合《单元工程评定标准》和国家及行业现行技术标准的有关规定。

4.1.6　工程质量检验数据应真实可靠,检验记录及签证应完整齐全。

4.1.7　工程项目中如遇《单元工程评定标准》中尚未涉及的项目质量评定标准时,其质量标准及评定表格,由项目法人组织监理、设计及施工单位按水利部有关规定进行编制和报批。

4.1.8　工程中永久性房屋、专用公路、专用铁路等项目的施工质量检验与评定可按相应行业标准执行。

4.1.9　项目法人、监理、设计、施工和工程质量监督等单位根据工程建设需要,可委托具有相应资质等级的水利工程质量检测机构进行工程质量检测。施工单位自检性质的委托检测项目及数量,按《单元工程评定标准》及施工合同约定执行。对已建工程质量有重大分歧时,由项目法人委托第三方具有相应资质等级的质量检测机构进行检测,检测数量视需要确定,检测费用由责任方承担。

4.1.10　堤防工程竣工验收前,项目法人应委托具有相应资质等级的质量检测机构进行抽样检测,工程质量抽检项目和数量由工程质量监督机构确定。

4.1.11　对涉及工程结构安全的试块、试件及有关材料,应实行见证取样。见证取样资料由施工单位制备,记录应真实齐全,参与见证取样人员应在相关文件上签字。

4.1.12　工程中出现检验不合格的项目时,按以下规定进行处理。

(1)原材料、中间产品一次抽样检验不合格时,应及时对同一取样批次另取两倍数量进行检验,如仍不合格,则该批次原材料或中间产品应定为不合格,不得使用。

(2)单元(工序)工程质量不合格时,应按合同要求进行处理或返工重做,并经重新检验且合格后方可进行后续工程施工。

(3)混凝土(砂浆)试件抽样检验不合格时,应委托具有相应资质等级的质量检测机构对相应工程部位进行检验。如仍不合格,由项目法人组织有关单位进行研究,并提出处理意见。

(4)工程完工后的质量抽检不合格,或其他检验不合格的工程,应按有关规定进行处理,合格后才能进行验收或后续工程施工。

4.2　质量检验职责范围

4.2.1　永久性工程(包括主体工程及附属工程)施工质量检验:

(1)施工单位应依据工程设计要求、施工技术标准和合同约定,结合《单元工程评定标准》的规定确定检验项目及数量并进行自检,自检过程应有书面记录,同时结合自检情况如实填写水利部颁发的《水利水电工程施工质量评定表》。

(2)监理单位应根据《单元工程评定标准》和抽样检测结果复核工程质量。其平行检测和跟踪检测的数量按《水利工程建设项目施工监理规范》SL 288—2003(以下简称《监理规范》)或合同约定执行。

(3)项目法人应对施工单位自检和监理单位抽检过程进行督促检查,对报工程质量监督机构核备、核定的工程质量等级进行认定。

(4)工程质量监督机构应对项目法人、监理、勘测、设计、施工单位以及工程其他参建单位的质量行为和工程实物质量进行监督检查。检查结果应按有关规定及时公布,并书面通知有关单位。

4.2.2　临时工程质量检验及评定标准,由项目法人组织监理、设计及施工等单位根据工程特点,参照《单元工程评定标准》和其他相关标准确定,并报相应的工程质量监督机构核备。

4.3　质量检验内容

4.3.1　质量检验包括施工准备检查,原材料与中间产品质量检验,水工金属结构、启闭机及机电产品质量检查,单元(工序)工程质量检验,质量事故检查和质量缺陷备案,工程外观质量检验等。

4.3.2　主体工程开工前,施工单位应组织人员进行施工准备检查,并经项目法人或监理单位确认合格以及履行相关手续后,才能进行主体工程施工。

4.3.3　施工单位应按《单元工程评定标准》及有关技术标准对水泥、钢材等原材料与中间产品质量进行检验,并报监理单位复核。不合格产品,不得使用。

4.3.4　水工金属结构、启闭机及机电产品进场后,有关单位应按有关合同进行交货检查和验收。安装前,施工单位应检查产品是否有出厂合格证、设备安装说明书及有关技术文件,对在运输和存放过程中发生的变形、受潮、损坏等问题应做好记录,并进行妥善处理。无出厂合格证或不符合质量标准的产品不得用于工程中。

4.3.5　施工单位应按《单元工程评定标准》检验工序及单元工程质量,做好书面记录,在自检合格后,填写《水利水电工程施工质量评定表》报监理单位复核。监理单位根据抽检资料核定单元(工序)工程质量等级。发现不合格单元(工序)工程,应要求施工单位及时进行处理,合格后才能进行后续工程施工。对施工中的质量缺陷应书面记录备案,进行必要的统计分析,并在相应单元(工序)工程质量评定表"评定意见"栏内注明。

4.3.6　施工单位应及时将原材料、中间产品及单元(工序)工程质量检验结果报监理单位复核,并按月将施工质量情况报送监理单位,由监理单位汇总分析后报项目法人和工程质量监督机构。

4.3.7　单位工程完工后,项目法人组织监理、设计、施工及工程运行管理等单位组成工程外观质量评定组,现场进行工程外观质量检验评定并将评定结论报工程质量监督机构核定。参加工程外观质量评定的人员应具有工程师以上技术职称或相应执业资格。评定组人数应不少于5人,大型工程不宜少于7人。工程外观质量评定办法见附录A。

4.4　质量事故检查和质量缺陷备案

4.4.1　根据《水利工程质量事故处理暂行规定》(水利部令第9号),水利水电工程质量事故分为一般质量事故、较大质量事故、重大质量事故和特大质量事故四类。

4.4.2　质量事故发生后,有关单位应按"三不放过"原则,调查事故原因,研究处理措施,查明事故责任者,并根据《水利工程质量事故处理暂行规定》做好事故处理工作。

4.4.3　在施工过程中,因特殊原因使得工程个别部位或局部发生达不到技术标准和设计要求(但不影响使用),且未能及时进行处理的工程质量缺陷问题(质量评定仍定为合格),应以工程质量缺陷备案形式进行记录备案。

4.4.4　质量缺陷备案表由监理单位组织填写,内容应真实、准确、完整。各工程参建单位代表应在质量缺陷备案表上签字,若有不同意见应明确记载。质量缺陷备案表应及时报工程质量监督机构备案,格式见附录B。质量缺陷备案资料按竣工验收的标准制备。工程竣工验收时,项目法人应向竣工验收委员会汇报并提交历次质量缺陷备案资料。

4.4.5　工程质量事故处理后,由项目法人委托具有相应资质等级的工程质量检测机构检测后,按照处理方案确定的质量标准,重新进行工程质量评定。

4.5　数据处理

4.5.1　测量误差的判断和处理,应符合《测量误差及数据处理》JJG 1027和《测量不确定度评定与表示》JJF 1059的规定。

4.5.2　数据保留位数,应符合国家及行业有关试验规程及施工规范的规定。计算合格率时,小数点后保留一位。

4.5.3　数值修约应符合《数值修约规则》GB 8170的规定。

4.5.4　检验和分析数据可靠性时,应符合下列要求:

(1)检查取样应具有代表性。

(2)检验方法及仪器设备应符合国家及行业规定。

(3)操作应准确无误。

4.5.5　实测数据是评定质量的基础资料,严禁伪造或随意舍弃检测数据。对可疑数据,应检查分析原因,并做出书面记录。

4.5.6　单元(工序)工程检测成果按《单元工程评定标准》规定进行计算。

4.5.7　水泥、钢材、外加剂、混合材及其他原材料的检测数量与数据统计方法按现行国家和行业有关标准执行。

4.5.8　砂石骨料、石料及混凝土预制件等中间产品检测数据统计方法应符合《单元工程评定标准》的规定。

4.5.9　混凝土强度的检验评定应符合以下规定:

(1)普通混凝土试块试验数据统计应符合附录C的规定。试块组数较少或对结论有怀疑时,也可采取其他措施进行检验。

(2)碾压混凝土质量检验与评定按《水工碾压混凝土施工规范》SL 53 规定执行。

(3)喷射混凝土抗压强度的检验与评定应符合喷射混凝土抗压强度检验评定标准,详见附录D。

4.5.10　砂浆、砌筑用混凝土强度检验评定标准应符合附录E的规定。

4.5.11　混凝土、砂浆的抗冻、抗渗等其他检验评定标准应符合设计和相关技术标准的要求。

5　施工质量评定

5.1　合格标准

5.1.1　合格标准是工程验收标准。不合格工程必须进行处理且达到合格标准后,才能进行后续工程施工或验收。水利水电工程施工质量等级评定的主要依据有:

(1)国家及相关行业技术标准。

(2)《单元工程评定标准》。

(3)经批准的设计文件、施工图纸、金属结构设计图样与技术条件、设计修改通知书、厂家提供的设备安装说明书及有关技术文件。

(4)工程承发包合同中约定的技术标准。

(5)工程施工期及试运行期的试验和观测分析成果。

5.1.2　单元(工序)工程施工质量合格标准应按照《单元工程评定标准》或合同约定的合格标准执行。当达不到合格标准时,应及时处理。处理后的质量等级按下列规定重新确定:

(1)全部返工重做的,可重新评定质量等级。

(2)经加固补强并经设计和监理单位鉴定能达到设计要求时,其质量评为合格。

(3)处理后的工程部分质量指标仍达不到设计要求时,经设计复核,项目法人及监理单位确认能满足安全和使用功能要求,可不再进行处理;或经加固补强后,改变了外形尺寸或造成工程永久性缺陷的,经项目法人、监理及设计单位确认能基本满足设计要求,其质量可定为合格,但应按规定进行质量缺陷备案。

5.1.3　分部工程施工质量同时满足下列标准时,其质量评为合格:

(1)所含单元工程的质量全部合格。质量事故及质量缺陷已按要求处理,并经检验合格。

(2)原材料、中间产品及混凝土(砂浆)试件质量全部合格,金属结构及启闭机制造质量合格,机电产品质量合格。

5.1.4　单位工程施工质量同时满足下列标准时,其质量评为合格:

(1)所含分部工程质量全部合格。

(2)质量事故已按要求进行处理。

(3)工程外观质量得分率达到70%以上。

(4)单位工程施工质量检验与评定资料基本齐全。

(5)工程施工期及试运行期,单位工程观测资料分析结果符合国家和行业技术标准以及合同约定的标准要求。

5.1.5　工程项目施工质量同时满足下列标准时,其质量评为合格:

(1)单位工程质量全部合格。

(2)工程施工期及试运行期,各单位工程观测资料分析结果均符合国家和行业技术标准以及合同约定的标准要求。

5.2　优良标准

5.2.1　优良等级是为工程项目质量创优而设置。

5.2.2　单元工程施工质量优良标准按照《单元工程评定标准》以及合同约定的优良标准执行。全部返工重做的单元工程,经检验达到优良标准时,可评为优良等级。

5.2.3　分部工程施工质量同时满足下列标准时,其质量评为优良:

(1)所含单元工程质量全部合格,其中70%以上达到优良等级,重要隐蔽单元工程和关键部位单元工程质量优良率达90%以上,且未发生过质量事故。

(2)中间产品质量全部合格,混凝土(砂浆)试件质量达到优良等级(当试件组数小于30时,试件质量合格)。原材料质量、金属结构及启闭机制造质量合格,机电产品质量合格。

5.2.4　单位工程施工质量同时满足下列标准时,其质量评为优良:

(1)所含分部工程质量全部合格,其中70%以上达到优良等级,主要分部工程质量全部优良,且施工中未发生过较大质量事故。

(2)质量事故已按要求进行处理。

(3)外观质量得分率达到85%以上。

(4)单位工程施工质量检验与评定资料齐全。

(5)工程施工期及试运行期,单位工程观测资料分析结果符合国家和行业技术标准以及合同约定的标准要求。

5.2.5　工程项目施工质量同时满足下列标准时,其质量评为优良:

(1)单位工程质量全部合格,其中70%以上单位工程质量达到优良等级,且主要单位工程质量全部优良。

(2)工程施工期及试运行期,各单位工程观测资料分析结果均符合国家和行业技术标准以及合同约定的标准要求。

5.3　质量评定工作的组织与管理

5.3.1　单元(工序)工程质量在施工单位自评合格后,报监理单位复核,由监理工程师核定质量等级并签证认可。

5.3.2　重要隐蔽单元工程及关键部位单元工程质量经施工单位自评合格、监理单位抽检后,由项目法人(或委托监理)、监理、设计、施工、工程运行管理(施工阶段已经有时)等单位组成联合小组,共同检查核定其质量等级并填写签证表,报工程质量监督机构核备。重要隐蔽单元工程(关键部位单元工程)质量等级签证表见附录F。

5.3.3　分部工程质量,在施工单位自评合格后,报监理单位复核,项目法人认定。分部工程验收的质量结论由项目法人报工程质量监督机构核备。大型枢纽工程主要建筑物的分部工程验收的质量结论由项目法人报工程质量监督机构核定。分部工程施工质量评定表见附录 G 表 G.0.1。

5.3.4 单位工程质量,在施工单位自评合格后,由监理单位复核,项目法人认定。单位工程验收的质量结论由项目法人报工程质量监督机构核定。单位工程施工质量评定表见附录 G 表 G.0.2,单位工程施工质量检验与评定资料核查表见附录 G 表 G.0.3。

5.3.5 工程项目质量,在单位工程质量评定合格后,由监理单位进行统计并评定工程项目质量等级,经项目法人认定后,报工程质量监督机构核定。工程项目施工质量评定表见附录 G 表 G.0.4。

5.3.6 阶段验收前,工程质量监督机构应提交工程质量评价意见。

5.3.7 工程质量监督机构应按有关规定在工程竣工验收前提交工程质量监督报告,工程质量监督报告应有工程质量是否合格的明确结论。

附录A　水利水电工程外观质量评定办法

附录A.1　基本规定

A.1.1　水利水电工程外观质量评定办法，按工程类型分为：枢纽工程、堤防工程、引水(渠道)工程、其他工程等四类，分列于附录A.2、附录A.3、附录A.4及附录A.5。

A.1.2　附录中的外观质量评定表列出的某些项目，如实际工程中无该项内容，应在相应检查、检测栏内用斜线"／"表示；工程中有附录中未列出的外观质量项目时，应根据工程情况和有关技术标准进行补充。其质量标准及标准分由项目法人组织监理、设计、施工等单位研究确定后报工程质量监督机构核备。

附录A.2　枢纽工程外观质量评定方法

A.2.1　枢纽工程中的水工建筑物外观质量评定表见表A.2.1。其他建筑物见附录A.5。

表A.2.1　水工建筑物外观质量评定表

单位工程名称				施工单位			
主要工程量				评定日期	年　月　日		
项次	项目	标准分(分)	评定得分(分)				备注
			一级100%	二级90%	三级70%	四级0	
1	建筑物外部尺寸	12					
2	轮廓线	10					
3	表面平整度	10					
4	立面垂直度	10					
5	大角方正	5					
6	曲面与平面联结	9					
7	扭面与平面联结	9					
8	马道及排水沟	3(4)					
9	梯步	2(3)					
10	栏杆	2(3)					
11	扶梯	2					
12	闸坝灯饰	2					
13	混凝土表面缺陷情况	10					
14	表面钢筋割除	2(4)					
15	砌体勾缝　宽度均匀、平整	4					
16	砌体勾缝　竖、横缝平直	4					
17	浆砌卵石露头情况	8					
18	变形缝	3(4)					
19	启闭平台梁、柱、排架	5					
20	建筑物表面	10					
21	升压变电工程围墙(栏栅)、杆、架、塔、柱	5					
22	水工金属结构外表面	6(7)					
23	电站盘柜	7					

续表 A.2.1

<table>
<tr><td rowspan="2">项次</td><td rowspan="2" colspan="2">项目</td><td rowspan="2">标准分（分）</td><td colspan="4">评定得分(分)</td><td rowspan="2">备注</td></tr>
<tr><td>一级 100%</td><td>二级 90%</td><td>三级 70%</td><td>四级 0</td></tr>
<tr><td>24</td><td colspan="2">电缆线路敷设</td><td>4(5)</td><td></td><td></td><td></td><td></td><td></td></tr>
<tr><td>25</td><td colspan="2">电站油气、水、管路</td><td>3(4)</td><td></td><td></td><td></td><td></td><td></td></tr>
<tr><td>26</td><td colspan="2">厂区道路及排水沟</td><td>4</td><td></td><td></td><td></td><td></td><td></td></tr>
<tr><td>27</td><td colspan="2">厂区绿化</td><td>8</td><td></td><td></td><td></td><td></td><td></td></tr>
<tr><td colspan="3">合　计</td><td colspan="6">应得　　分，实得　　分，得分率　　%</td></tr>
<tr><td rowspan="6">外观质量评定组成员</td><td>单位</td><td colspan="2">单位名称</td><td colspan="2">职称</td><td colspan="3">签名</td></tr>
<tr><td>项目法人</td><td colspan="2"></td><td colspan="2"></td><td colspan="3"></td></tr>
<tr><td>监　理</td><td colspan="2"></td><td colspan="2"></td><td colspan="3"></td></tr>
<tr><td>设　计</td><td colspan="2"></td><td colspan="2"></td><td colspan="3"></td></tr>
<tr><td>施　工</td><td colspan="2"></td><td colspan="2"></td><td colspan="3"></td></tr>
<tr><td>运行管理</td><td colspan="2"></td><td colspan="2"></td><td colspan="3"></td></tr>
<tr><td colspan="2">工程质量监督机构</td><td colspan="7">核定意见：
核定人：(签名)加盖公章
年　月　日</td></tr>
<tr><td colspan="9">注：量大时，标准分采用括号内数值。</td></tr>
</table>

A.2.2　项目法人应在主体工程开工初期，组织监理、设计、施工等单位，根据工程特点（工程等级及使用情况）和相关技术标准，提出表 A.2.1 所列各项目的质量标准，报工程质量监督机构确认。

A.2.3　单位工程完工后，按本规程 4.3.7 规定，由工程外观质量评定组负责工程外观质量评定。

（1）检测数量：检查、检测项目经工程外观质量评定组全面检查后，抽测 25%，且各项不少于 10 点。

（2）各项目工程外观质量评定等级分为四级，各级标准得分见表 A.2.3。

表 A.2.3　外观质量等级与标准得分

评定等级	检测项目测点合格率(%)	各项评定得分
一级	100	该项标准分
二级	90.0～99.9	该项标准分×90%
三级	70.0～89.9	该项标准分×70%
四级	<70.0	0

（3）检查项目（如表 A.2.1 中项次 6、7、12、17～27）由工程外观质量评定组根据现场检查结果共同讨论决定其质量等级。

（4）外观质量评定表由工程外观质量评定组根据现场检查、检测结果填写。

（5）表尾由各单位参加工程外观质量评定的人员签名（施工单位 1 人。如本工程由分包单位施工，则总包单位、分包单位各派 1 人参加。项目法人、监理、设计各派 1～2 人。工程运行管理单位 1 人）。

A.2.4　工程外观质量评定结果由项目法人报工程质量监督机构核定。

附录 A.3 堤防工程外观质量评定方法

A.3.1 堤防工程外观质量评定表,见表 A.3.1-1。堤防工程外观质量评定标准,见表 A.3.1-2。

A.3.2 堤防工程较大交叉联接建筑物外观质量评定标准参见引水(渠道)建筑物工程外观质量评定标准(表 A.4.2-2)中类似建筑物。

A.3.3 单位工程完工后,按本规程 4.3.7 的规定,由工程外观质量评定组负责工程外观质量评定。具体实施应结合 A.2.3 的规定进行。

A.3.4 工程外观质量评定结论由项目法人报工程质量监督机构核定。

表 A.3.1-1 堤防工程外观质量评定表

单位工程名称			施工单位				
主要工程量			评定日期		年 月 日		
项次	项目	标准分(分)	评定得分(分)				备注
			一级 100%	二级 90%	三级 70%	四级 0	
1	外部尺寸	30					
2	轮廓线	10					
3	表面平整度	10					
4	曲面平面联结	5					
5	排水	5					
6	上堤马道	3					
7	堤顶附属设施	5					
8	防汛备料堆放	5					
9	草皮	8					
10	植树	8					
11	砌体排列	5					
12	砌缝	10					
合 计		应得 分,实得 分,得分率 %					

外观质量评定组成员	单位	单位名称	职称	签名
	项目法人			
	监 理			
	设 计			
	施 工			
	运行管理			
工程质量监督机构		核定意见: 核定人:(签名)加盖公章 年 月 日		

表 A.3.1-2　堤防工程外观质量评定标准

<table>
<tr><th>项次</th><th>项目</th><th colspan="3">检查、检测内容</th><th>质量标准</th></tr>
<tr><td rowspan="14">1</td><td rowspan="14">外部尺寸</td><td rowspan="5">土堤</td><td rowspan="2">高程</td><td>堤顶</td><td>允许偏差为 0 ~ +15cm</td></tr>
<tr><td>平(戗)台顶</td><td>允许偏差为 -10 ~ +15cm</td></tr>
<tr><td rowspan="2">宽度</td><td>堤顶</td><td>允许偏差为 -5 ~ +15cm</td></tr>
<tr><td>平(戗)台顶</td><td>允许偏差为 -10 ~ +15cm</td></tr>
<tr><td colspan="2">边坡坡度</td><td>不陡于设计值,目测平顺</td></tr>
<tr><td rowspan="9">混凝土及砌石墙(堤)</td><td rowspan="3">堤顶高程</td><td>干砌石墙(堤)</td><td>允许偏差为 0 ~ +5cm</td></tr>
<tr><td>浆砌石墙(堤)</td><td>允许偏差为 0 ~ +4cm</td></tr>
<tr><td>混凝土墙(堤)</td><td>允许偏差为 0 ~ +3cm</td></tr>
<tr><td rowspan="3">墙面垂直度</td><td>干砌石墙(堤)</td><td>允许偏差为 0.5%</td></tr>
<tr><td>浆砌石墙(堤)</td><td>允许偏差为 0.5%</td></tr>
<tr><td>混凝土墙(堤)</td><td>允许偏差为 0.5%</td></tr>
<tr><td>墙顶厚度</td><td>各类砌筑墙(堤)</td><td>允许偏差为 -1 ~ +2cm</td></tr>
<tr><td colspan="2">边坡坡度</td><td>不陡于设计值,目测平顺</td></tr>
<tr><td colspan="0" style="display:none"></td></tr>
<tr><td>2</td><td>轮廓线</td><td colspan="3">用长 15m 拉线沿堤顶轮廓连续测量</td><td>15m 长度内凹凸偏差为 3cm</td></tr>
<tr><td rowspan="3">3</td><td rowspan="3">表面平整度</td><td colspan="3">干砌石墙(堤)</td><td>用 2m 靠尺检测,不大于 5.0cm /2m</td></tr>
<tr><td colspan="3">浆砌石墙(堤)</td><td>用 2m 靠尺检测,不大于 2.5cm /2m</td></tr>
<tr><td colspan="3">混凝土墙(堤)</td><td>用 2m 靠尺检测,不大于 1.0cm /2m</td></tr>
<tr><td>4</td><td>曲面与平面联结</td><td colspan="3">现场检查</td><td>一级:圆滑过渡,曲线流畅;
二级:平顺联结,曲线基本流畅;
三级:联结不够平顺,有明显折线;
四级:联结不平顺,折线突出</td></tr>
<tr><td>5</td><td>排水</td><td colspan="3">现场检查,结合检测</td><td>质量标准:排水通畅,形状尺寸误差为 ±3cm,无水泥结石附着。
一级:符合质量标准;
二级:基本符合质量标准;
三级:局部尺寸误差大,局部有水泥结石附着;
四级:排水尺寸误差大,多处有水泥结石附着</td></tr>
<tr><td>6</td><td>上堤马道</td><td colspan="3">现场检查,结合检测</td><td>质量标准:马道宽度偏差为 ±2cm,高度偏差为 ±2cm。
一级:符合质量标准;
二级:基本符合质量标准;
三级:发现尺寸误差较大;
四级:多处马道尺寸误差大</td></tr>
</table>

续表 A.3.1-2

项次	项目	检查、检测内容	质量标准
7	堤顶附属设施	现场检查	一级:混凝土表面平整,棱线平直度等指标符合质量标准; 二级:混凝土表面平整,棱线平直度等指标基本符合质量标准; 三级:混凝土表面平整,棱线平直度等指标发现尺寸误差较大; 四级:混凝土表面平整,棱线平直度等指标误差大
8	防汛备料堆放	现场检查	一级:按规定位置备料,堆放整齐; 二级:按规定位置备料,堆放欠整齐; 三级:未按规定位置备料,堆放欠整齐; 四级:备料任意堆放
9	草皮	现场检查	一级:草皮铺设(种植)均匀,全部成活,无空白; 二级:草皮铺设(种植)均匀,成活面积90%以上,无空白; 三级:草皮铺设(种植)基本均匀,成活面积70%以上,有少量空白; 四级:达不到三级标准者
10	植树	现场检查	一级:植树排列整齐、美观,全部成活,无空白; 二级:植树排列整齐,成活率90%以上,无空白; 三级:植树排列基本整齐,成活率70%以上,有少量空白; 四级:达不到三级标准者
11	砌体排列	现场检查	一级:砌体排列整齐、铺放均匀、平整,无沉陷裂缝; 二级:砌体排列基本整齐、铺放均匀、平整,局部有沉陷裂缝; 三级:砌体排列多处不够整齐、铺放均匀、平整,局部有沉陷裂缝; 四级:砌体排列不整齐、不平整,多处有裂缝
12	砌缝	现场检查	一级:勾缝宽度均匀,砂浆填塞平整;二级:勾缝宽度局部不够均匀,砂浆填塞基本平整; 三级:勾缝宽度多处不均匀,砂浆填塞不够平整; 四级:勾缝宽度不均匀,砂浆填塞粗糙不平
注:项次9草皮、10植树质量标准中的“空白”,指漏栽(种)面积。			

附录 A.4　引水(渠道)工程外观质量评定方法

A.4.1　明(暗)渠工程外观质量评定表见表 A.4.1-1。明(暗)渠工程外观质量评定标准见表 A.4.1-2。

A.4.2　引水(渠道)建筑物工程外观质量评定表见表 A.4.2-1。引水(渠道)建筑物工程外观质量评定标准见表 A.4.2-2。

A.4.3　单位工程完工后,按本规程 4.3.7 的规定,由工程外观质量评定组负责工程外观质量评定。具体实施应结合 A.2.3 的规定进行。

A.4.4　工程外观质量评定结论由项目法人报工程质量监督机构核定。

表 A.4.1-1　明(暗)渠工程外观质量评定表

单位工程名称					施工单位		
主要工程量					评定日期	年　月　日	
项次	项目	标准分(分)	评定得分(分)				备注
			一级 100%	二级 90%	三级 70%	四级 0	
1	外部尺寸	10					
2	轮廓线	10					
3	表面平整度	10					
4	曲面与平面联结	3					
5	扭面与平面联结	3					
6	渠坡渠底衬砌	10					
7	变形缝、结构缝	6					
8	渠顶路面及排水沟	8					
9	渠顶以上边坡	6					
10	戗台及排水沟	5					
11	沿渠小建筑物	5					
12	梯步	3					
13	弃渣堆放	5					
14	绿化	10					
15	原状岩土面完整性	3					
合　计		应得　　分,实得　　分,得分率　　%					

外观质量评定组成员	单位	单位名称	职称	签名
	项目法人			
	监　理			
	设　计			
	施　工			
	运行管理			
工程质量监督机构	核定意见: 核定人:(签名)加盖公章 年　月　日			

表 A.4.1-2 明(暗)渠工程外观质量评定标准

<table>
<tr><th>项次</th><th>项目</th><th>检查、检测内容</th><th>质量标准</th></tr>
<tr><td rowspan="2">1</td><td rowspan="2">外部尺寸</td><td>(1)上口宽、底宽</td><td>允许偏差为±1/200设计值</td></tr>
<tr><td>(2)渠顶宽</td><td>±3cm</td></tr>
<tr><td>2</td><td>轮廓线</td><td>(1)渠顶边线
(2)渠底边线
(3)其他部位</td><td>用15m长拉线连续测量,其最大凹凸不超过3cm</td></tr>
<tr><td rowspan="4">3</td><td rowspan="4">表面平整度</td><td>(1)混凝土面、砂浆抹面、混凝土预制块</td><td>用2m直尺检测,不大于1cm/2m</td></tr>
<tr><td>(2)浆砌石(料石、块石、石板)</td><td>用2m直尺检测,不大于2cm/2m</td></tr>
<tr><td>(3)干砌石</td><td>用2m直尺检测,不大于3cm/2m</td></tr>
<tr><td>(4)泥结石路面</td><td>用2m直尺检测,不大于3cm/2m</td></tr>
<tr><td>4</td><td>曲面与平面联结</td><td rowspan="2">现场检查</td><td rowspan="2">一级:圆滑过渡,曲线流畅,表面清洁,无附着物;
二级:联结平顺,曲线基本流畅,表面清洁,无附着物;
三级:联结基本平顺,局部有折线,表面无附着物;
四级:达不到三级标准者</td></tr>
<tr><td>5</td><td>扭面与平面联结</td></tr>
<tr><td rowspan="3">6</td><td rowspan="3">渠坡渠底衬砌</td><td>(1)混凝土护面、砂浆抹面现场检查</td><td>一级:表面平整光洁,无质量缺陷;
二级:表面平整,无附着物,无错台、裂缝及蜂窝等质量缺陷;
三级:表面平整,局部蜂窝、麻面、错台及裂缝等质量缺陷面积小于5%,且已处理合格;
四级:达不到三级标准者</td></tr>
<tr><td>(2)混凝土预制板(块)护面现场检查</td><td>一级:完整、砌缝整齐,表面清洁、平整;
二级:完整、砌缝整齐,大面平整,表面较清洁;
三级:完整、砌缝基本整齐,大面平整,表面基本清洁;
四级:达不到三级标准者</td></tr>
<tr><td>(3)浆砌石(含料石、块石、石板、卵石)现场检查</td><td>一级:石料外形尺寸一致,勾缝平顺美观,大面平整,露头均匀,排列整齐;
二级:石料外形尺寸一致,勾缝平顺,大面平整,露头较均匀,排列较整齐;
三级:石料外形尺寸基本一致,勾缝平顺,大面基本平整,露头基本均匀;
四级:达不到三级标准者</td></tr>
<tr><td>7</td><td>变形缝、结构缝</td><td>现场检查</td><td>一级:缝宽均匀、平顺,充填材料饱满密实;
二级:缝宽较均匀,充填材料饱满密实;
三级:缝宽基本均匀,局部稍差,充填材料基本饱满;
四级:达不到三级标准者</td></tr>
<tr><td>8</td><td>渠顶路面及排水沟</td><td>现场检查</td><td>一级:路面平整,宽度一致,排水沟整洁通畅,无倒坡;
二级:路面平整,宽度基本一致,排水沟通畅,无倒坡;
三级:路面较平整,宽度基本一致,排水沟通畅;
四级:达不到三级标准者</td></tr>
</table>

续表 A.4.1-2

项次	项目	检查、检测内容	质量标准
9	渠顶以上边坡	(1)混凝土格栅护砌现场检查	一级:网格摆放平稳、整齐,坡脚线为直线或规则曲线; 二级:网格摆放平稳、较整齐,坡脚线基本为直线或规则曲线; 三级:网格摆放平稳、基本整齐,局部稍差; 四级:达不到三级标准者
		(2)砌石衬护边坡现场检查	一级:砌石排列整齐、平整、美观; 二级:砌石排列较整齐,大面平整; 三级:砌石面基本平整; 四级:达不到三级标准者
10	戗台及排水沟	(1)戗台宽度	允许偏差为 ±2cm
		(2)排水沟宽度	允许偏差为 ±1.5cm
		(3)戗台边线顺直度	3cm/15m
11	沿渠小建筑物	现场检查	一级:外表平整、清洁、美观,无缺陷; 二级:外表平整、清洁,无缺陷; 三级:外表基本平整、较清洁、表面缺陷面积小于5%总面积; 四级:达不到三级标准者
12	梯步	现场检查	一级:梯步高度均匀,长度相同,宽度一致,表面清洁,无缺陷; 二级:梯步高度均匀,长度基本相同,宽度一致,表面清洁,无缺陷; 三级:梯步高度均匀,长度基本相同,宽度基本一致,表面较清洁,有局部缺陷; 四级:达不到三级标准者
13	弃渣堆放	现场检查	一级:堆放位置正确,稳定、平整; 二级:堆放位置正确,稳定、基本平整; 三级:堆放位置基本正确,稳定、基本平整,局部稍差; 四级:达不到三级标准者
14	绿化	(1)植树现场检查	一级:植树排列整齐、美观,全部成活,无空白; 二级:植树排列整齐,成活率 90% 以上,无空白; 三级:植树排列基本整齐,成活率 70% 以上,有少量空白; 四级:达不到三级标准者
		(2)草皮现场检查	一级:草皮铺设(种植)均匀,全部成活,无空白; 二级:草皮铺设(种植)均匀,成活面积 90% 以上,无空白; 三级:草皮铺设(种植)基本均匀,成活面积 70% 以上,有少量空白; 四级:达不到三级标准者
		(3)草方格(草格栅)现场检查	一级:大面平整,过渡自然,网格规则整齐,栽插均匀,栽种植物成活率达 80% 以上; 二级:大面较平整,网格规则,栽插较均匀,栽种植物成活率达 60% 以上; 三级:大面基本平整,网格基本规则,栽插基本均匀,栽种植物成活率达 50% 以上; 四级:达不到三级标准者
15	原状岩土面完整性	现场检查	一级:原状岩土面完整,无扰动破坏; 二级:原状岩土面完整,局部有扰动,无松动岩土; 三级:原状岩土面基本完整,松动岩土已处理; 四级:达不到三级标准者

注:项次 14 植树和草皮质量标准中的“空白”指漏栽(种)面积。

表 A.4.2-1　引水(渠道)建筑物工程外观质量评定表

单位工程名称				施工单位			
主要工程量				评定日期	年　月　日		
项次	项目	标准分(分)	评定得分(分)				备注
			一级100%	二级90%	三级70%	四级0	
1	外部尺寸	12					
2	轮廓线	10					
3	表面平整度	10					
4	立面垂直度	10					
5	大角方正	5					
6	曲面与平面联结	8					
7	扭面与平面联结	8					
8	梯步	4					
9	栏杆	4(6)					
10	灯饰	2(4)					
11	变形缝、结构缝	3					
12	砌体	6(8)					
13	排水工程	3					
14	建筑物表面	5					
15	混凝土表面	5					
16	表面钢筋割除	4					
17	水工金属结构表面	6					
18	管线(路)及电气设备	4					
19	房屋建筑安装工程	6(8)					
20	绿化	8					
合计		应得　　分,实得　　分,得分率　　%					
外观质量评定组成员	单位	单位名称		职称		签名	
	项目法人						
	监理						
	设计						
	施工						
	运行管理						
工程质量监督机构	核定意见: 核定人:(签名)加盖公章 年　月　日						
注:量大时,标准分采用括号内数值。							

表 A.4.2-2　引水(渠道)建筑物工程外观质量标准

项次	项目	检查、检测内容	质量标准
1	外部尺寸	过流断面尺寸	允许偏差为 ±1/200 设计值
		梁、柱截面	允许偏差为 ±0.5cm
		墩墙宽度、厚度	允许偏差为 ±4cm
		坡度 *m* 值	允许偏差为 ±0.05
2	轮廓线	连续拉线检测	尺寸较大建筑物,最大凹凸不超过 2cm/10m;较小建筑物,最大凹凸不超过 1cm/5m
3	表面平整度	(1)混凝土面、砂浆抹面、混凝土预制块	用 2m 直尺检测,不大于 1cm/2m
		(2)浆砌石(料石、块石、石板)	用 2m 直尺检测,不大于 2cm/2m
		(3)干砌石	用 2m 直尺检测,不大于 3cm/2m
		(4)饰面砖	用 2m 直尺检测,不大于 0.5cm/2m
4	立面垂直度	墩墙	允许偏差为 1/200 设计高,且不超过 2cm
		柱	允许偏差为 1/500 设计高,且不超过 2cm
5	大角方正	检测	±0.6°(用角度尺检测)
6	曲面与平面联结	现场检查	一级:圆滑过渡,曲线流畅; 二级:平顺联结,曲线基本流畅; 三级:联结不够平顺,有明显折线; 四级:未达到三级标准者
7	扭面与平面联结		
8	梯步	检测	高度偏差为 ±1cm 宽度偏差为 ±1cm 长度偏差为 ±2cm
9	栏杆	现场检查、检测	(1)混凝土栏杆 顺直度 1.5cm/15m;垂直度 ±1.0cm (2)金属栏杆 顺直度 1cm/15m;垂直度 ±0.5cm;漆面色泽均匀,无起皱、脱皮、结疤及流淌现象
10	灯饰	现场检查	一级:排列顺直,外形规则 二级:排列顺直,外形基本规则 三级:排列基本顺直,外形基本规则 四级:未达三级标准者
11	变形缝、结构缝	现场检查	一级:缝面顺直,宽度均匀,填充材料饱满密实; 二级:缝面顺直,宽度基本均匀,填充材料饱满; 三级:缝面基本顺直,宽度基本均匀,填充材料基本饱满; 四级:未达到三级标准者
12	砌体	现场检查	一级:砌体排列整齐、露头均匀,大面平整,砌缝饱满密实,缝面顺直,宽度均匀; 二级:砌体排列基本整齐、露头基本均匀,大面平整,砌缝饱满密实,缝面顺直,宽度基本均匀; 三级:砌体排列多处不整齐、露头不够均匀,大面基本平整,砌缝基本饱满,缝面基本顺直,宽度基本均匀; 四级:未达三级标准者

续表 A. 4. 2-2

项次	项目	检查、检测内容	质量标准
13	排水工程	现场检查	一级:排水沟轮廓顺直流畅,宽度一致,排水孔外形规则,布置美观,排水畅通; 二级:排水沟轮廓顺直,宽度基本一致,排水孔外形规则,排水畅通; 三级:排水沟轮廓基本顺直,宽度基本一致,排水孔外形基本规则,排水畅通; 四级:未达三级标准者
14	建筑物表面	现场检查	一级:建筑物表面洁净无附着物; 二级:建筑物表面附着物已清除,但局部清除不彻底; 三级:表面附着物已清除80%,无垃圾; 四级:未达到三级标准者
15	混凝土表面	现场检查、检测	一级:混凝土表面无蜂窝、麻面、挂帘、裙边、错台、局部凹凸及表面裂缝等缺陷; 二级:缺陷面积之和≤3%总面积; 三级:缺陷总面积3% ~5%总面积; 四级:缺陷总面积超过总面积5%并小于10%,超过10%应视为质量缺陷
16	表面钢筋割除	现场检查、检测	一级:全部割除,无明显凸出部分; 二级:全部割除,少部分明显凸出表面; 三级:割除面积达到95%以上,且未割除部分不影响建筑功能及安全; 四级:割除面积<95%者 注:设计有具体要求者,应符合设计要求
17	水工金属结构表面	现场检查	一级:焊缝均匀,两侧飞渣清除干净,临时支撑割除干净,且打磨平整,油漆均匀,色泽一致,无脱皮起皱现象 二级:焊缝均匀,表面清除干净,油漆基本均匀; 三级:表面清除基本干净,油漆防腐完整,颜色基本一致; 四级:未达到三级标准者
18	管线(路)及电气设备	现场检查	一级:管线(路)顺直,设备排列整齐,表面清洁; 二级:管线(路)基本顺直,设备排列基本整齐,表面基本清洁; 三级:管线(路)不够顺直,设备排列不够整齐,表面不够清洁; 四级:未达到三级标准者
19	房屋建筑安装工程		见附录A.5相关内容
20	绿化	现场检查	一级:草皮铺设、植树满足设计要求; 二级:草皮铺设、植树基本满足设计要求; 三级:草皮铺设、植树有空白,多处成活不好; 四级:未达到三级标准者
注:项次20绿化质量标准中的“空白”指漏栽(种)面积。			

附录 A.5　其他工程外观质量评定

A.5.1　水利水电工程中的永久性房屋(管理设施用房)、专用公路及专用铁路等工程外观质量评定,执行相关行业规定。

A.5.2　水利水电工程中的房屋建筑工程外观质量评定表见表 A.5.2。

A.5.3　房屋建筑工程,在单位工程完工后,按本规程 4.3.7 规定,由工程外观质量评定组负责工程外观质量评定,具体实施应结合 A.2.3 的规定进行。

(1)表 A.5.2 表头的"分部工程"栏,指发电厂房、变电站、水闸等单位工程中包含的房屋建筑分部工程,需按表 A.5.2 评定外观质量,同时在表中填写分部工程名称。

(2)外观质量检查的内容多为定性判断项目,应由工程外观质量评定组人员共同通过观察触摸(有时可辅以简单量测),经商讨后给予评价。

(3)房屋建筑工程的各专业施工质量验收规范中,对外观质量有具体检验要求。表 A.5.2 中质量评价标准如下。

好:指外观质量较优良;

一般:指基本符合要求;

差:指外观质量达不到要求,且存在明显缺陷者。

被评为"差"的项目应进行返修处理,在达到质量要求后再检查评定。

(4)观感质量评定后,各单位参加工程外观质量评定组人员应在表 A.5.2 表尾签字。

A.5.4　工程外观质量评定结果由项目法人报工程质量监督机构核定。

表 A.5.2　水利水电工程房屋建筑工程外观质量评定表

<table>
<tr><td colspan="3">单位工程名称</td><td></td><td>分部工程名称</td><td></td><td>施工单位</td><td colspan="3"></td></tr>
<tr><td colspan="3">结构类型</td><td></td><td>建筑面积</td><td></td><td>评定日期</td><td colspan="3">年　　月　　日</td></tr>
<tr><td rowspan="2">序号</td><td colspan="2" rowspan="2">项目</td><td colspan="4" rowspan="2">抽查质量状况</td><td colspan="3">质量评价</td></tr>
<tr><td>好</td><td>一般</td><td>差</td></tr>
<tr><td>1</td><td rowspan="8">建筑与结构</td><td>室外墙面</td><td colspan="4"></td><td></td><td></td><td></td></tr>
<tr><td>2</td><td>变形缝</td><td colspan="4"></td><td></td><td></td><td></td></tr>
<tr><td>3</td><td>水落管、屋面</td><td colspan="4"></td><td></td><td></td><td></td></tr>
<tr><td>4</td><td>室内墙面</td><td colspan="4"></td><td></td><td></td><td></td></tr>
<tr><td>5</td><td>室内顶棚</td><td colspan="4"></td><td></td><td></td><td></td></tr>
<tr><td>6</td><td>室内地面</td><td colspan="4"></td><td></td><td></td><td></td></tr>
<tr><td>7</td><td>楼梯、踏步、护栏</td><td colspan="4"></td><td></td><td></td><td></td></tr>
<tr><td>8</td><td>门窗</td><td colspan="4"></td><td></td><td></td><td></td></tr>
</table>

续表 A.5.2

单位工程名称		分部工程名称		施工单位			
结构类型		建筑面积		评定日期	年　月　日		
序号	项目		抽查质量状况		质量评价		
					好	一般	差
1	给排水与采暖	管道接口、坡度、支架					
2		卫生器具、支架、阀门					
3		检查口、扫除口、地漏					
4		散热器、支架					
1	建筑电气	配电箱、盘、板、接线盒					
2		设备器具、开关、插座					
3		防雷、接地					
1	通风与空调	风管、支架					
2		风口、风阀					
3		风机、空调设备					
4		阀门、支架					
5		水泵、冷却塔					
6		绝热					
1	电梯	运行、平层、开关门					
2		层门、信号系统					
3		机房					
1	智能建筑	机房设备安装及布局					
2		现场设备安装					
外观质量综合评价							

外观质量评定组成员	单　位	单位名称	职　称	签　名
	项目法人			
	监　理			
	设　计			
	施　工			
	运行管理			

工程质量监督机构	核定意见： 核定人：(签名)加盖公章 年　月　日

注：质量综合评价为“差”的项目，应进行返修。

附录B　水利水电工程施工质量缺陷备案表格式

编号：

＿＿＿＿＿＿工程施工质量缺陷备案表

质量缺陷所在单位工程：

缺陷类别：

备案日期：　　　　年　　月　　日

1. 质量缺陷产生的部位(主要说明具体部位、缺陷描述并附示意图):
2. 质量缺陷产生的主要原因:

3. 对工程的安全性、使用功能和运用影响分析：

4. 处理方案，或不处理原因分析：

5. 保留意见(保留意见应说明主要理由,或采用其他方案及主要理由):

保留意见人　　　　(签名)
(或保留意见单位及责任人,盖公章,签名)

6. 参建单位和主要人员

1)施工单位:　　　　(公章)
质检部门负责人:　　(签名)
技术负责人:　　　　(签名)

2)设计单位:　　　　(公章)
设计代表:　　　　　(签名)

3)监理单位:　　　　(公章)
监理工程师:　　　　(签名)
总监理工程师:　　　(签名)

4)项目法人:　　　　(公章)
现场代表:　　　　　(签名)
技术负责人:　　　　(签名)

填表说明:

(1)本表由监理单位组织填写。

(2)本表应采用钢笔或中性笔,用深蓝色或黑色墨水填写。字迹应规范、工整、清晰。

附录 C　普通混凝土试块试验数据统计方法

C.0.1　同一标号(或强度等级)混凝土试块 28 天龄期抗压强度的组数 $n \geq 30$ 时,应符合下表要求:

项目	质量标准	
	优良	合格
任何一组试块抗压强度最低不得低于设计值的	90%	85%
无筋(或少筋)混凝土强度保证率	85%	80%
配筋混凝土强度保证率	95%	90%
混凝土抗压强度的离差系数:<20MPa ≥20MPa	<0.18 <0.14	<0.22 <0.18

C.0.2　同一标号(或强度等级)混凝土试块 28 天龄期抗压强度的组数 $30 > n \geq 5$ 时,混凝土试块强度应同时满足下列要求:

$$R_n - 0.7S_n > R_{标} \quad (C.0.2\text{-}1)$$

$$R_n - 1.60S_n \geq 0.83R_{标} \quad (当 R_{标} \geq 20) \quad (C.0.2\text{-}2)$$

$$或 \geq 0.80R_{标} \quad (当 R_{标} < 20) \quad (C.0.2\text{-}3)$$

式中　S_n—— n 组试件强度的标准差,MPa,$S_n = \sqrt{\dfrac{\sum_{i=1}^{n}(R_i - R_n)^2}{n-1}}$,当统计得到的 $S_n < 2.0$(或 1.5)MPa 时,应取 $S_n = 2.0$MPa($R_{标} \geq 20$MPa);$S_n = 1.5$MPa($R_{标} < 20$MPa);

R_n——n 组试件强度的平均值,MPa;

R_i—— 单组试件强度,MPa;

$R_{标}$ —— 设计 28 天龄期抗压强度值,MPa;

n—— 样本容量。

C.0.3　同一标号(或强度等级)混凝土试块 28 天龄期抗压强度的组数 $5 > n \geq 2$ 时,混凝土试块强度应同时满足下列要求:

$$\overline{R_n} \geq 1.15R_{标} \quad (C.0.3\text{-}1)$$

$$R_{min} \geq 0.95R_{标} \quad (C.0.3\text{-}2)$$

式中　$\overline{R_n}$——n 组试块强度的平均值,MPa;

$R_{标}$ —— 设计 28 天龄期抗压强度值,MPa;

R_{min}——n 组试块中强度最小一组的值,MPa。

C.0.4　同一标号(或强度等级)混凝土试块 28 天龄期抗压强度的组数只有一组时,混凝土试块强度应满足下列要求:

$$R \geq 1.15R_{标} \quad (C.0.4)$$

式中　R—— 试块强度实测值,MPa;

$R_{标}$ —— 设计 28 天龄期抗压强度值,MPa。

附录D　喷射混凝土抗压强度检验评定标准

D. 0. 1　水利水电工程永久性支护工程的喷射混凝土试块28天龄期抗压强度应满足重要工程的合格条件,临时支护工程的喷射混凝土试块28天龄期抗压强度应满足一般工程的合格条件。

(1) 重要工程的合格条件为:

$$f'_{ck} - K_1 S_n \geqslant 0.9 f_c \quad (D.0.1\text{-}1)$$

$$f'_{ck\min} \geqslant K_2 f_c \quad (D.0.1\text{-}2)$$

(2) 一般工程的合格条件为:

$$f'_{ck} \geqslant f_c \quad (D.0.1\text{-}3)$$

$$f'_{ck\min} \geqslant 0.85 f_c \quad (D.0.1\text{-}4)$$

式中　f'_{ck}—— 施工阶段同批 n 组喷射混凝土试块抗压强度的平均值,MPa;

f_c—— 喷射混凝土立方体抗压强度设计值,MPa;

$f'_{ck\min}$—— 施工阶段同批 n 组喷射混凝土试块抗压强度的最小值,MPa;

K_1,K_2—— 合格判定系数,按表D取值;

n—— 施工阶段每批喷射混凝土试块的抽样组数;

S_n—— 施工阶段同批 n 组喷射混凝土试块抗压强度的标准差,MPa。

表D　合格判定系数 K_1,K_2 值

n	10 ~ 14	15 ~ 24	≥25
K_1	1.70	1.65	1.60
K_2	0.90	0.85	0.85

当同批试块组数 $n < 10$ 时,可按 $f'_{ck} \geqslant 1.15 f_c$ 以及 $f'_{ck\min} \geqslant 0.95 f_c$ 验收。

注:同批试块是指原材料和配合比基本相同的喷射混凝土试块。

附录 E　砂浆、砌筑用混凝土强度检验评定标准

E.0.1　同一标号(或强度等级)试块组数 $n \geq 30$ 时,28 天龄期的试块抗压强度应同时满足以下标准:

(1)强度保证率不小于 80%;

(2)任意一组试块强度不低于设计强度的 85%;

(3)设计 28 天龄期抗压强度小于 20.0MPa 时,试块抗压强度的离差系数不大于 0.22;设计 28 天龄期抗压强度大于或等于 20.0MPa 时,试块抗压强度的离差系数小于 0.18。

E.0.2　同一标号(或强度等级)试块组数 $n < 30$ 组时,28 天龄期的试块抗压强度应同时满足以下标准:

(1)各组试块的平均强度不低于设计强度;

(2)任意一组试块强度不低于设计强度的 80%。

附录F　重要隐蔽单元工程(关键部位单元工程)质量等级签证表

<table>
<tr><td colspan="2">单位工程名称</td><td></td><td>单元工程量</td><td></td></tr>
<tr><td colspan="2">分部工程名称</td><td></td><td>施工单位</td><td></td></tr>
<tr><td colspan="2">单元工程名称、部位</td><td></td><td>自评日期</td><td>年　月　日</td></tr>
<tr><td>施工单位
自评意见</td><td colspan="4">1. 自评意见：
2. 自评质量等级：
终检人员　　（签名）</td></tr>
<tr><td>监理单位
抽查意见</td><td colspan="4">抽查意见：
监理工程师　　（签名）</td></tr>
<tr><td>联合小组
核定意见</td><td colspan="4">1. 核定意见：
2. 质量等级：
年　月　日</td></tr>
<tr><td>保留意见</td><td colspan="4">签名</td></tr>
<tr><td>备查资料
清单</td><td colspan="4">1)地质编录
□
2)测量成果
□
3)检测试验报告(岩心试验、软基承载力试验、结构强度等)
□
4)影像资料
□
5)其他(　　　)
□</td></tr>
<tr><td rowspan="6">联合小组成员</td><td colspan="2">单位名称</td><td>职务、职称</td><td>签名</td></tr>
<tr><td>项目法人</td><td></td><td></td><td></td></tr>
<tr><td>监理单位</td><td></td><td></td><td></td></tr>
<tr><td>设计单位</td><td></td><td></td><td></td></tr>
<tr><td>施工单位</td><td></td><td></td><td></td></tr>
<tr><td>运行管理</td><td></td><td></td><td></td></tr>
<tr><td colspan="5">注：重要隐蔽单元工程验收时，设计单位应同时派地质工程师参加。备查资料清单中凡涉及到的项目应在“□”内打“√”，如有其他资料应在括号内注明资料的名称。</td></tr>
</table>

附录G　水利水电工程项目施工质量评定表

表G.0.1　分部工程施工质量评定表

<table>
<tr><td colspan="2">单位工程名称</td><td colspan="2"></td><td>施工单位</td><td colspan="2"></td></tr>
<tr><td colspan="2">分部工程名称</td><td colspan="2"></td><td>施工日期</td><td colspan="2">自　　年　月　日至
年　月　日</td></tr>
<tr><td colspan="2">分部工程量</td><td colspan="2"></td><td>评定日期</td><td colspan="2">年　月　日</td></tr>
<tr><td>项次</td><td>单元工程种类</td><td>工程量</td><td>单元工程个数</td><td>合格个数</td><td>其中优良个数</td><td>备注</td></tr>
<tr><td>1</td><td></td><td></td><td></td><td></td><td></td><td></td></tr>
<tr><td>2</td><td></td><td></td><td></td><td></td><td></td><td></td></tr>
<tr><td>3</td><td></td><td></td><td></td><td></td><td></td><td></td></tr>
<tr><td>4</td><td></td><td></td><td></td><td></td><td></td><td></td></tr>
<tr><td>5</td><td></td><td></td><td></td><td></td><td></td><td></td></tr>
<tr><td>6</td><td></td><td></td><td></td><td></td><td></td><td></td></tr>
<tr><td colspan="2">合计</td><td></td><td></td><td></td><td></td><td></td></tr>
<tr><td colspan="2">重要隐蔽单元工程、关键部位单元工程</td><td></td><td></td><td></td><td></td><td></td></tr>
<tr><td colspan="4">施工单位自评意见</td><td colspan="2">监理单位复核意见</td><td>项目法人认定意见</td></tr>
<tr><td colspan="4">本分部工程的单元工程质量全部合格。优良率为　　%，主要单元工程、重要隐蔽单元工程及关键部位单元工程　　个，优良率为　　%。原材料质量　　，中间产品质量　　，金属结构及启闭机制造质量　　，机电产品质量　　。质量事故及质量缺陷处理情况：　　。
分部工程质量等级：
评定人：
项目技术负责人：　　（盖公章）
年　月　日</td><td colspan="2">复核意见：
分部工程质量等级：
监理工程师：
年　月　日
总监或副总监：
（盖公章）
年　月　日</td><td>审查意见：
分部工程质量等级：
现场代表：
年　月　日
技术负责人：
（盖公章）
年　月　日</td></tr>
<tr><td colspan="2">工程质量监督机构</td><td colspan="5">核定（备）意见：
核定等级：　　核定（备人）：　（签名）　机构负责人：（签名）
年　月　日　　　　年　月　日</td></tr>
<tr><td colspan="7">注：分部工程验收的质量结论，由项目法人报工程质量监督机构核备。大型枢纽工程主要建筑物的分部工程验收的质量结论，由项目法人报工程质量监督机构核定。</td></tr>
</table>

表 G.0.2 单位工程施工质量评定表

<table>
<tr><td colspan="2">工程项目名称</td><td colspan="2"></td><td colspan="2">施工单位</td><td colspan="2"></td></tr>
<tr><td colspan="2">单位工程名称</td><td colspan="2"></td><td colspan="2">施工日期</td><td colspan="2">自 年 月 日至
年 月 日</td></tr>
<tr><td colspan="2">单位工程量</td><td colspan="2"></td><td colspan="2">评定日期</td><td colspan="2">年 月 日</td></tr>
<tr><td rowspan="2">序号</td><td rowspan="2">分部工程名称</td><td colspan="2">质量等级</td><td rowspan="2">序号</td><td rowspan="2">分部工程名称</td><td colspan="2">质量等级</td></tr>
<tr><td>合格</td><td>优良</td><td>合格</td><td>优良</td></tr>
<tr><td>1</td><td></td><td></td><td></td><td>8</td><td></td><td></td><td></td></tr>
<tr><td>2</td><td></td><td></td><td></td><td>9</td><td></td><td></td><td></td></tr>
<tr><td>3</td><td></td><td></td><td></td><td>10</td><td></td><td></td><td></td></tr>
<tr><td>4</td><td></td><td></td><td></td><td>11</td><td></td><td></td><td></td></tr>
<tr><td>5</td><td></td><td></td><td></td><td>12</td><td></td><td></td><td></td></tr>
<tr><td>6</td><td></td><td></td><td></td><td>13</td><td></td><td></td><td></td></tr>
<tr><td>7</td><td></td><td></td><td></td><td>14</td><td></td><td></td><td></td></tr>
<tr><td colspan="8">分部工程共 个，全部合格，其中优良 个，优良率 %，主要分部工程优良率 %。</td></tr>
<tr><td colspan="2">外观质量</td><td colspan="6">应得 分，实得 分，得分率 %</td></tr>
<tr><td colspan="2">施工质量检验资料</td><td colspan="6"></td></tr>
<tr><td colspan="2">质量事故处理情况</td><td colspan="6"></td></tr>
<tr><td colspan="2">施工单位自评等级：

评定人：

项目经理：

（公章）
年 月 日</td><td colspan="2">监理单位复核等级：

复核人：

总监或副总监：

（公章）
年 月 日</td><td colspan="2">项目法人认定等级：

复核人：

单位负责人：

（公章）
年 月 日</td><td colspan="2">工程质量监督机构核定等级：

核定人：

机构负责人：

（公章）
年 月 日</td></tr>
</table>

表 G.0.3　单位工程施工质量检验与评定资料核查表

单位工程名称			施工单位	
			检查日期	年　月　日
项次		项目	份数	核查情况
1	原材料	水泥出厂合格证、厂家试验报告		
2		钢材出厂合格证、厂家试验报告		
3		外加剂出厂合格证及有关技术性能指标		
4		粉煤灰出厂合格证及技术性能指标		
5		防水材料出厂合格证、厂家试验报告		
6		止水带出厂合格证及技术性能试验报告		
7		土工布出厂合格证及技术性能试验报告		
8		装饰材料出厂合格证及技术性能试验报告		
9		水泥复验报告及统计资料		
10		钢材复验报告及统计资料		
11		其他原材料出厂合格证及技术性能试验资料		
12	中间产品	砂、石骨料试验资料		
13		石料试验资料		
14		混凝土拌和物检查资料		
15		混凝土试件统计资料		
16		砂浆拌和物及试件统计资料		
17		混凝土预制件(块)检验资料		
18	金属结构及启闭机	拦污栅出厂合格证及有关技术文件		
19		闸门出厂合格证及有关技术文件		
20		启闭机出厂合格证及有关技术文件		
21		压力钢管生产许可证及有关技术文件		
22		闸门、拦污栅安装测量记录		
23		压力钢管安装测量记录		
24		启闭机安装测量记录		
25		焊接记录及探伤报告		
26		焊工资质证明材料(复印件)		
27		运行试验记录		

续表 G.0.3

<table>
<tr><th>项次</th><th colspan="2">项目</th><th>份数</th><th>核查情况</th></tr>
<tr><td>28</td><td rowspan="12">机电设备</td><td>产品出厂合格证、厂家提交的安装说明书及有关资料</td><td></td><td rowspan="23"></td></tr>
<tr><td>29</td><td>重大设备质量缺陷处理资料</td><td></td></tr>
<tr><td>30</td><td>水轮发电机组安装测量记录</td><td></td></tr>
<tr><td>31</td><td>升压变电设备安装测试记录</td><td></td></tr>
<tr><td>32</td><td>电气设备安装测试记录</td><td></td></tr>
<tr><td>33</td><td>焊缝探伤报告及焊工资质证明</td><td></td></tr>
<tr><td>34</td><td>机组调试及试验记录</td><td></td></tr>
<tr><td>35</td><td>水力机械辅助设备试验记录</td><td></td></tr>
<tr><td>36</td><td>发电电气设备试验记录</td><td></td></tr>
<tr><td>37</td><td>升压变电电气设备检测试验报告</td><td></td></tr>
<tr><td>38</td><td>管道试验记录</td><td></td></tr>
<tr><td>39</td><td>72 小时试运行记录</td><td></td></tr>
<tr><td>40</td><td rowspan="7">重要隐蔽工程施工记录</td><td>灌浆记录、图表</td><td></td></tr>
<tr><td>41</td><td>造孔灌注桩施工记录、图表</td><td></td></tr>
<tr><td>42</td><td>振冲桩振冲记录</td><td></td></tr>
<tr><td>43</td><td>基础排水工程施工记录</td><td></td></tr>
<tr><td>44</td><td>地下防渗墙施工记录</td><td></td></tr>
<tr><td>45</td><td>主要建筑物地基开挖处理记录</td><td></td></tr>
<tr><td>46</td><td>其他重要施工记录</td><td></td></tr>
<tr><td>47</td><td rowspan="4">综合资料</td><td>质量事故调查及处理报告、质量缺陷处理检查记录</td><td></td></tr>
<tr><td>48</td><td>工程施工期及试运行期观测资料</td><td></td></tr>
<tr><td>49</td><td>工序、单元工程质量评定表</td><td></td></tr>
<tr><td>50</td><td>分部工程、单位工程质量评定表</td><td></td></tr>
<tr><td colspan="3">施工单位自查意见</td><td colspan="2">监理单位复查意见</td></tr>
<tr><td colspan="3">自查：

填表人：

质检部门负责人：　　　　（公章）

年　月　日</td><td colspan="2">复查：

监理工程师：

监理单位：　　　　（公章）

年　月　日</td></tr>
</table>

表 G.0.4　工程项目施工质量评定表

<table>
<tr><td colspan="2">工程项目名称</td><td colspan="3"></td><td colspan="2">项目法人</td><td colspan="3"></td></tr>
<tr><td colspan="2">工程等级</td><td colspan="3"></td><td colspan="2">设计单位</td><td colspan="3"></td></tr>
<tr><td colspan="2">建设地点</td><td colspan="3"></td><td colspan="2">监理单位</td><td colspan="3"></td></tr>
<tr><td colspan="2">主要工程量</td><td colspan="3"></td><td colspan="2">施工单位</td><td colspan="3"></td></tr>
<tr><td colspan="2">开工、竣工日期</td><td colspan="3">自　年　月　日
至　年　月　日</td><td colspan="2">评定日期</td><td colspan="3">年　月　日</td></tr>
<tr><td rowspan="2">序号</td><td rowspan="2">单位工程名称</td><td colspan="3">单位工程质量统计</td><td colspan="3">分部工程质量统计</td><td rowspan="2">单位工程等级</td><td rowspan="2">备注</td></tr>
<tr><td>个数（个）</td><td>其中优良（个）</td><td>优良率（%）</td><td>个数（个）</td><td>其中优良（个）</td><td>优良率（%）</td></tr>
<tr><td>1</td><td></td><td></td><td></td><td></td><td></td><td></td><td></td><td></td><td rowspan="21">加△者为主要单位工程</td></tr>
<tr><td>2</td><td></td><td></td><td></td><td></td><td></td><td></td><td></td><td></td></tr>
<tr><td>3</td><td></td><td></td><td></td><td></td><td></td><td></td><td></td><td></td></tr>
<tr><td>4</td><td></td><td></td><td></td><td></td><td></td><td></td><td></td><td></td></tr>
<tr><td>5</td><td></td><td></td><td></td><td></td><td></td><td></td><td></td><td></td></tr>
<tr><td>6</td><td></td><td></td><td></td><td></td><td></td><td></td><td></td><td></td></tr>
<tr><td>7</td><td></td><td></td><td></td><td></td><td></td><td></td><td></td><td></td></tr>
<tr><td>8</td><td></td><td></td><td></td><td></td><td></td><td></td><td></td><td></td></tr>
<tr><td>9</td><td></td><td></td><td></td><td></td><td></td><td></td><td></td><td></td></tr>
<tr><td>10</td><td></td><td></td><td></td><td></td><td></td><td></td><td></td><td></td></tr>
<tr><td>11</td><td></td><td></td><td></td><td></td><td></td><td></td><td></td><td></td></tr>
<tr><td>12</td><td></td><td></td><td></td><td></td><td></td><td></td><td></td><td></td></tr>
<tr><td>13</td><td></td><td></td><td></td><td></td><td></td><td></td><td></td><td></td></tr>
<tr><td>14</td><td></td><td></td><td></td><td></td><td></td><td></td><td></td><td></td></tr>
<tr><td>15</td><td></td><td></td><td></td><td></td><td></td><td></td><td></td><td></td></tr>
<tr><td>16</td><td></td><td></td><td></td><td></td><td></td><td></td><td></td><td></td></tr>
<tr><td>17</td><td></td><td></td><td></td><td></td><td></td><td></td><td></td><td></td></tr>
<tr><td>18</td><td></td><td></td><td></td><td></td><td></td><td></td><td></td><td></td></tr>
<tr><td>19</td><td></td><td></td><td></td><td></td><td></td><td></td><td></td><td></td></tr>
<tr><td>20</td><td></td><td></td><td></td><td></td><td></td><td></td><td></td><td></td></tr>
<tr><td colspan="2">单位工程、分部工程合计</td><td></td><td></td><td></td><td></td><td></td><td></td><td></td></tr>
<tr><td colspan="2">评定结果</td><td colspan="8">本项目单位工程　个，质量全部合格。其中优良工程　个，优良率　%，主要单位工程优良率　%。</td></tr>
<tr><td colspan="4">监理单位意见</td><td colspan="3">项目法人意见</td><td colspan="3">工程质量监督机构核定意见</td></tr>
<tr><td colspan="4">工程项目质量等级：
总监理工程师：
监理单位：（公章）
年　月　日</td><td colspan="3">工程项目质量等级：
法定代表人：
项目法人：（公章）
年　月　日</td><td colspan="3">工程项目质量等级：
负责人：
质量监督机构：（公章）
年　月　日</td></tr>
</table>

附录 5-2　水利工程建设项目验收管理规定

水利工程建设项目验收管理规定

水利部令第 30 号

《水利工程建设项目验收管理规定》已经 2006 年 11 月 9 日水利部部务会议审议通过，现予公布，自 2007 年 4 月 1 日起施行。

部长：汪恕诚

二〇〇六年十二月十八日

第一章　总　则

第一条　为加强水利工程建设项目验收管理，明确验收责任，规范验收行为，结合水利工程建设项目的特点，制定本规定。

第二条　本规定适用于由中央或者地方财政全部投资或者部分投资建设的大中型水利工程建设项目（含 1、2、3 级堤防工程）的验收活动。

第三条　水利工程建设项目验收，按验收主持单位性质不同分为法人验收和政府验收两类。

法人验收是指在项目建设过程中由项目法人组织进行的验收。法人验收是政府验收的基础。

政府验收是指由有关人民政府、水行政主管部门或者其他有关部门组织进行的验收，包括专项验收、阶段验收和竣工验收。

第四条　水利工程建设项目具备验收条件时，应当及时组织验收。未经验收或者验收不合格的，不得交付使用或者进行后续工程施工。

第五条　水利工程建设项目验收的依据是：

（一）国家有关法律、法规、规章和技术标准；

（二）有关主管部门的规定；

（三）经批准的工程立项文件、初步设计文件、调整概算文件；

（四）经批准的设计文件及相应的工程变更文件；

（五）施工图纸及主要设备技术说明书等。

法人验收还应当以施工合同为验收依据。

第六条　验收主持单位应当成立验收委员会（验收工作组）进行验收，验收结论应当经三分之二以上验收委员会（验收工作组）成员同意。

验收委员会（验收工作组）成员应当在验收鉴定书上签字。验收委员会（验收工作组)成员对验收结论持有异议的,应当将保留意见在验收鉴定书上明确记载并签字。

第七条　验收中发现的问题,其处理原则由验收委员会(验收工作组)协商确定。主任委员(组长)对争议问题有裁决权。但是,半数以上验收委员会(验收工作组)成员不同意裁决意见的,法人验收应当报请验收监督管理机关决定,政府验收应当报请竣工验收主持单位决定。

第八条　验收委员会(验收工作组)对工程验收不予通过的,应当明确不予通过的理由并提出整改意见。有关单位应当及时组织处理有关问题,完成整改,并按照程序重新申请验收。

第九条　项目法人以及其他参建单位应当提交真实、完整的验收资料,并对提交的资料负责。

第十条　水利部负责全国水利工程建设项目验收的监督管理工作。

水利部所属流域管理机构(以下简称流域管理机构)按照水利部授权,负责流域内水利工程建设项目验收的监督管理工作。

县级以上地方人民政府水行政主管部门按照规定权限负责本行政区域内水利工程建设项目验收的监督管理工作。

第十一条　法人验收监督管理机关对项目的法人验收工作实施监督管理。

由水行政主管部门或者流域管理机构组建项目法人的,该水行政主管部门或者流域管理机构是本项目的法人验收监督管理机关;由地方人民政府组建项目法人的,该地方人民政府水行政主管部门是本项目的法人验收监督管理机关。

第二章　法人验收

第十二条　工程建设完成分部工程、单位工程、单项合同工程,或者中间机组启动前,应当组织法人验收。项目法人可以根据工程建设的需要增设法人验收的环节。

第十三条　项目法人应当在开工报告批准后60个工作日内,制定法人验收工作计划,报法人验收监督管理机关和竣工验收主持单位备案。

第十四条　施工单位在完成相应工程后,应当向项目法人提出验收申请。项目法人经检查认为建设项目具备相应的验收条件的,应当及时组织验收。

第十五条　法人验收由项目法人主持。验收工作组由项目法人、设计、施工、监理等单位的代表组成;必要时可以邀请工程运行管理单位等参建单位以外的代表及专家参加。

项目法人可以委托监理单位主持分部工程验收,有关委托权限应当在监理合同或者委托书中明确。

第十六条　分部工程验收的质量结论应当报该项目的质量监督机构核备;未经核备的,项目法人不得组织下一阶段的验收。

单位工程以及大型枢纽主要建筑物的分部工程验收的质量结论应当报该项目的质量监督机构核定;未经核定的,项目法人不得通过法人验收;核定不合格的,项目法人应当重新组织验收。质量监督机构应当自收到核定材料之日起20个工作日内完成核定。

第十七条　项目法人应当自法人验收通过之日起30个工作日内,制作法人验收鉴定书,发送参加验收单位并报送法人验收监督管理机关备案。

法人验收鉴定书是政府验收的备查资料。

第十八条 单位工程投入使用验收和单项合同工程完工验收通过后,项目法人应当与施工单位办理工程的有关交接手续。

工程保修期从通过单项合同工程完工验收之日算起,保修期限按合同约定执行。

第三章 政府验收

第一节 验收主持单位

第十九条 阶段验收、竣工验收由竣工验收主持单位主持。竣工验收主持单位可以根据工作需要委托其他单位主持阶段验收。专项验收依照国家有关规定执行。

第二十条 国家重点水利工程建设项目,竣工验收主持单位依照国家有关规定确定。

除前款规定以外,在国家确定的重要江河、湖泊建设的流域控制性工程、流域重大骨干工程建设项目,竣工验收主持单位为水利部。

除前两款规定以外的其他水利工程建设项目,竣工验收主持单位按照以下原则确定:

(一)水利部或者流域管理机构负责初步设计审批的中央项目,竣工验收主持单位为水利部或者流域管理机构;

(二)水利部负责初步设计审批的地方项目,以中央投资为主的,竣工验收主持单位为水利部或者流域管理机构,以地方投资为主的,竣工验收主持单位为省级人民政府(或者其委托的单位)或者省级人民政府水行政主管部门(或者其委托的单位);

(三)地方负责初步设计审批的项目,竣工验收主持单位为省级人民政府水行政主管部门(或者其委托的单位)。

竣工验收主持单位为水利部或者流域管理机构的,可以根据工程实际情况,会同省级人民政府或者有关部门共同主持。

竣工验收主持单位应当在工程开工报告的批准文件中明确。

第二节 专项验收

第二十一条 枢纽工程导(截)流、水库下闸蓄水等阶段验收前,涉及移民安置的,应当完成相应的移民安置专项验收。

工程竣工验收前,应当按照国家有关规定,进行环境保护、水土保持、移民安置以及工程档案等专项验收。经商有关部门同意,专项验收可以与竣工验收一并进行。

第二十二条 项目法人应当自收到专项验收成果文件之日起10个工作日内,将专项验收成果文件报送竣工验收主持单位备案。

专项验收成果文件是阶段验收或者竣工验收成果文件的组成部分。

第三节 阶段验收

第二十三条 工程建设进入枢纽工程导(截)流、水库下闸蓄水、引(调)排水工程通水、首(末)台机组启动等关键阶段,应当组织进行阶段验收。

竣工验收主持单位根据工程建设的实际需要,可以增设阶段验收的环节。

第二十四条 阶段验收的验收委员会由验收主持单位、该项目的质量监督机构和安全监督机构、运行管理单位的代表以及有关专家组成;必要时,应当邀请项目所在地的地方人民政府以及有关部门参加。

工程参建单位是被验收单位,应当派代表参加阶段验收工作。

第二十五条　大型水利工程在进行阶段验收前,可以根据需要进行技术预验收。技术预验收参照本章第四节有关竣工技术预验收的规定进行。

第二十六条　水库下闸蓄水验收前,项目法人应当按照有关规定完成蓄水安全鉴定。

第二十七条　验收主持单位应当自阶段验收通过之日起30个工作日内,制作阶段验收鉴定书,发送参加验收的单位并报送竣工验收主持单位备案。

阶段验收鉴定书是竣工验收的备查资料。

第四节　竣工验收

第二十八条　竣工验收应当在工程建设项目全部完成并满足一定运行条件后1年内进行。不能按期进行竣工验收的,经竣工验收主持单位同意,可以适当延长期限,但最长不得超过6个月。逾期仍不能进行竣工验收的,项目法人应当向竣工验收主持单位做出专题报告。

第二十九条　竣工财务决算应当由竣工验收主持单位组织审查和审计。竣工财务决算审计通过15日后,方可进行竣工验收。

第三十条　工程具备竣工验收条件的,项目法人应当提出竣工验收申请,经法人验收监督管理机关审查后报竣工验收主持单位。竣工验收主持单位应当自收到竣工验收申请之日起20个工作日内决定是否同意进行竣工验收。

第三十一条　竣工验收原则上按照经批准的初步设计所确定的标准和内容进行。

项目有总体初步设计又有单项工程初步设计的,原则上按照总体初步设计的标准和内容进行,也可以先进行单项工程竣工验收,最后按照总体初步设计进行总体竣工验收。

项目有总体可行性研究但没有总体初步设计而有单项工程初步设计的,原则上按照单项工程初步设计的标准和内容进行竣工验收。

建设周期长或者因故无法继续实施的项目,对已完成的部分工程可以按单项工程或者分期进行竣工验收。

第三十二条　竣工验收分为竣工技术预验收和竣工验收两个阶段。

第三十三条　大型水利工程在竣工技术预验收前,项目法人应当按照有关规定对工程建设情况进行竣工验收技术鉴定。中型水利工程在竣工技术预验收前,竣工验收主持单位可以根据需要决定是否进行竣工验收技术鉴定。

第三十四条　竣工技术预验收由竣工验收主持单位以及有关专家组成的技术预验收专家组负责。

工程参建单位的代表应当参加技术预验收,汇报并解答有关问题。

第三十五条　竣工验收的验收委员会由竣工验收主持单位、有关水行政主管部门和流域管理机构、有关地方人民政府和部门、该项目的质量监督机构和安全监督机构、工程运行管理单位的代表以及有关专家组成。工程投资方代表可以参加竣工验收委员会。

第三十六条　竣工验收主持单位可以根据竣工验收的需要,委托具有相应资质的工程质量检测机构对工程质量进行检测。

第三十七条　项目法人全面负责竣工验收前的各项准备工作,设计、施工、监理等工程参建单位应当做好有关验收准备和配合工作,派代表出席竣工验收会议,负责解答验收委员会提出的问题,并作为被验收单位在竣工验收鉴定书上签字。

第三十八条　竣工验收主持单位应当自竣工验收通过之日起30个工作日内,制作竣工验收鉴定书，并发送有关单位。

竣工验收鉴定书是项目法人完成工程建设任务的凭据。

第五节　验收遗留问题处理与工程移交

第三十九条　项目法人和其他有关单位应当按照竣工验收鉴定书的要求妥善处理竣工验收遗留问题和完成尾工。

验收遗留问题处理完毕和尾工完成并通过验收后，项目法人应当将处理情况和验收成果报送竣工验收主持单位。

第四十条　工程通过竣工验收，验收遗留问题处理完毕和尾工完成并通过验收的，竣工验收主持单位向项目法人颁发工程竣工证书。

工程竣工证书格式由水利部统一制定。

第四十一条　项目法人与工程运行管理单位不同的，工程通过竣工验收后，应当及时办理移交手续。

工程移交后，项目法人以及其他参建单位应当按照法律法规的规定和合同约定，承担后续的相关质量责任。项目法人已经撤销的，由撤销该项目法人的部门承接相关的责任。

第四章　罚　则

第四十二条　违反本规定，项目法人不按时限要求组织法人验收或者不具备验收条件而组织法人验收的，由法人验收监督管理机关责令改正。

第四十三条　项目法人以及其他参建单位提交验收资料不真实导致验收结论有误的，由提交不真实验收资料的单位承担责任。竣工验收主持单位收回验收鉴定书，对责任单位予以通报批评；造成严重后果的，依照有关法律法规处罚。

第四十四条　参加验收的专家在验收工作中玩忽职守、徇私舞弊的，由验收监督管理机关予以通报批评；情节严重的，取消其参加验收的资格；构成犯罪的，依法追究刑事责任。

第四十五条　国家机关工作人员在验收工作中玩忽职守、滥用职权、徇私舞弊，尚不构成犯罪的，依法给予行政处分；构成犯罪的，依法追究刑事责任。

第五章　附　则

第四十六条　本规定所称项目法人，包括实行代建制项目中，经项目法人委托的项目代建机构。

第四十七条　水利工程建设项目验收应当具备的条件、验收程序、验收主要工作以及有关验收资料和成果性文件等具体要求，按照有关验收规程执行。

第四十八条　政府验收所需费用应当列入工程投资，由项目法人列支。

第四十九条　其他水利工程建设项目的验收活动，可以参照本规定执行。

第五十条　流域管理机构、省级人民政府水行政主管部门可以根据本规定制定验收管理实施细则。

第五十一条　现行水利工程建设项目有关验收规定以及标准与本规定不一致的，按照本规定执行。

第五十二条　本规定自 2007 年 4 月 1 日起施行。

参考文献

[1] 中国水利工程协会.水利工程建设监理概论[M].北京:中国水利水电出版社,2007.
[2] 水利部,水利工程建设项目施工监理规范(SL 288—2003)[S]. 北京:中国水利水电出版社,2003.
[3] 水利部水利工程建设稽查办公室. 水利工程建设管理法规汇编[M].北京:中国计划出版社,2005.
[4] 中国水利工程协会. 水利工程建设合同管理[M].北京:中国水利水电出版社,2007.
[5] 唐德华.合同法条文释义[M].北京:人民法院出版社,2000.
[6] 李荣融. 招标投标法释义[M].北京:中国计划出版社,1999.
[7] 水利部,国家电力公司,国家工商行政管理局. 水利水电工程施工合同和招标文件示范文本[M].北京:中国水利水电出版社,2000.
[8] 水利部. 水利工程施工监理招标文件示范文本[M].北京:中国水利水电出版社,2007.
[9] 水利部,国家工商行政管理总局. 水利工程施工监理合同示范文本[M].北京:中国水利水电出版社,2007.
[10] 中国水利工程协会. 水利工程建设质量控制[M].北京:中国水利水电出版社,2007.
[11] 国务院法制办,建设部. 建设工程质量管理条例释义[M].北京:中国城市出版社,2000.
[12] 管振祥,腾文彦. 工程项目质量管理与安全[M].北京:中国建材出版社,2001.
[13] 中国水利工程协会. 水利工程建设投资控制[M].北京:中国水利水电出版社,2007.
[14] 水利工程工程量清单计价规范[S].北京:中国计划出版社,2007.
[15] 中国水利工程协会. 水利工程建设进度控制[M].北京:中国水利水电出版社,2007.
[16] 四川二滩国际工程咨询有限责任公司.施工延误及其损害[M].北京:中国水利水电出版社,2004.
[17] 卢向南. 项目计划与控制[M].北京:机械工业出版社,2004.
[18] 格雷戈里 T 豪根著.项目计划与进度管理[M].北京广联达慧中软件技术有限公司译.北京:机械工业出版社,2005.
[19] 国务院法制办,建设部.建设工程安全生产管理条例释义[M].北京:知识产权出版社,2004.
[20] 张穹.建设工程安全生产管理条例释义[M].北京:中国物价出版社,2004.